U0058442

Chat GPT4

萬用手冊 Omni

- GPT-4o/GPT-4o mini • GPTs • DALL-E 3
- Copilot • Gemini • Claude 3.5

2024 夏季號

感謝您購買旗標書，
記得到旗標網站
www.flag.com.tw
更多的加值內容等著您…

<請下載 QR Code App 來掃描>

● FB 官方粉絲專頁：旗標知識講堂

● 旗標「線上購買」專區：您不用出門就可選購旗標書！

● 如您對本書內容有不明瞭或建議改進之處，請連上
旗標網站，點選首頁的 ┃ 聯絡我們 ┃ 專區。

若需線上即時詢問問題，可點選旗標官方粉絲專頁
留言詢問，小編客服隨時待命，盡速回覆。

若是寄信聯絡旗標客服 email，我們收到您的訊息
後，將由專業客服人員為您解答。

我們所提供的售後服務範圍僅限於書籍本身或內
容表達不清楚的地方，至於軟硬體的問題，請直接
連絡廠商。

學生團體	訂購專線：(02)2396-3257 轉 362
	傳真專線：(02)2321-2545
經銷商	服務專線：(02)2396-3257 轉 331
	將派專人拜訪
	傳真專線：(02)2321-2545

國家圖書館出版品預行編目資料

ChatGPT 4 Omni 萬用手冊 2024 夏季號：GPT-4o、
GPTs、DALL-E 3、Copilot、Gemini、Claude 3 /
蔡宜坦, 施威銘研究室作. -- 初版. -- 臺北市：
旗標科技股份有限公司, 2024.07　面；　公分

ISBN 978-986-312-798-7(平裝)

1.CST: 人工智慧　　2.CST: 自然語言處理

312.835　　　　　　　　　　　　113008261

作　　者／蔡宜坦、施威銘研究室

發 行 所／旗標科技股份有限公司

　　　　　台北市杭州南路一段15-1號19樓

電　　話／(02)2396-3257(代表號)

傳　　真／(02)2321-2545

劃撥帳號／1332727-9

帳　　戶／旗標科技股份有限公司

監　　督／陳彥發

執行企劃／陳彥發

執行編輯／陳彥發、劉冠岑、楊世瑋、
　　　　　王菀柔、黃馨儀、張根誠

美術編輯／林美麗

封面設計／古杰

校　　對／陳彥發、劉冠岑、楊世瑋、
　　　　　王菀柔、黃馨儀、張根誠

新台幣售價：680 元

西元 2024 年 9 月初版 3 刷

行政院新聞局核准登記-局版台業字第 4512 號

ISBN 978-986-312-798-7

書附檔案下載
ABOUT Resources

本書提供上百個 Prompt, 為避免您手動輸入的不便, 我們將絕大多數的 Prompt 整理成文字檔, 您可以直接複製內容, 再貼到 ChatGPT 或其他生成式 AI 平台上使用, 同時也提供書中範例操作所需的檔案。請連至以下網址下載:

https://www.flag.com.tw/bk/st/F4167

依照網頁指示輸入關鍵字即可取得檔案, 也可以進一步輸入 Email 加入 VIP 會員, 可取得 Bonus 電子書 (ChatGPT 自動化流程) 和其他不定時補充的 ChatGPT 新應用。

下載後解開壓縮檔, 可看到各章節資料夾, 點進去後就會看到該章的 Prompt 和所需檔案。每章 Prompt 會整理成單一文字檔, 也會依照不同頁碼, 將該頁的 Prompt 另存成單獨檔案:

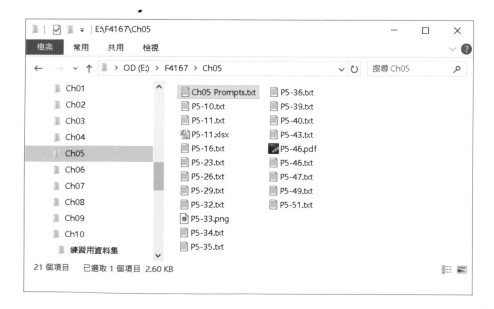

TIP

少數檔案有隱私爭議不便提供, 還請見諒。

目錄
CONTENTS

CHAPTER
3

ChatGPT 的對話使用實例

跟 AI 溝通必修的提示工程

CHAPTER 5　活用 GPT 機器人, 提升辦公室生產力

ChatGPT 和它的影音生成小夥伴

Copilot & 擴充工具大全

小天使幫寫 Code, 用 Python 處理大小事

CHAPTER 10

利用 ChatGPT 做資料分析

CHAPTER 11

ChatGPT 起手式

ChatGPT 是由 OpenAI 開發的一款基於大型語言模型的人工智能聊天機器人。自從其創立以來,ChatGPT經歷了多個版本的迭代,不斷提升其對語言的理解能力和回應的準確度。相較於其他的 AI 工具,ChatGPT 的強項在於其「GPT 語言模型」對於自然語言的處理能力,不僅「看得懂也聽得懂」人話,最新模型還能用影像進行互動,等同具備圖像式的溝通能力。這使得 ChatGPT 在進行複雜對話、創意寫作、處理特定知識和文本處理的表現都相當出色。

1-1 ChatGPT 的前世今生

「Chat」意思是聊天，但你知道「GPT」代表甚麼意思嗎？GPT 的全名是 Generative Pre-trained Transformer，中文名稱叫做**生成式預訓練轉換模型**，是由人工智慧公司 OpenAI 所開發的自然語言處理模型，可以用於理解自然語言、情感分析、語言翻譯、文字接話、語音辨識等多種自然語言處理任務，並且具備生成自然語言文本的能力。

GPT 強在哪

以往的模型多半採用監督式學習，也就是訓練模型的大量文字資料 (術語稱文本)，都需要先經過專人整理成井井有條的語料庫，才能進行訓練。由於人工整理需要花費很多時間，可以使用的語料庫有所侷限，訓練出來的 AI 對話自然也比較生硬。而 GPT 模型採用非監督式學習先進行訓練，除了整理好的語料庫之外，也可使用未整理妥當的文本資料，大幅增加訓練資料的多元性，加上採用了很有效率的處理架構，因此在各種自然語言處理 (NLP) 基準測試中都取得了飛躍性的突出成果。

自然語言處理 (Natural Language Processing, NLP)

自然語言 (Natural Language) 是人類為了溝通而創造出的語言，如英文、中文、日文等。而自然語言處理 (Natural Language Processing, NLP) 是一種機器學習技術，讓電腦能夠理解、解釋和使用人類語言。具體來說，包括對語音、文本、語言交互的分析和處理，目的在實現人機互動、機器翻譯、語音辨識、情感分析等應用。

接著我們從 GPT 的全名, 進一步說明這個模型的獨到之處:

● 生成式 Generative:

Generative 指的是模型的輸出是生成文字, GPT 模型訓練的目標要從龐大的資料中, 嘗試找出自然語言詞彙在使用上的潛在規律, 當輸入端給予一個句子或一段話, 模型要能輸出接續在後面、最適當的文字內容。

若將模型的生成內容再重新輸入並加入新的句子, 會繼續輸出相關的內容, 不斷來回就形成人機互動的對話應用。除了生成文字外, 目前 AI 也可以生成其他各種形式的資料, 包括圖像、音樂、程式、影片、3D 模型等, 統稱為生成式人工智慧 (Generative AI, GenAI)。像是本書主角 ChatGPT 和後續會介紹的 Copilot、Gemini、Claude、DALL-E 等, 都是目前發展相當成熟的生成式 AI 應用。

● 預訓練 Pre-trained:

由於訓練人工智慧模型需要大量的資料, 並非任何特定任務都有足夠的資料量可以進行訓練, 因此有分階段訓練的方式。先針對一般性需求訓練一個通用性的模型, 然後在通用性的模型之上, 再針對特定領域的需求, 以少量資料進行微調 (Fine-tuning), 使模型能夠更好地完成該任務。而這類滿足通用性需求的大型模型, 就稱為預訓練模型, 更清楚來說應該是預先訓練好的通用模型。

這就像是在大學的分科教育之前, 要先進行中小學的基礎教育, 具備了一般性常識之後再學習專業知識。而 GPT 使用大量的文本資料進行訓練, 屬於自然語言的通用模型, 名稱上加上 Pre-trained 這個詞彙, 意味著只要是任何跟自然語言處理有關的任務, 都可以在 GPT 模型之上進行微調再訓練。

● **Transformer：**

Transformer 是 GPT 模型所採用的神經網路架構, 是 2017 年由 Google 提出的一種深度學習模型, 主要應用於自然語言處理等序列資料類型 (資料的前後順序有所關聯), 該架構利用自注意力機制 (Self-Attention Mechanism) 一次性捕捉序列中不同位置的依賴關係與重要性, 有效解決序列資料太長時, 無法保留前後關係的難題。

每個詞彙可以各自套用自注意力機制, 而產生跟其他詞彙不同的關聯性結果, Transformer 可以如同穿越多重宇宙一般, 從不同的關聯性比對找出最適當的詞彙進行輸出。當字詞的上下文不同時, 詞彙的關聯性會隨之調整, 輸出內容也會反覆根據前文來產生文字, 等於在原文和輸出之間來回檢視 (因為上下文不斷變化)。而且因為自注意力機制可以分開運算, 也有助於加速訓練模型所花費的時間。這些特色並沒有讓 Tansformer 一推出就大紅大紫, 後續反而是 OpenAI 看出其潛力, 發展出 GPT 模型後, Transformer 才成為當今自然語言處理的主流架構。

人工智慧公司 OpenAI 的崛起

OpenAI 是一家人工智慧研究公司, 於 2015 年由一些來自科技業界和非營利組織的知名人士共同創立, 包括 Elon Musk、Sebastian Thrun、Greg

Brockman 和 Sam Altman 等。OpenAI 的目標是研究和推動人工智慧的發展,同時關注人工智慧對人類的影響和風險。該公司在各種領域進行研究,包括自然語言處理、計算機視覺、機器學習等。OpenAI 致力於推動開放和透明的人工智慧研究和應用,並提供一系列的人工智慧工具和平台,以幫助開發者和研究人員更好地利用人工智慧技術。

OpenAI 開發了許多人工智慧技術和工具,以下是一些其開發的產品:

- **GPT 系列模型**:包括 GPT、GPT-2、GPT-3 和 GPT-4 等自然語言處理模型,統稱為 LLM (Large Language Model) 模型,自 GPT-3 開始,幾乎在各項 LLM 能力的評比中都居於領先地位,直到現在。使用者可以寫程式透過 API 來使用 GPT 模型,若不擅長寫程式也無妨,可以直接使用稍後介紹的 ChatGPT。

  > **TIP**
  >
  > 關於各種 GPT 模型 API 的使用方式,可以參考 **ChatGPT 開發手冊**一書的說明。

- **ChatGPT**:本書的主角,是基於 GPT 技術開發而成的 AI 聊天機器人程式,除了可以用於自然流暢的對話、生成文本、撰寫程式等任務,經過一年多來進化,也具備聽覺和視覺的溝通能力,後續我們會展示各種 ChatGPT 的應用與潛力。

- **DALL-E**:可以生成圖片的 AI 模型,使用者可以透過文字來描述,即可產生圖像 (文生圖),也能參考你給予的圖片為基礎 (圖生圖),生成相關或延伸的內容。雖然生成的圖片品質並非頂尖,但對於提示文字的理解能力,卻是所有生圖模型中最出色的。目前最新版本為 DALL-E 3,在第 6 章會進一步介紹其生圖應用。

- **SORA**:以影片素材訓練而成的 AI 模型,可以依照提示來生成符合的影片,有別於其他技術是一個畫面接著一個畫面生成 (圖生圖),再串接成影片,難以保持畫面的完整性。由於 SORA 需要極大的運算資源,目前尚未全面公開,不過依照 OpenAI 所公布的成品,效果令人驚艷,堪稱目前最強的影片生成模型 (沒有之一)。

歷代 GPT 模型比較

OpenAI 公司近六年陸續釋出不同版本的 GPT 模型, 從 GPT 到目前的 GPT-4o, 模型的進化有目共睹, 不只讓開發人員眼睛為之一亮, 也吸引許多大公司的注意, 最終微軟大舉投資了 OpenAI, 成為幕後最大金主。

ChatGPT 於 2022 年 11 月問世之時, 是以 GPT-3.5 模型為核心, 一路進化到 GPT-4、GPT-4 Turbo, 我們將這幾代模型的進化整理如下表, 其中的**參數量**是衡量模型規模的指標, 可以想成是模型的容量, 數字越大、可以記得的知識含量就越豐富, 模型自然就越「聰明」:

模型名稱	年份	參數量	主要或新增功能
GPT	2018	1.17 億	規則式問答、文本分類
GPT-2	2019	15 億	生成文本、翻譯、文章摘要
GPT-3	2020	1750 億	生成程式、玩遊戲、回答問題
GPT-3.5	2022	約 2000 億	進行對話, 也是 ChatGPT 剛問世所採用的版本
GPT-4	2023	據說約 1.76 兆	接收圖片提示、生成創意性內容、生成圖片
GPT-4 Turbo	2023	同上	多檔案類型的輸入、處理更長的文本、可記得更長的上下文

註: ChatGPT 問世後, OpenAI 就未再公布 GPT 模型的規格, 因此參數量只是推測數字。

GPT-4 生成的文本品質已經讓人很滿意, 就是速度慢了些, 而且要收費才能使用的緊箍咒, 讓競爭對手找到見縫插針的空間。OpenAI 冷不防在 2024 年 5 月的春季更新發表會上, 公開能力更強的新一代模型 **GPT-4 Omni**, 簡稱 **GPT-4o**, 不僅強化其不同型態資料的理解與生成, 而且速度提升 1.5~2 倍以上, 更重要的是開放讓一般免費用戶也可以使用。

● **全方位的多模態模型應用**: GPT-4o 的 o 是英文字母 O, 代表 Omni 全方位的意思。以往 AI 模型以文本資料為主, 雖然可以識別語音或影像資料, 實際上卻是先轉換成文本, AI 模型才能了解其內容, 因此處理上比較花時間。而 GPT-4o 直接增加語音和影像的素材同步訓練, 不須轉換就能理解語音和影像的內容, 也可以掌握諸如語音的聲調、語氣等細節。

TIP

這種將不同型態資料一起同步訓練的模型, 稱為 end to end model, 中文通常稱為**端對端模型**, 這些資料直接餵入模型, 沒有經過轉換, 因此訓練出來的 AI 可以原生性處理影像和聲音的資料, 得以掌握更多細節。這跟你自己就看得懂英日文, 而不需要透過翻譯的意思是一樣的。

- **模型各方面性能全面提升**：OpenAI 照例沒有公布模型規格, 但有提供各項指標的測驗結果, 在文字理解、問答品質、閱讀理解、程式解讀等能力上, 都有顯著改善, 而且幾乎都全面超越其他模型 (第三方單位的測試結果多數也是 GPT-4o 領先), 語音和影像辨識的能力也大幅提升。

- **可以將輸入的文本壓縮到更小**：各語系的文本會被壓縮得更小, 再送給 ChatGPT, 而且語意理解不受影響, 要處理的資料量減少了, 效率自然可以增加。不同語言改善程度不一, 以英文來說差異不大, 而中文約可以減少 1.4 倍, 阿拉伯語則是兩倍以上。

TIP

將文本送入 AI 模型前, 必須先進行**斷詞 (tokenization)** 的動作, 可以想成將一大段文章要先切割成一個一個單字送入模型, 只是這個單字並非我們平常認知的詞彙, 而是搭配 AI 模型專屬的詞彙表 (tokenizer), 轉換為方便電腦處理的最小單位, 稱為 **token**。此處的壓縮能力就是指用更少的 token 數就足以表達原始文本的意思。

- **更安全可靠準確的生成內容**：為了避免 ChatGPT 被濫用生成不當的內容, OpenAI 透過過濾機制和其他手法, 調整模型的應對行為, 有效地降低可能影響網路安全或對人身造成危害的內容。

- **API 的速度更快、價格更便宜**：針對開發者所提供的 API, 包括文本、語音和影像, 存取速度提升 2 倍, 呼叫 API 的頻率限制也放寬 5 倍, 每分鐘可以處理 500 個請求, 同時價格也降到原來的一半。

OpenAI 沒有公布 GPT-4o 模型的細節, 不過整體來說主要的差異就是更「快」, 並且可跨文字、聲音、影像進行全方位溝通。由於模型運作更有效率, 因此可進行更即時的互動, 以往只能你一言我一句的語音功能, 變成即時的語音交談, 也可以直接透過視訊來互動, 甚至可以明確區別不同語氣、聲調的差異, 再再都讓 ChatGPT 更加人性化。

在 GPT-4o 問世一個多月後, OpenAI 又推出 GPT-4o mini 模型, 算是 GPT-4o 的精簡版, 實際模型的性能自然比不上 GPT-4o, 主要是用來取代最早的 GPT-3.5, 對於使用者提問的理解能力比 GPT-3.5 好上許多, 另一個優勢則是提供開發者更低廉的存取費用, 只要 GPT-4o 的 1/30 不到。

雖然 ChatGPT 越來越聰明, 不過由於 AI 模型的本質是一種統計模型, 因此對於 ChatGPT 來說, 任何回覆都只是統計推論的結果, 並不是真的完全理解文字背後的涵義, 因此解答並不一定正確, 也容易有各種偏見。這就跟當年網際網路搜尋引擎問世一樣, 很短的時間內就讓資訊大量流通, 並能快速查閱, 但查閱到的資料有真有假, 仍須仰賴使用者自行判斷、利用。

紙上談兵就到此為止, 接著我們就實際帶您來體驗 ChatGPT, 看看怎麼有效地活用 AI, 讓它成為你日常生活和工作上的好幫手。

1-2 ChatGPT 的對話與註冊

ChatGPT 在推出後就迅速普及, 馬上引領一波生成式 AI 應用的風潮, 而且快速深入各個不同領域, 有種「山也 GPT、海也 GPT」包山包海的態勢。不過如果你還沒有 ChatGPT 帳號, 甚至沒用過 ChatGPT, 本節我們就帶你加入並熟悉 ChatGPT 的世界。

免登入！跟 ChatGPT 對話初體驗

首先請連到 ChatGPT 的官網, 網址很好記就是 chatgpt.com, 連上網站就可以看到十分簡潔的操作畫面。跟 ChatGPT 基本的溝通方式就是問答, 可以直接在下方的對話框輸入任何問題：

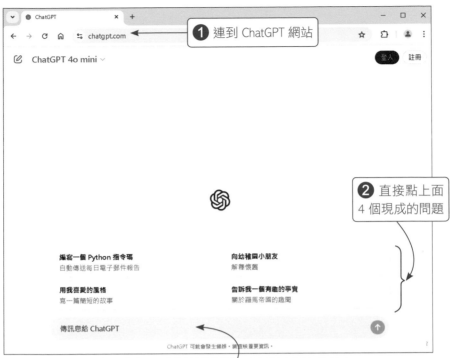

① 連到 ChatGPT 網站

② 直接點上面 4 個現成的問題

撰寫一個 Python 指令碼
自動傳送每日電子郵件報告

向幼稚園小朋友
解釋懷舊

用我喜愛的風格
寫一篇簡短的故事

告訴我一個有趣的事實
關於羅馬帝國的趣聞

如果有很明確想問的問題，也可以自行在此輸入

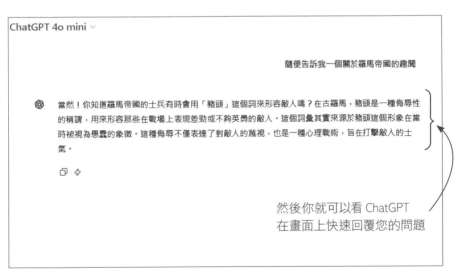

ChatGPT 4o mini ˅

隨便告訴我一個關於羅馬帝國的趣聞

當然！你知道羅馬帝國的士兵有時會用「豬頭」這個詞來形容敵人嗎？在古羅馬，豬頭是一種侮辱性的稱謂，用來形容那些在戰場上表現差勁或不夠英勇的敵人。這個詞彙其實來源於豬頭這個形象在當時被視為愚蠢的象徵。這種侮辱不僅表達了對敵人的蔑視，也是一種心理戰術，旨在打擊敵人的士氣。

然後你就可以看 ChatGPT 在畫面上快速回覆您的問題

隨便告訴我一個關於羅馬帝國的趣聞

🌀 當然！你知道羅馬帝國的士兵有時會用「豬頭」這個詞來形容敵人嗎？在古羅馬，豬頭是一種侮辱性的稱謂，用來形容那些在戰場上表現差勁或不夠英勇的敵人。這個詞彙其實來源於豬頭這形象在當時被視為愚蠢的象徵。這種侮辱不僅表達了對敵人的蔑視，也是一種心理戰術，旨在打擊敵人的士氣。

❸ 繼續提問 ➜ 那跟現在的用法差不多

🌀 確實，有點相似！現在「豬頭」這個詞語在許多地方也是用來形容某人愚蠢或做事不夠明智。雖然語境和文化背景有所不同，但基本上都是用來表達對某人的不滿或輕蔑。不過，當然現代的用法比起古羅馬的侮辱，可能少了一些戰場上的威脅感。

⎘ ⚡

ChatGPT 會延續之前的內容，進一步解答你的問題

　　這樣一問一答其實就可以做到不少應用。不過在進一步介紹相關應用之前，建議還是先註冊並登入帳號，這樣你跟 ChatGPT 之間的對話內容才能保存下來，也才能使用其他個人化的功能。

　　接著我們先帶你註冊帳號並完成登入，再接續介紹 ChatGPT 操作介面的功能。若您已經自行登入 ChatGPT，可以直接跳到 1-3 節。

兩種創建新帳號的方式

　　ChatGPT 的帳號申請非常簡單，你可以直接綁定現有的網路帳號，也可以使用個人 Email 重新申請，兩種方式的差別就是：你要使用 ChatGPT 的時候，需不需要先登入其他網路帳號。

● **綁定其他網路帳號**：ChatGPT 支援以 Google、Microsoft、Apple 三大龍頭的網路帳號進行註冊，這樣可以簡化設定和記憶密碼的繁雜，但未來登

入 ChatGPT 就必須先登入這些帳號, 偏偏目前幾乎都會綁定行動電話或其他方式驗證, 在新電腦或新裝置登入時的限制較多。

● **輸入 Email 全新申請**：另一種方式是輸入 Email, 然後另行設定登入密碼, 要使用 Gmail、Outlook.com 的郵件也是可以。這樣以後 ChatGPT 帳號就是獨立的, 在其他裝置上登入的限制會比較少。

兩種方式各有優缺點, 想要比較嚴密的安全性控管, 建議是綁定現有的網路帳號比較妥當, 若是常會在不同的裝置上使用 ChatGPT, 則建議輸入 Email 方式, 獨立申請 ChatGPT 帳號。同一個 Email 只能選擇其中一種方式申請。

註冊帳號步驟

請在 ChatGPT 網站按下左下方的註冊鈕, 我們會分別示範兩種帳號類型的申請方式：

若已經申請過 ChatGPT 帳號, 則請按此登入, 並直接看 1-3 節

ChatGPT 4o mini

登入　註冊

按下此鈕即可開始註冊

制定晨間習慣
幫我提高生產力

給我一些建議
克服拖延症

撰寫訊息
並附上一個小貓咪的 GIF 動畫, 來鼓勵心情不好...

告訴我一個有趣的事實
關於羅馬帝國的趣聞

傳訊息給 ChatGPT

ChatGPT 可能會發生錯誤。請查核重要資訊。

以 Google、Microsoft、Apple 帳號快速註冊

如果你有 Google、Microsoft 或 Apple 帳戶, 可以點擊下方選項快速建立帳戶, 此處以 Microsoft 帳號登入示範：

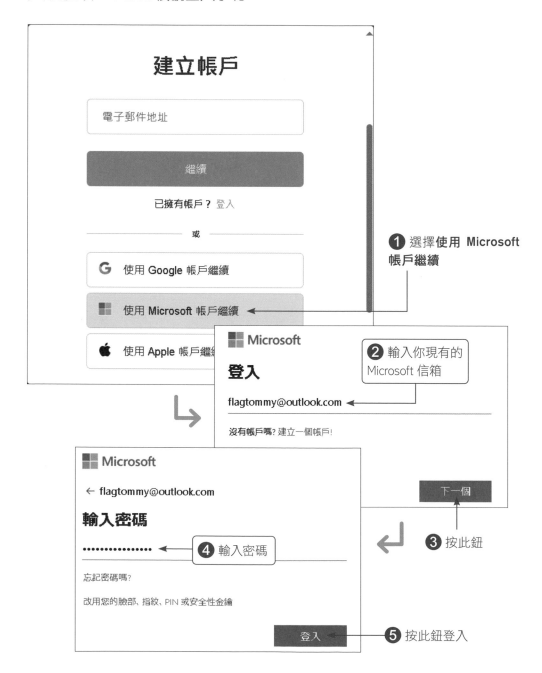

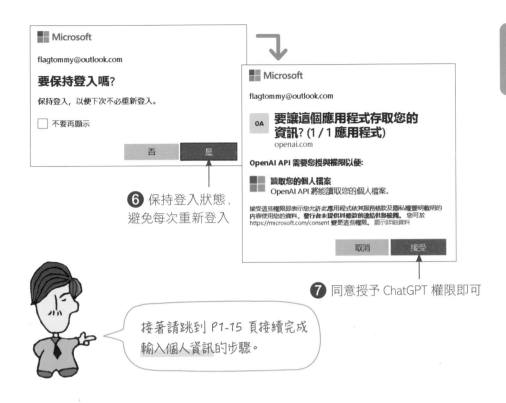

6 保持登入狀態,
避免每次重新登入

7 同意授予 ChatGPT 權限即可

接著請跳到 P1-15 頁接續完成
輸入個人資訊的步驟。

使用電子信箱重新註冊

若希望 ChatGPT 的帳戶可以
獨立登入, 可以輸入 Email 來申
請帳戶:

1 在此輸入電子信箱 (使
用 Gmail 信箱當然也可以)

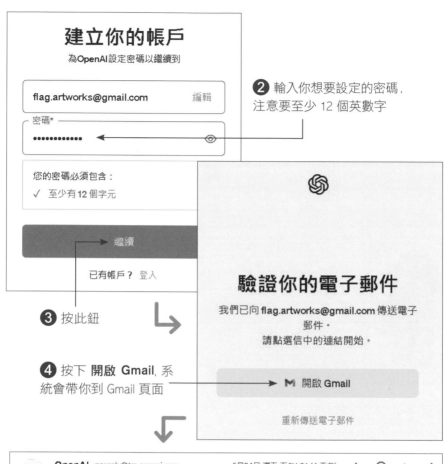

② 輸入你想要設定的密碼,
注意要至少 12 個英數字

建立你的帳戶

為OpenAI設定密碼以繼續到

flag.artworks@gmail.com　　編輯

密碼*

您的密碼必須包含:
√ 至少有12個字元

繼續

已有帳戶? 登入

③ 按此鈕

驗證你的電子郵件

我們已向 flag.artworks@gmail.com 傳送電子
郵件。
請點選信中的連結開始。

M 開啟 Gmail

重新傳送電子郵件

④ 按下 開啟 Gmail, 系
統會帶你到 Gmail 頁面

OpenAI <noreply@tm.openai.com>　　5月24日 週五 下午1:36 (4 天前)　　☆　☺　↩　⋮
寄給 我 ▾

OpenAI

驗證你的電子郵件地址

若要繼續設定你的 OpenAI 帳戶, 請驗證這是你的電子郵件地址。

驗證電子郵件地址

⑤ 開啟驗證信之後
按下 驗證電子郵件

此連結將在 5 天後失效。如果你沒有提出此請求, 請忽略此電子郵件。如需協助, 請透過說
明中心聯絡我們。

糟糕！

The email you provided is not supported.

如果問題仍然持續發生，請透過 說明中心
聯絡我們。

返回主頁

─ TIP ─

如果步驟 ❸ 按下**繼續**後看到左邊這個提醒，有可能是你鍵入的 Email 不被 OpenAI 接受。本書撰寫時使用微軟 Outlook/hotmail 以及中國大陸的電子郵件帳號註冊都會看到此畫面。

輸入個人資訊

不管前面是直接用網路帳號登入，還是輸入 Email 重新註冊，接下來的操作都一樣，先設定個人資訊並完成手機驗證：

設定之後，截至目前都無法再行修改，也不會顯示於任何地方

❸ 請按此同意使用（若未滿 18 歲，文字會要求監護人同意）

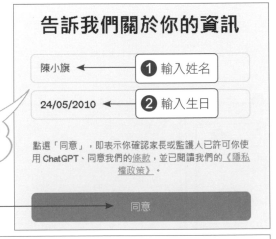

告訴我們關於你的資訊

陳小旗　◄ ❶ 輸入姓名

24/05/2010　◄ ❷ 輸入生日

點選「同意」，即表示你確認家長或監護人已許可你使用 ChatGPT、同意我們的條款，並已閱讀我們的《隱私權政策》。

同意

ChatGPT

入門提示

○ **儘管發問**

ChatGPT 可以回答問題、協助你學習、編寫程式碼、一起腦力激盪等等。

● **請勿分享敏感資訊**

系統可能會審查交談歷程或將其用於改善我們的服務。前往我們的說明中心了解你的選擇。

▲ **查核事實**

雖然我們有保障措施，但 ChatGPT 可能會向你提供不準確的資訊。我們無意提供建議。

好，請開始

看到此畫面表示註冊成功，讀完使用提示後，按下此鈕就正式成為 ChatGPT 的一員

─ TIP ─

接著可能出現其他新功能的提示，確認之後就會跳回 ChatGPT 的首頁。

1-3 問一波！來跟 ChatGPT 互動吧

先前我們已經說明過如何跟 ChatGPT 對話,不過有登入會員的 ChatGPT 使用介面有一些不同,而且還有其他設定功能,這一節就大致為您說明基本的操作。

基本對話操作介面

ChatGPT 的介面大致分成三個區塊,左邊側邊欄分成 GPTs 區和對話紀錄區,中間是主對話區,右上方則是使用者頭像,按下頭像可以展開設定選單。

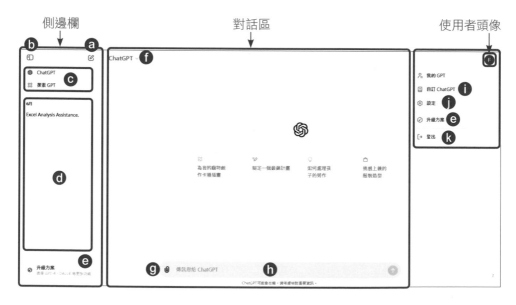

ⓐ 開啟新對話

ⓑ 展開 / 關閉側邊欄

ⓒ GPTs 區（見第 5 章）

ⓓ 對話紀錄（若是第一次登入,此處會是空的）

ⓔ 申請付費帳號（見 1-4 節）

ⓕ 切換 ChatGPT 模型與臨時性對話（見 1-5 節）

ⓖ 上傳附件檔案（見 1-5 節）

ⓗ 對話輸入框

ⓘ 預先給予 ChatGPT 的個人化指示（見第 4 章）

ⓙ 開啟設定頁面

ⓚ 登出 ChatGPT

接下來我們直接在 ⓗ 對話輸入框, 輸入你要詢問的問題, 就可以開始跟 ChatGPT 聊天了。我們先以簡單的問題開始, 請在畫面最下方輸入 "台灣在哪裡":

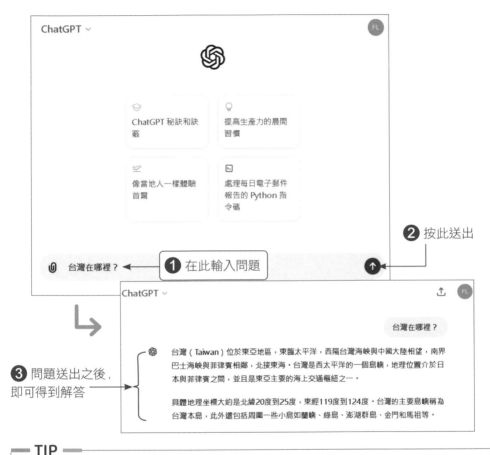

② 按此送出

① 在此輸入問題

③ 問題送出之後, 即可得到解答

TIP

輸入過程中如果需要換行顯示, **請使用** Shift + Enter **組合鍵**, 單獨按下 Enter 會直接送出。

畫面右邊顯示的是你的問題, 左邊則是 ChatGPT 回覆的內容, 由於 ChatGPT 的回答有隨機性, 因此你得到的回覆內容跟此處的畫面不會一模一樣, 不過因為是比較基本的問題, 應該不至於差異太大。此時針對 ChatGPT 提到的「澎湖群島」, 再進一步提問;可以直接選取回覆內容, 按下引用圖示就會自動出現在對話框:

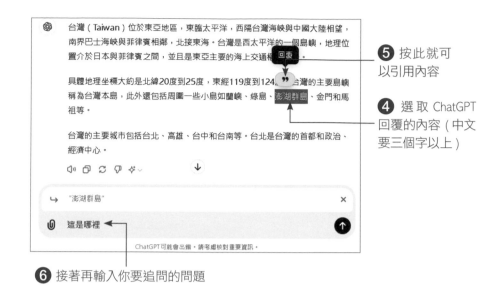

⑤ 按此就可以引用內容

④ 選取 ChatGPT 回覆的內容（中文要三個字以上）

⑥ 接著再輸入你要追問的問題

　　如果對說明不滿意, 像是想要更簡單的解釋, 同樣可以繼續提出請求。跟 ChatGPT 對答很重要的一點, 就是盡量以具體的情境提問, 像是「初學者也看得懂的版本」、「要給主管看的正式文件」, 讓 ChatGPT 做出更能符合需求的答案。這樣對照先前的解答來逐步修正的功能, 也是 ChatGPT 最強大的特色之一。

此處筆者有修改過問題, 停留在原來的問題上, 按下此圖示即可修改

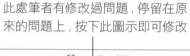

⑦ 提出簡化要求, 並轉換方便外國人閱讀的英文

上述對話內容會記錄在這裡, 名稱由 ChatGPT 自行命名

⑧ 篇幅縮短許多

此處顯示修改過 4 次, 可切換閱讀不同版本

切換繁體中文介面

　　目前連到 ChatGPT 網站,應該預設都會是繁體中文介面,如我們前面所示範的畫面。若您曾經切換過不同語系,或者因為任何原因沒有顯示中文的話,可以參考以下說明來切換:

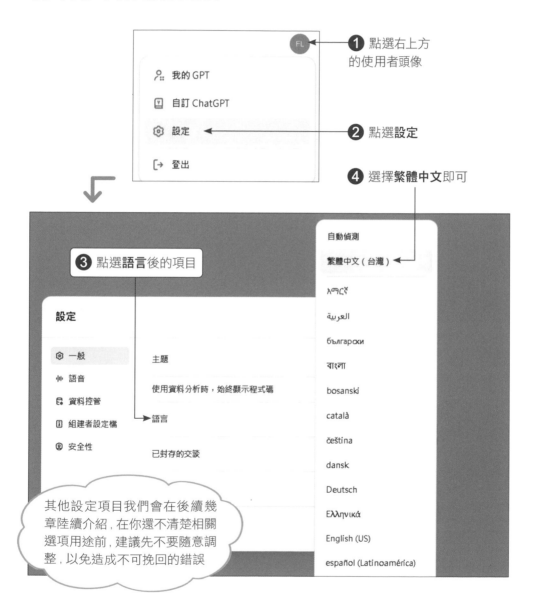

① 點選右上方的使用者頭像

② 點選**設定**

④ 選擇**繁體中文**即可

③ 點選**語言**後的項目

其他設定項目我們會在後續幾章陸續介紹,在你還不清楚相關選項用途前,建議先不要隨意調整,以免造成不可挽回的錯誤

雖然切換成繁體中文, 但少數功能項目仍會顯示英文。另外先前有些功能要切換到英文版才會顯示, 目前筆者是還沒遇到, 如果未來有類似的狀況, 可自行切換嘗試看看。

調整介面深淺

ChatGPT 有深色、淺色兩種介面, 可自行在設定頁面中進行切換：

❶ 按下**主題**後面的項目

❷ 自行選擇要深色或淺色

為了有良好的印刷效果, 本書的操作介面都以**淺色介面**為主, 若您有護眼的考量, 則建議可以選擇**深色介面**。

至於選項中的**系統**, 則是配合你所使用的電腦系統, 看系統是採用深色或淺色的設定, ChatGPT 會自行調整維持一致的介面設定。由於 ChatGPT 的設定都是會跟隨你的帳號跑, 因此若你會在不同的裝置登入, 介面深淺也會跟著做改變。

限制 OpenAI 取用你的對話內容

也許你有聽聞, 在使用 ChatGPT 等 AI 服務時, 網站都會將你的對話保存下來, 之後再當作重新訓練 AI 模型的資料集來使用。這是許多科技大廠行之有年的做法, 若擔心個人隱私外洩, 可以關閉此功能不讓 OpenAI 自由取用:

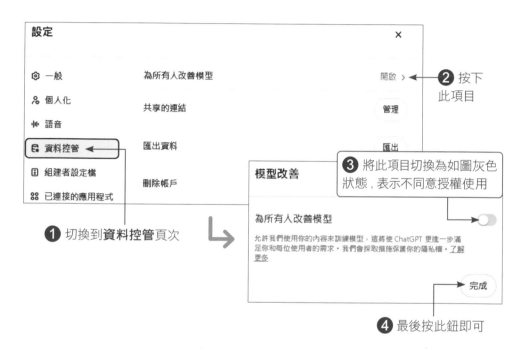

❶ 切換到**資料控管**頁次

❷ 按下此項目

❸ 將此項目切換為如圖灰色狀態, 表示不同意授權使用

❹ 最後按此鈕即可

1-4　該不該付費升級 ChatGPT Plus 帳號？

雖然 ChatGPT 從模型性能到軟體功能, 幾乎都是輾壓對手的程度, 但最讓人詬病的是, 好用的功能都要付費, 而且完全不能試用。眾多免費仔的心聲, 相信 OpenAI 聽到了。這次推出 GPT-4o 就提供用戶試用的機會。

不過這樣一來, 反倒很多用戶想問, 那還需要升級到 ChatGPT Plus 嗎？其實 GPT-4o 雖然提供試用, 但每三小時只有少少的十多次, 很容易就超過了。

除非你沒在使用 GPT-4o 等付費功能, 就算只有免費的 GPT-4o mini 也沒甚麼影響, 那可以暫時先不升級。但如果你使用 GPT-4o 模型或是上傳附件時, 動不動就出現警示說到達上限次數, 那看來你就需要升級 Plus, 相信這也是 OpenAI 的陰謀啦！

ChatGPT Plus 的特權功能

目前跟 ChatGPT 免費版的功能相比, ChatGPT Plus 大致多了以下幾項：

● 流量高峰期間, 仍可以優先使用。不過如果真的塞得很嚴重, 就算有優先權其實感受不太明顯。

● GPT-4o 的使用有次數限制, Plus 用戶為 3 小時 80 次, 免費版用戶則約為 16 次左右 (以上次數都包含 GPT 機器人的使用)。

次數到了會自行改用免費的 GPT-4o mini

── TIP ──
次數到了, 若您的對話有上傳附件或是生圖, 則無法延續同一個對話內容, 只能重啟新對話。

● 可以使用舊版的 GPT-4 模型 (即 GPT-4 Turbo), 不過也有一定的次數限制。

● 目前免費版用戶每天只能使用 DALL-E 模型生成兩張圖, Plus 用戶就可以生成比較多張圖, 包括所有用到 DALL-E 模型 GPT 機器人也包含在內。

● 未來 GPT-4o 的即時語音和視訊互動功能, 限付費版的用戶可以使用。

● 可以自行創建專屬的 GPT 機器人, 並能上架到 OpenAI 的 GPT Store 中跟其他人分享 (見第 9 章)。

● 未來有新功能, 會優先給付費帳號使用。

ChatGPT Plus 申請教學

登入 ChatGPT 後, 可以參考本節的說明升級到 ChatGPT Plus, 就可以享有上述功能:

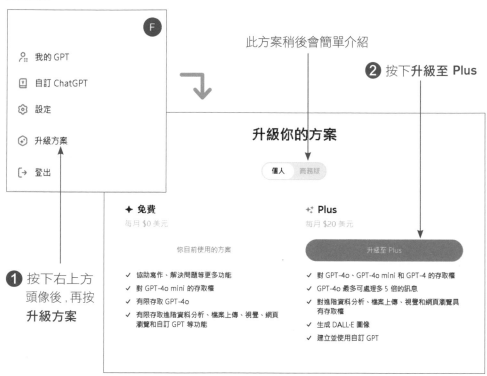

此方案稍後會簡單介紹

❷ 按下**升級至 Plus**

❶ 按下右上方
頭像後, 再按
升級方案

有時遇到尖峰期 (如
發表會過後), 可能會
遇到人數管制沒辦
法馬上升級, 就請先
登記加入等候名單

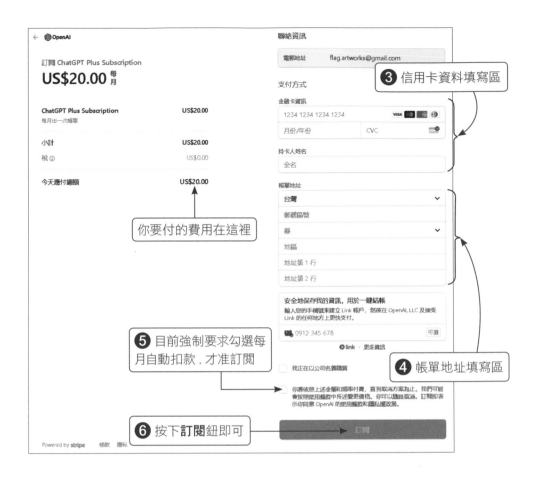

若輸入的資訊沒問題, 會立即刷卡扣款, 然後就可以享用 ChatGPT Plus 各項專屬功能囉!

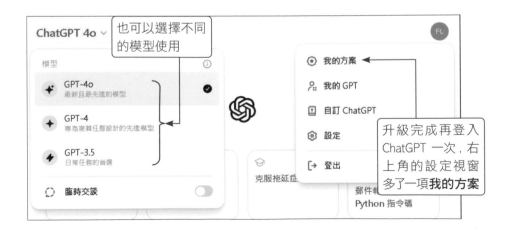

ChatGPT 商務版方案

目前 OpenAI 也有推出商務版方案 - ChatGPT Team, 每月費用 30 美元, 至少要購買兩個單位 (也就是最少 60 美元), 後續加入的用戶則以實際使用天數計費 (1 天 1 美元)。Team 方案包含 ChatGPT Plus 所有的功能，除此之外還增加以下功能：

- 開放給 2 ~ 150 位用戶使用。
- 可使用更多次數的 GPT-4o。
- 能在工作區建立及共享 GPT 機器人。
- 工作區可以合併也可以各自獨立。
- 對話內容不會被拿去作為訓練。

取消訂閱 ChatGPT Plus

由於 ChatGPT Plus 帳戶目前是強制每月自動扣款, 所以這邊也一併交代取消訂閱的方法, 可以在刷卡完成後就先取消訂閱, 就可以保有一個月的使用期限, 又不怕擔心下個月自動扣款。因為目前也沒有年繳優惠, 所以一個月後要使用的時候再刷卡就可以, 這樣使用上會更有彈性。

要取消訂閱, 請在 ChatGPT 對話視窗的右上角, 點選**我的方案**之後會跳出帳戶資訊, 再點選下方的**管理訂閱**：

❶ 點選**我的方案**

FL

- ⊙ 我的方案
- ⚓ 我的 GPT
- ▣ 自訂 ChatGPT
- ⚙ 設定

- [→ 登出

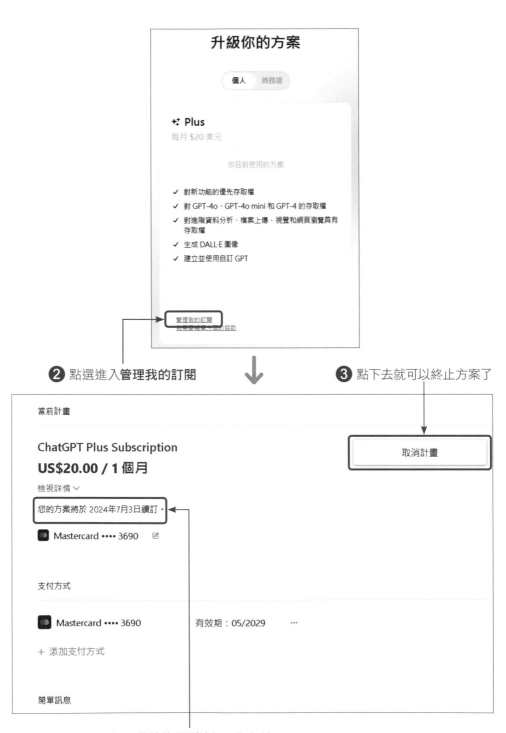

升級你的方案

個人　商務版

✦ Plus
每月 $20 美元

你目前使用的方案

✓ 對新功能的優先存取權
✓ 對 GPT-4o、GPT-4o mini 和 GPT-4 的存取權
✓ 對進階資料分析、檔案上傳、視覺和網頁瀏覽具有
　存取權
✓ 生成 DALL·E 圖像
✓ 建立並使用自訂 GPT

管理我的訂閱
我需要個幫助我的協助

❷ 點選進入**管理我的訂閱**

❸ 點下去就可以終止方案了

當前計畫

ChatGPT Plus Subscription
US$20.00 / 1 個月
檢視詳情 ∨

您的方案將於 2024年7月3日續訂。

取消計畫

■ Mastercard •••• 3690　✎

支付方式

■ Mastercard •••• 3690　　　有效期：05/2029　　⋯

＋ 添加支付方式

開單訊息

仍可繼續使用到這個日期之前

ChatGPT 寄生帳號

由於目前許多網路服務都需要付費才能使用，因此也發展出遊走網站規範邊緣的「寄生帳號」模式，網路社群或拍賣網站常會看到揪團合購各種網路服務的家庭方案、團隊方案，包括 Netflix、Disney+、PlayStation Plus 等線上服務都很常見。

ChatGPT 的付費帳號也開始有人在揪團，或是販賣團隊帳號，這已經踩在 OpenAI 授權的紅線上，是否違規有模糊空間，但要小心個人隱私問題。由於這類帳號都是屬於獨立的 ChatGPT 帳號，可以不用綁定裝置，因此多半是一帳號多賣的狀況，你在 ChatGPT 上的對話別人也會看到，這之中的利弊得失就請您自行衡量了。

另外前述提到 Netflix、Disney+ 等服務，目前都已經加上各種驗證機制，開始限制這類寄生帳號的存在，未來不排除 OpenAI 也會跟進，這也是要注意的風險，以免花了錢卻無法使用。

TIP

截稿前一週，筆者使用同一個 Plus 帳號，同時在多部電腦登入時，後登入的電腦常常會無法使用，也許 OpenAI 已經針對寄生帳號採取反制作為，請務必多加考量。

1-5 多管齊下跟 GPT-4o 溝通互動

前面有提過，ChatGPT 目前最新的 GPT-4o 模型，可以全方位進行溝通，不限於文字，而且免費用戶也能使用。以下我們就將各種跟 ChatGPT 溝通的方式整理如下。

切換 ChatGPT 使用的模型

在開啟對話時，Plus 用戶可以自行選擇讓 ChatGPT 使用哪個模型跟你溝通，目前有 3 個模型可以選擇：

- **GPT-4o**：一般情況下建議以 GPT-4o 為主，整體的回覆速度最快，而且內容的品質和正確性也有一定水準。目前有使用次數限制，限制到了之後會改用 GPT-4o mini。

- **GPT-4o mini**：用來取代最早的 GPT-3.5 模型，就名稱可以看出是 GPT-4o 的精簡版，就性能來看，理解、運算、推理能力等各方面表現都比 GPT-4o 差了一些，不過回覆速度則明顯快上不少。由於是精簡版，因此目前不開放上網查詢、不能上傳附件也不能繪圖，雖然可以生成程式碼但無法驗證執行，此模型大致上都以文字互動為主。

- **GPT-4**：採用舊版的 GPT-4 模型，一般會有比較詳細的分析和解說，但速度會慢很多，呈現上也會比較單調 (不會有重點標示等)。

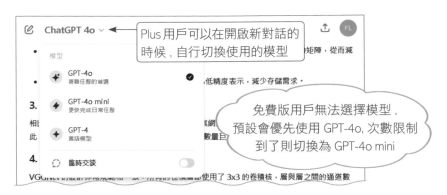

Plus用戶可以在開啟新對話的時候，自行切換使用的模型

免費版用戶無法選擇模型，預設會優先使用 GPT-4o，次數限制到了則切換為 GPT-4o mini

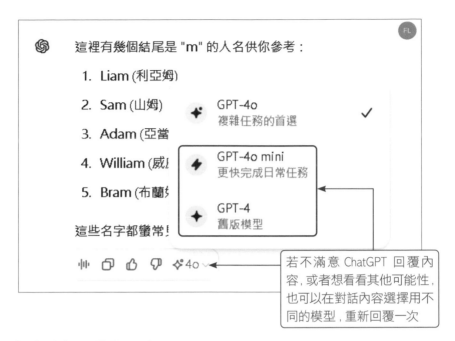

若不滿意 ChatGPT 回覆內容, 或者想看看其他可能性, 也可以在對話內容選擇用不同的模型, 重新回覆一次

語音朗讀回覆內容

GPT-4o 的語音功能是這次模型更新的重點, ChatGPT 語音交談的功能目前僅能在行動裝置上使用, 我們會在第 2 章進行示範。不過網頁版有提供語音朗讀功能, 其中文語音的發音十分流暢、自然, 還有語調上的抑揚頓挫：

直接按下 ChatGPT 回覆內容的**大聲朗讀**圖示即可

台灣，這片在太平洋上翩然浮動的美麗島嶼，像是上天撒落在人間的一片翡翠，四面環海，山巒綿延。古老的原住民在這片土地上與大自然共舞，他們的足跡和歌謠，編織成了台灣最初的樂章。後來，時光的潮水推來了來自遠方的帆船，荷蘭的赤腳印，西班牙的商船帆，還有日本的煙雨樓閣，都曾在這片土地上留下他們的印記。

「春風滿面花自開，時來運轉總相隨。」戰後，台灣重回中國的懷抱，經歷了動盪的時代，終於走向了自己的現代化與民主化。如今的台灣，是亞洲四小龍之一，經濟繁榮，文化多元。那一抹抹的回憶，如同在春風中綻放的花朵，點綴著這片土地的美麗，讓人不禁感嘆歲月的變遷與歷史的厚重。

台灣，這片飽經滄桑卻依然充滿生機的土地，在歷史的長河中，靜靜地訴說著她的故事，讓人們在她的山水之間，感受到那份永恆的詩意。

可惜目前 ChatGPT 尚無法生成語音檔案, 期待未來能開放此功能, 現階段可以參考第 5、6 章的說明, 改用其他替代方案。

使用圖片、附件進行互動

有些問題單單用文字描述是說不清楚的, 因此 ChatGPT 從 GPT-4 開始, 就允許用戶上傳圖片或其他附件進行互動, 幾乎常見的檔案格式都支援, 包括：文件檔、圖片檔、試算表、簡報檔、壓縮檔、程式檔等都可以。OpenAI 也有公布檔案上傳限制, 一次最多可以上傳 20 個檔案, 每個檔案不超過 2MB (圖片則是 20MB)。

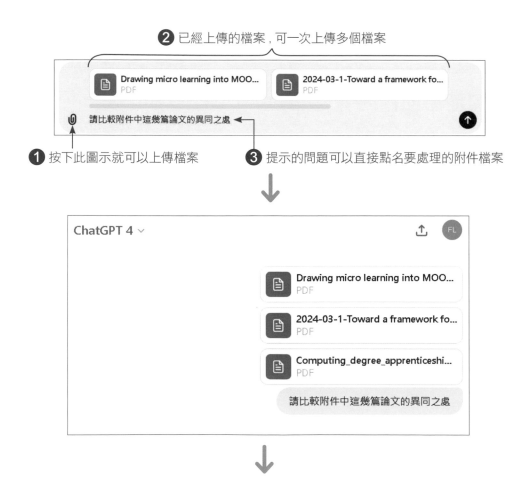

❷ 已經上傳的檔案, 可一次上傳多個檔案

❶ 按下此圖示就可以上傳檔案

❸ 提示的問題可以直接點名要處理的附件檔案

這幾篇論文分別探討了不同的主題，但都集中在教育和學術研究的範疇。以下是各篇論文的主要異同之處：

1. **附件一：《Drawing Micro Learning into MOOC》**

- 主題：探討如何利用碎片化學習時間在大型開放式線上課程（MOOC）中實現有效學習。

> 順利整理出多份論文的摘要了

- 方法：提出一種結合微學習與MOOC的教育模型，利用學習者的零碎時間進行學習。

- 重點：強調時間管理和學習效率，適合現代快速節奏的學習需求 [11]。

3. **附件三：《Computing Degree Apprenticeships: An Opportunity to Address Gender Imbalance in the IT Sector》**

- 主題：分析計算學位學徒制度如何幫助解決資訊科技（IT）領域的性別不平衡問題。

- 方法：通過調查和分析數據，探討不同性別進入學徒制度的途徑和經驗。

- 重點：揭示在某些科目中女性參與度更高，而在其他科目中則存在挑戰，如網絡安全和軟件開發領域的女性比例偏低。

總結來看，這三篇論文都圍繞教育創新和改進學習效果，但各自關注的重點和採取的方法不同。第一篇論文聚焦於線上學習的時間效率，第二篇論文著重於提升教學質量和學生在高等教育中的學習經驗，而第三篇論文則探討性別平等問題及其對教育途徑的影響。

❹ 因為有上傳檔案，回覆需要稍等一下，接著 ChatGPT 就會依照指示處理你的檔案內容

TIP

由於上傳檔案的資料量比較大，ChatGPT 每次回覆的長度有限，有時候還沒回答完就被迫停下來，這時畫面上會出現**繼續生成**鈕，按下去後 ChatGPT 就會繼續回覆。

G 繼續生成

讓 ChatGPT 存取網路硬碟檔案

除了自行上傳檔案外, 也可以讓 ChatGPT 自行讀取網路硬碟中的檔案。請先到設定頁面, 讓 ChatGPT 連接到 Google Dive、OneDrive 等網站, 之後就可以在對話框中直接取用：

❶ 開始設定畫面, 並切換到**已連接的應用程式**

❷ 此 處 以 Google Drive 示範, 請按下後方的**連接**

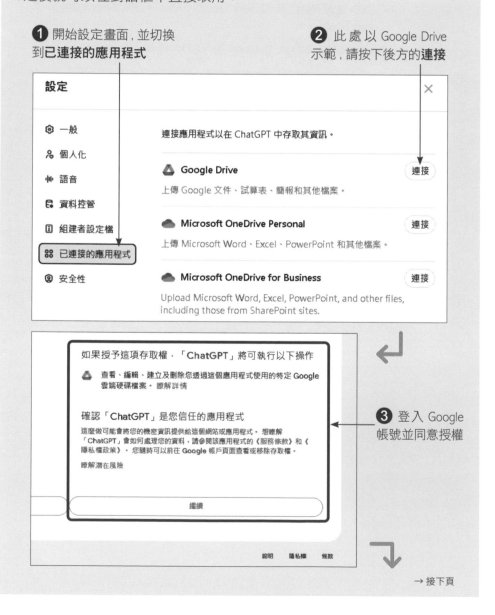

❸ 登入 Google 帳號並同意授權

→ 接下頁

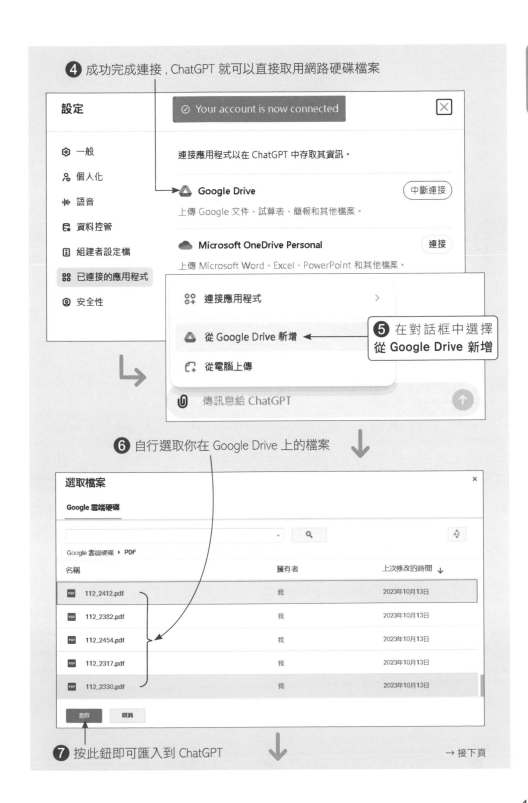

④ 成功完成連接, ChatGPT 就可以直接取用網路硬碟檔案

設定

⊘ Your account is now connected ✕

⚙ 一般

連接應用程式以在 ChatGPT 中存取其資訊。

⚗ 個人化

🔷 **Google Drive** 中斷連接

🎙 語音

上傳 Google 文件、試算表、簡報和其他檔案。

🗂 資料控管

☁ **Microsoft OneDrive Personal** 連接

🗐 組建者設定檔

上傳 Microsoft Word、Excel、PowerPoint 和其他檔案。

🔳 已連接的應用程式

⚉ 安全性

88 連接應用程式 ＞

🔷 從 Google Drive 新增 ← ⑤ 在對話框中選擇
從 Google Drive 新增

⬚ 從電腦上傳

📎 傳訊息給 ChatGPT ⬆

⑥ 自行選取你在 Google Drive 上的檔案 ↓

選取檔案 ✕

Google 雲端硬碟

🔍 ⬍

Google 雲端硬碟 ▸ PDF

名稱	擁有者	上次修改的時間 ↓
📄 112_2412.pdf	我	2023年10月13日
📄 112_2382.pdf	我	2023年10月13日
📄 112_2454.pdf	我	2023年10月13日
📄 112_2317.pdf	我	2023年10月13日
📄 112_2330.pdf	我	2023年10月13日

選取 取消

⑦ 按此鈕即可匯入到 ChatGPT ↓ → 接下頁

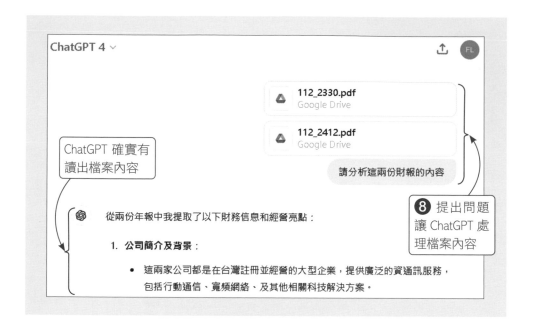

讓 ChatGPT 上網查詢資訊

一般 AI 模型的資料有其時效性, 所以問 ChatGPT 比較近期發生的事情, 它會回答不出來或是答錯, 這時候就需要讓它上網查資料求證。目前 ChatGPT 並沒有明確的功能選項, 控制 ChatGPT 是否上網, 一切都由 ChatGPT 自行判斷, 不過你可以在問題中「暗示」它一下。此處筆者詢問它 ChatGPT 最新的模型為何, 截稿當下標準答案應該是 GPT-4o, 在 ChatGPT 尚未更新其模型資料前, 並無法說出正確答案：

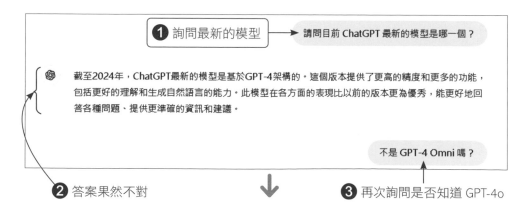

自行上網查證

已搜尋 4 個網站 ◄————

目前，最新的 **ChatGPT** 模型是 GPT-4o，簡稱 GPT-4 Omni。這個模型是 GPT-4 的進化版本，具備更快的處理速度和更高的效率，並且能夠處理多種輸入和輸出形式，包括文本、圖像和語音 (OpenAI) (Search Engine Journal)。

GPT-4o 提供 GPT-4 級別的智能，但在速度、成本和多語言支持上有顯著提升。它比 GPT-4 Turbo ~~快兩倍，價格降低了 50%，並且在多語言和視覺能力方面的性能優於 GPT-4 Turbo (OpenAI Help~~

❹ 回答正確

　　上述是簡單的示範，可以看出當 ChatGPT 判斷我們的問題可能涉及新的資訊，就會自己上網找資料，然後歸納整理後給你正確答案。不過上述步驟 3 也不是百試百靈，如果 ChatGPT 沒有意識到應該上網，就會回覆說它不知道 GPT-4o 是甚麼，這時候可以在提示中加上 **"請上網搜尋"**，它就會乖乖上網去查資料了 (其實在步驟 1 就要求上網查也可以)。

━ TIP ━

不少人常會拿一些時事題來考 ChatGPT，例如問它：中華民國現任總統是誰，這類問題通常都會答錯，其實只要加上 " 請搜尋 "，就可以正確回答了。

使用無痕對話模式

　　現在很多人使用瀏覽器會開啟無痕模式，在瀏覽網路的一舉一動就不會留下紀錄。ChatGPT 也有類似的無痕對話模式，稱為**臨時交談**，使用後不會保留在側邊欄的對話紀錄區：

❶ 拉下上方切換 ChatGPT 模型的選單

❷ 切換此項

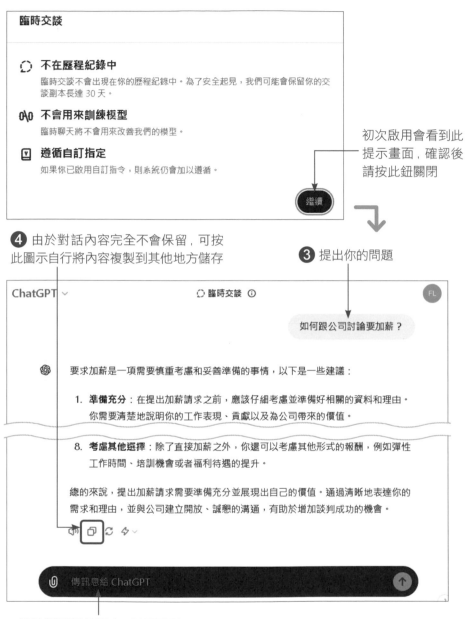

臨時交談

不在歷程紀錄中
臨時交談不會出現在你的歷程紀錄中。為了安全起見,我們可能會保留你的交談副本長達 30 天。

不會用來訓練模型
臨時聊天將不會用來改善我們的模型。

遵循自訂指定
如果你已啟用自訂指令,則系統仍會加以遵循。

初次啟用會看到此提示畫面,確認後請按此鈕關閉

繼續

❹ 由於對話內容完全不會保留,可按此圖示自行將內容複製到其他地方儲存

❸ 提出你的問題

ChatGPT ˅ 　　　　○ 臨時交談 ⓘ 　　　　FL

如何跟公司討論要加薪？

要求加薪是一項需要慎重考慮和妥善準備的事情,以下是一些建議:

1. **準備充分**:在提出加薪請求之前,應該仔細考慮並準備好相關的資料和理由。你需要清楚地說明你的工作表現、貢獻以及為公司帶來的價值。

8. **考慮其他選擇**:除了直接加薪之外,你還可以考慮其他形式的報酬,例如彈性工作時間、培訓機會或者福利待遇的提升。

總的來說,提出加薪請求需要準備充分並展現出自己的價值。通過清晰地表達你的需求和理由,並與公司建立開放、誠懇的溝通,有助於增加談判成功的機會。

傳訊息給 ChatGPT

臨時對話框是黑底,以示區別

對話結束後,只要開啟其他新對話,或者關閉視窗,臨時對話的內容就會刪除,完全不會被 ChatGPT 記錄下來,可以說是最保密的使用方式。當然若你有保存對話內容的需求,就要自行複製到其他地方了。

1-6 使用 ChatGPT 時 可能遇到的狀況

　　總結網路上的各方心得, 加上筆者長期使用的經驗, 發現 ChatGPT 在使用時會有以下幾個狀況, 下列為整理出的幾點 ChatGPT 使用提醒, 還有你可能會遇到的特殊情形解決方法。

1. **回應速度不一**：通常一個問題的回應速度會因流量和你使用的模型而定, 例如：GPT-4 模型回答速度就會慢一點, 如果是在巔峰時間, 免費版的速度通常也會比付費版再慢些。

2. **回覆內容是隨機的**：同一個問題, 每次輸入後往往會有不同的回覆, 我們沒有辦法控制 ChatGPT 如何回答, 只能靠精確用字或是分成多步驟提問, 逐漸提高 ChatGPT 答題的精準性。

3. **答案不一定正確**：ChatGPT 有時給出的答案很明顯是錯的, 讀者需要自行下判斷, 因此現階段比較適合當作整理資料的幫手, 而不是把它當作無所不知的專家看待。第 3、4 章會提供許多跟 ChatGPT 互動的手法, 都可以增加 ChatGPT 解答的正確性。

4. **執 行 錯 誤 或 中 斷**：ChatGPT 偶爾會因為執行錯誤而無法回覆, 此時可以按下**重新生成**按鈕；如果是遇到回答中斷的狀況, 可以按**繼續生成**鈕讓 ChatGPT 延續回應, 如果都不行的話, 也可以按下 F5 讓瀏覽器重新整理網頁。

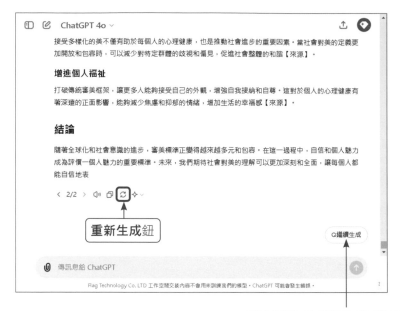

若中斷了, 按**繼續生成**可以繼續回答

5. **以英文或簡體字回答**：即使輸入的是繁體中文, ChatGPT 可能會以英文或是簡體中文回應, 此時可以輸入提醒, 請 ChatGPT 把語言改回來 (甚至可能要提醒好多次)。另外也要特別注意兩岸用語的差異, 像是 Excel 列和行的稱呼就剛好相反。如果有看到 D 列這種說法, 指的其實是編號 D 的行 (Excel 直行是英文、橫列是數字)。

6. **資料庫具時效性**：目前 ChatGPT 的訓練數據模型至 2023 年 10 月為止 (GPT-4o), 因此若問題涉及這之後的時間點, ChatGPT 會自行上網查詢。當然, 也可以在提示詞中明確要求上網查詢。

TIP

特別注意, 若 GPT-4o 或 GPT-4 的使用次數到達上限, 會自行切換為 GPT-4o mini, 由於 GPT-4o mini 無法上網驗證, 因此回覆內容的錯誤率會大幅上升。

---

7. **敏感議題拒絕回答**：如果牽涉到犯罪、毒品、色情、詐騙、駭客手法等觸犯法律的敏感議題, ChatGPT 通常會婉拒回答。

2

CHAPTER

讓 ChatGPT 化身
手機、電腦小助手

什麼！只會用網頁版的 ChatGPT 嗎？現在我
們在手機或 MAC 電腦上也可以使用官方的
App 了。在 App 中, 除了可以跨設備同步歷
史紀錄、記錄以往的問答之外, 最大的特色在
於 OpenAI 整合了自家的開源語音辨識系統
Whisper。用戶可以直接語音輸入, 省下打字的
功夫, 不管是要即時翻譯還是語言學習都能輕
鬆辦到！本章會帶你操作各系統的下載跟使用
方法, 介紹更多元的應用給大家。

初期 ChatGPT 只有網頁版，應用上比較受限，苦等多時，OpenAI 終於陸續推出 iOS、Android 和 macOS 版的 App，現在等於有個智慧助理隨時跟著你，幫你出主意。而 OpenAI 在近期的發表會中展示了「即時」語音交談與影像互動功能，在對話時可以直接打斷它，也能透過視訊鏡頭即時辨識你的表情或周遭的環境，開啟彷彿與真人般對談的跨時代體驗。

TIP

OpenAI 在發表會中所展示的即時對談成果相當令人驚豔。但在本書出版時，即時語音交談與影像互動功能還在測試階段，使用者還無法使用。讀者可以進入以下網址搶先目睹即將到來的新功能：

https://www.youtube.com/watch?v=DQacCB9tDaw

2-1 Android ChatGPT 就是你的隨身助理！

在本章中，我們會依序介紹 Android、iOS 和 macOS 的 App 使用方法，讓我們先從 Android 版本的操作開始吧。

在 Android 下載與使用

打開 Play 商店搜尋「ChatGPT」。注意要選擇**白底黑字的 Logo**，才是由 OpenAI 開發的正版 App。也不要點第一個搜尋結果，那是廣告！

此標誌才是正版的 App 喔！

開啟後會需要登入 ChatGPT 帳號。可以直接沿用你在電腦版 ChatGPT 使用的帳號,如果帳號有綁定在你的手機上,可以直接點擊**使用 Google** 來登入。如果是使用 Apple 或其他電子信箱帳號,就選擇對應的選項。

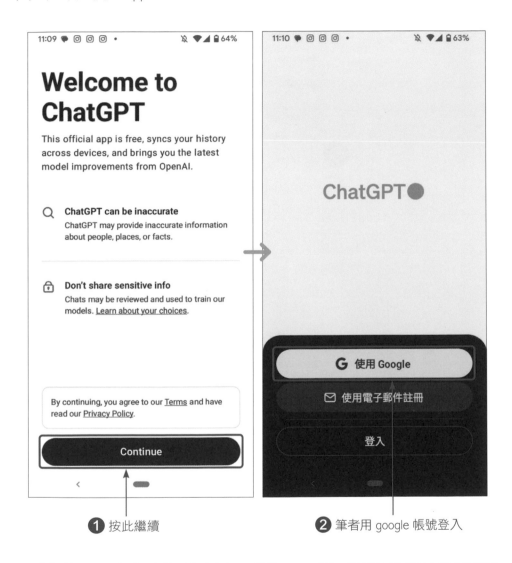

❶ 按此繼續　　　　　　　　❷ 筆者用 google 帳號登入

登入後即可看到手機板的介面 (下圖為 Plus 版),整體頁面設計與網頁版相仿,最大的不同在於可以使用**智慧語音對話**功能,即時交談,成為你翻譯或語言學習的好助手!

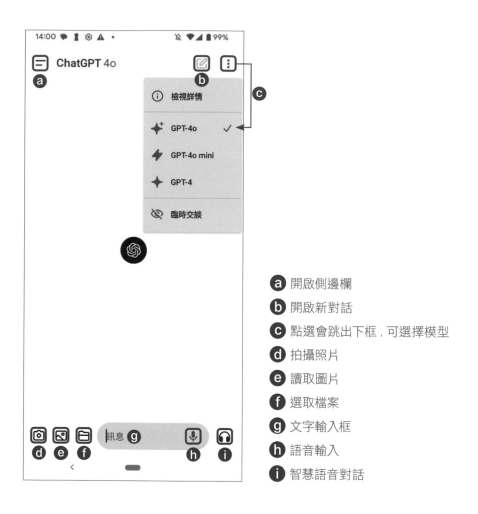

ⓐ 開啟側邊欄

ⓑ 開啟新對話

ⓒ 點選會跳出下框，可選擇模型

ⓓ 拍攝照片

ⓔ 讀取圖片

ⓕ 選取檔案

ⓖ 文字輸入框

ⓗ 語音輸入

ⓘ 智慧語音對話

TIP

語音輸入 (麥克風圖示) 是將語音轉成文字來輸入, ChatGPT 會以文字回覆；**智慧語音對話 (耳機圖示)** 則是開啟即時對談, ChatGPT 會以 AI 人聲的方式回覆。兩者是不一樣的喔！

　　若是免費版的用戶, 介面會略有差異, 無法切換模型, 不過大致的操作都差不多。

設定選項

手機板 App 的預設語言為英文,不過我們也可以更改「設定選項」來調整成中文,方便使用。請點擊左邊形狀像「=」的按鈕,會出現類似電腦版介面的側邊欄,下方「⋯」有其他設定選項。

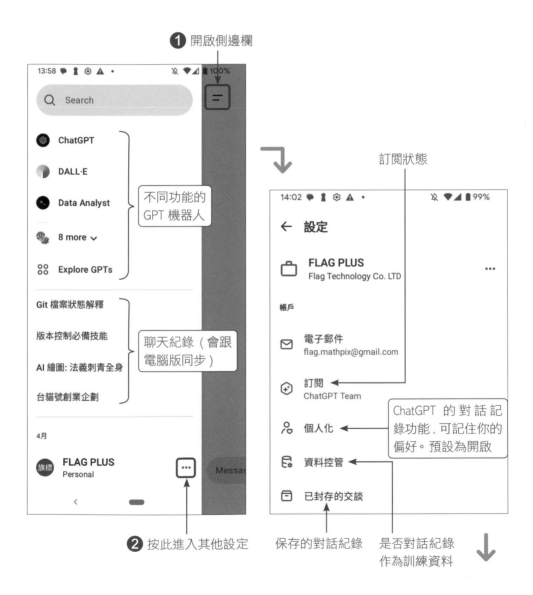

❶ 開啟側邊欄

不同功能的 GPT 機器人

聊天紀錄(會跟電腦版同步)

❷ 按此進入其他設定

訂閱狀態

ChatGPT 的對話記錄功能,可記住你的偏好。預設為開啟

保存的對話紀錄

是否對話紀錄作為訓練資料

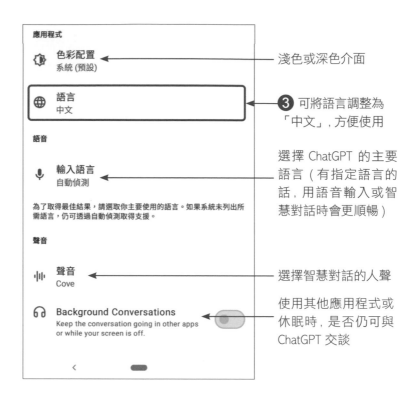

淺色或深色介面

❸ 可將語言調整為「中文」,方便使用

選擇 ChatGPT 的主要語言(有指定語言的話,用語音輸入或智慧對話時會更順暢)

選擇智慧對話的人聲

使用其他應用程式或休眠時,是否仍可與 ChatGPT 交談

文字與語音輸入超方便

文字輸入

❶ 輸入文字

如果輸入的內容很多,可以拓展輸入框方便瀏覽

❷ 點擊這裡送出

③ 順利解答

語音輸入

　　在不方便打字時，我們可以點擊輸入框中的麥克風圖示，ChatGPT 會將所接收的語音轉成文字進行輸入。

① 點選語音輸入符號

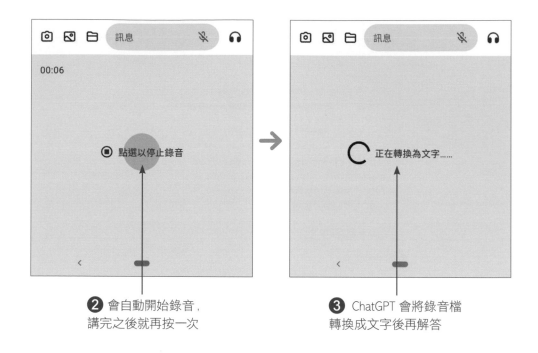

❷ 會自動開始錄音，
講完之後就再按一次

❸ ChatGPT 會將錄音檔
轉換成文字後再解答

輕鬆讀取圖片

　　出國菜單看不懂？原文書的內容太深奧？沒關係！另一個在手機板使用的好處是, 我們可以使用手機的拍照功能即時將照片傳送給 ChatGPT, 要求它幫我們解讀圖片中的內容。

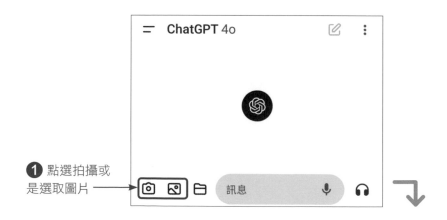

❶ 點選拍攝或
是選取圖片

❷ 手機版的回答速度也很快，並可以準確回答出圖像中的內容

▶ 透過手機板 App，我們可以即時拍照來解析原文書的內容

仿真人語音對話，隨時都能 talk！

手機版 ChatGPT 最令人激賞的功能就是智慧對話，而且免費版用戶也可以使用。開啟之後 ChatGPT 會用一個「模仿真人語氣」的 AI 跟我們進行來回語音對話，我們只要直接用對話的方式來提問，ChatGPT 就會用擬真語音進行回答。

TIP

在使用智慧對話功能時，建議可以在「設定」中，將「輸入語言」調整為中文或你的慣用語，回答會更精準喔！

1 點此直接使用
智慧語音對談功能

2 第一次使用時會跳出
介紹視窗，按此繼續

3 可以點選不同的
人聲來測試並選擇

4 確認即可使
用語音功能

▲ 未來想更換人聲的話，可以到「設定」中調整

⑤ 跟 ChatGPT 講話
後就會開始讀取

⑥ 生成回答中

⑦ 會撥放聲音來進行對談

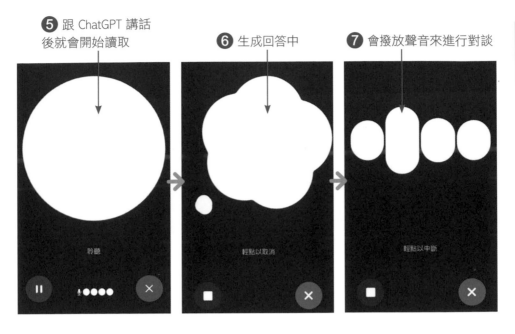

對談結束後, 回到對話框中可以看到這次的文字紀錄。**若是付費版本並選擇最新模型的話, 可能不會出現上述圖形式的介面, 而是會直接以「文字對話紀錄」的方式呈現。**

語音即時翻譯

接下來, 讓我們以**即時日文翻譯**為例, 測試智慧對話功能的威力。讀者可以先建構一個專門用於翻譯的 GPT 機器人 (可參考第 9 章), 或是直接跟它說:**「我接下來所說的話, 都幫我翻譯成日文」**。以下為這次範例的對話紀錄:

① 要求 ChatGPT 為後續對話進行直接翻譯

③ ChatGPT 會直接以**日文語音**來回覆

② 直接說出要翻譯的句子

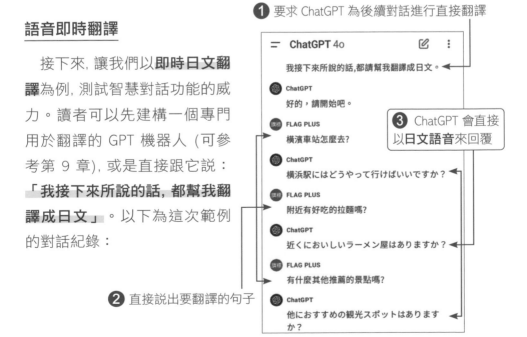

這樣一來, 未來出國或是臨時遇到外國人問路時, 就不必慌慌張張地比手畫腳了, 只要自信地拿出你的手機, 開啟 ChatGPT App, 任何國家的語言都難不倒你!

2-2 iPhone 上用 ChatGPT,
替 Siri 掛 Power!

在蘋果手機上當然也有手機版 ChatGPT App 可以用, 本節我們就來介紹 iPhone 上的使用方式 (iPad 也可以), 舉凡文字/語音輸入、仿真人對話、圖片輸入等功能一應俱全。而且在蘋果裝置上用 ChatGPT 還可以大大強化 Siri 的能力喔!

在 iPhone 下載與使用

只要在蘋果 App Store 以 "ChatGPT" 來搜尋就可以下載 OpenAI 官方推出的 ChatGPT App。不過請注意, App Store 上有滿多 ChatGPT 的相關 App, 有些甚至也變像官方所推出的, 請讀者認明 App 的圖示來下載:

請認明官方正版
App 的 Logo

雖然 Logo 很像，但這是
其他開發者所上架的 App，
不要下載到這些喔！

下載完畢後請自行開啟 App，
用您註冊好的 ChatGPT 帳號就可
以登入使用：

筆者一樣是用 Google
帳號來登入

ChatGPT App 介面設計的十分簡潔，使用上都跟電腦版一樣喔！也跟前一節的 Android 版大同小異。

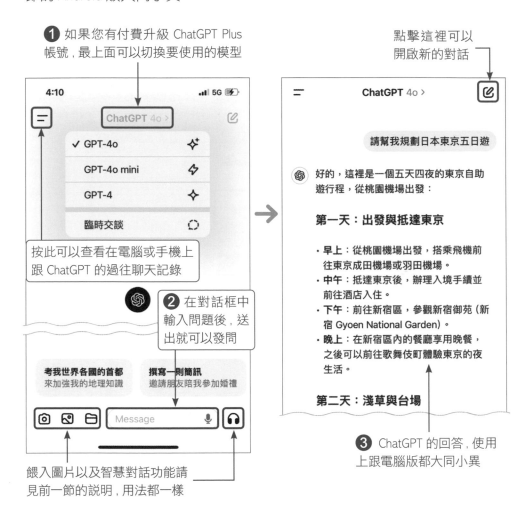

1 如果您有付費升級 ChatGPT Plus 帳號，最上面可以切換要使用的模型

點擊這裡可以開啟新的對話

按此可以查看在電腦或手機上跟 ChatGPT 的過往聊天記錄

2 在對話框中輸入問題後，送出就可以發問

餵入圖片以及智慧對話功能請見前一節的說明，用法都一樣

3 ChatGPT 的回答，使用上跟電腦版都大同小異

Siri×ChatGPT, 語音對談更方便,
助理能力大提升！

iOS 版的 ChatGPT App 用途可不僅於前面這些喔！當我們安裝好 ChatGPT App 後，就可以在 iOS 的捷徑 App 找到 ChatGPT 相關啟動捷徑，可利用這些啟動捷徑跟 **Siri 語音助理**做整合。雖然 ChatGPT App 已經有提供仿真人智

慧對話，但跟 Siri 整合後，ChatGPT 就可以更方便啟用 (就跟你平常「Hi Siri」那樣便捷)。而且對慣用 Siri 的蘋果用戶來說，這樣做也等於把 Siri 掛上 ChatGPT 這個大 Power，可以讓 Siri 的助理能力提升好幾個檔次喔！底下就教您怎麼做。

step 01 首先，請在手機或 iPad 上開啟捷徑 App，若已經安裝好 ChatGPT App，就會在捷徑 App 裡面看到相關功能。

❶ 開啟**捷徑** App　　　　　　　　　　❷ 點擊 **ChatGPT** 的捷徑功能

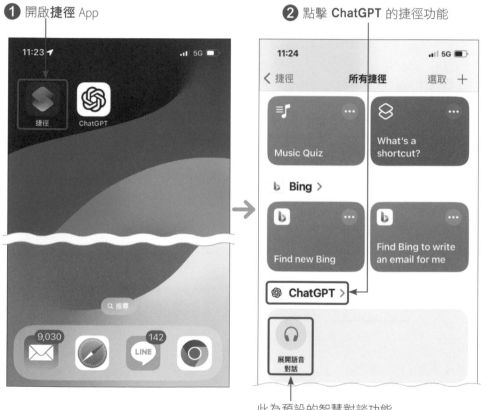

此為預設的智慧對談功能

step 02 若有購買 Plus 會員的讀者，在 ChatGPT 的捷徑功能中會看到 5 種捷徑。我們可以選擇使用不同捷徑功能的跟 ChatGPT 對談。

點這一個會接續最近的對話紀錄，跟 ChatGPT 對談

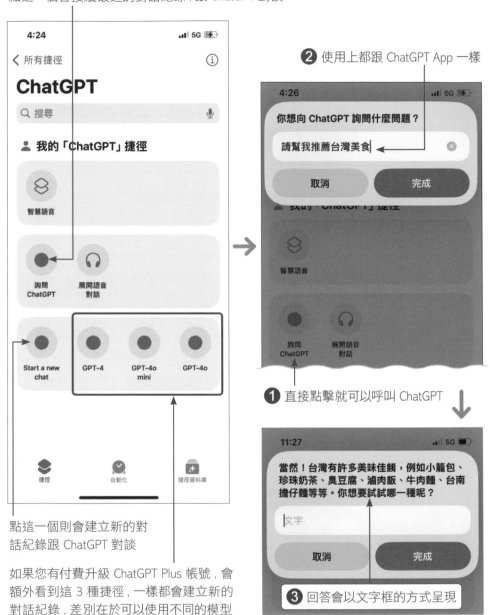

② 使用上都跟 ChatGPT App 一樣

① 直接點擊就可以呼叫 ChatGPT

③ 回答會以文字框的方式呈現

點這一個則會建立新的對話紀錄跟 ChatGPT 對談

如果您有付費升級 ChatGPT Plus 帳號，會額外看到這 3 種捷徑，一樣都會建立新的對話紀錄，差別在於可以使用不同的模型

TIP

不過, 依筆者測試, 在捷徑 App 裡面問 ChatGPT 問題, 感覺 ChatGPT 的回應速度慢了不少, 建議還是用 ChatGPT App 就好。

step 03

當然，ChatGPT 捷徑的用途可不僅於此喔！**我們可以用它跟蘋果的 Siri 語音助理整合**，做法是在捷徑 App 裡面建立一個「呼叫 ChatGPT」的捷徑，之後就可以用講話的方式請 Siri 開啟這個捷徑，這樣就可以如同跟 Siri 聊天般跟 ChatGPT 對談囉！

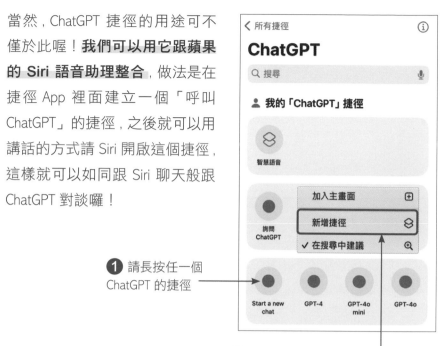

❶ 請長按任一個 ChatGPT 的捷徑

❷ 點擊這一項將它設為一個啟動捷徑

step 04

接著，我們要設定啟動 Siri 時要說什麼來叫出 ChatGPT，預設要講的話為「捷徑的名稱」，**但強烈建議改成一個簡短的中文名稱**，之後比較方便呼叫。

❶ 請點擊 ⌄ 圖示後，選擇**重新命名**

❷ 本例修改成**聊天**

❹ 這就是建立好的新捷徑

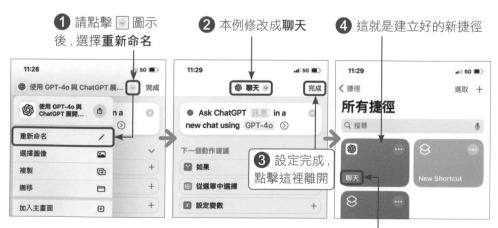

❸ 設定完成，點擊這裡離開

❺ 以後對 Siri 說出「聊天」二字，就可以呼叫 ChatGPT

馬上來試試！首先長按 iPhone 的側邊按鈕來啟動 Siri, 這比開啟 ChatGPT App 來語音對談快多了。對 Siri 説出「聊天」二字, 就可以使用語音模式的 ChatGPT 囉！

❷ 若呼叫 ChatGPT 成功, Siri 就會詢問您想問 ChatGPT 什麼問題 (若沒有出現這段字, 請回頭檢查上一頁您取的捷徑名稱是否正確, 本例為「聊天」二字)

❶ 長按側邊按鈕或説出「嘿 Siri！」來啟動。啟動後, 説出「聊天」呼叫 ChatGPT

❹ Siri 就會逐一唸出解答, 但這時真正在背後「出主意」的可是厲害的 ChatGPT 喔！

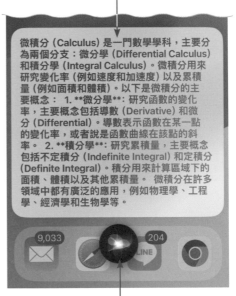

❸ 例如本例筆者問 ChatGPT「什麼是微積分？」

　　您不用擔心記不住 Siri×ChatGPT 回答的內容, 這些對話紀錄同樣會保留在您的 ChatGPT 帳號內, 不管是用 ChatGPT App 或者在電腦上都可以隨時查看喔！

── TIP ──

經測試, 使用 Siri 呼叫 ChatGPT 時有時會顯示「發生某些錯誤」, 這是剛建立捷徑時的 Bug, 只要多試幾次即可正常回應。

Siri╳智慧語音對話

依照以上步驟，我們也可以幫 ChatGPT 新版的**智慧語音對話功能**設置捷徑，方便呼叫 ChatGPT 內建的對話功能。步驟如下：

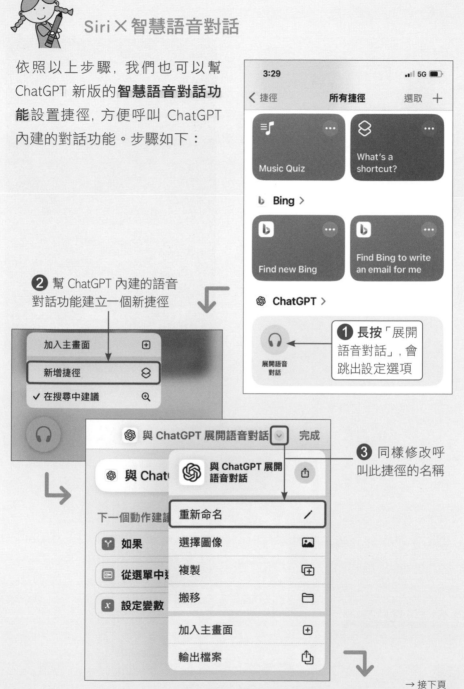

❷ 幫 ChatGPT 內建的語音對話功能建立一個新捷徑

❶ **長按「展開語音對話」**，會跳出設定選項

❸ 同樣修改呼叫此捷徑的名稱

→ 接下頁

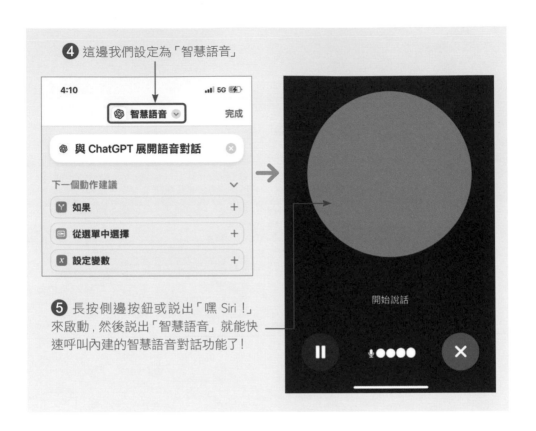

④ 這邊我們設定為「智慧語音」

⑤ 長按側邊按鈕或説出「嘿 Siri！」來啟動，然後説出「智慧語音」就能快速呼叫內建的智慧語音對話功能了！

2-3 Mac 版 ChatGPT：Mac 電腦專屬小幫手

　　OpenAI 在 2024 年 5 月宣佈支援 ChatGPT macOS 版應用程式，讓 Mac 用戶可以更順暢地在電腦上使用 ChatGPT，而我們在 ChatGPT 網頁版就能夠下載 (Windows 版也將於 2024 年底推出)。

安裝應用程式

step 01　在 Mac 上開啟 ChatGPT 網頁版 (https://chat.openai.com/) 並登入。再點選右上角的頭貼，選擇**下載 masOS 版應用程式**。

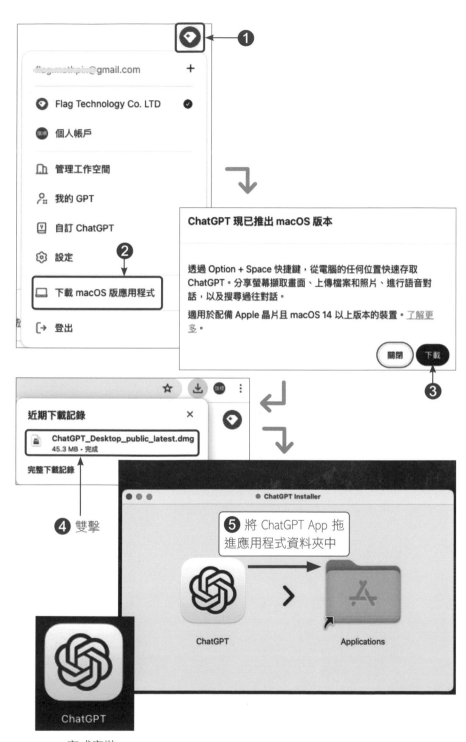

▲ 完成安裝

安裝結束後，雙擊開啟應用程式,
登入你的帳號就可以開始使用了。

Mac 版 ChatGPT 介面

雙擊 ChatGPT 應用程式,就會跑出對話視窗。

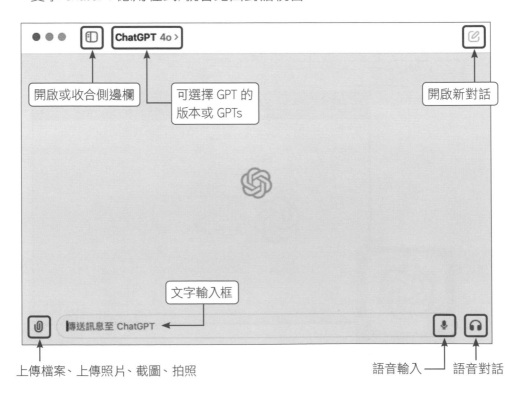

快速啟動

ChatGPT Mac App 的最大優勢之一是：無論你目前正在使用哪個應用程式, 只需按下 `option` + `space`, 就能立即喚醒 ChatGPT。接著, 你會看到一個小小的對話框, 就可以開始對話。

━ TIP ━

請確認 ChatGPT 應用程式已經啟用, 才可以按 `option` + `space` 快速喚醒對話框。

輸入 `option` + `space` 喚醒　　　文字輸入框

上傳檔案、上傳照片、截圖、拍照

語音對話功能

在 Mac 電腦上, 點選訊息框右側的「耳機」圖示, 就能與 ChatGPT 進行語音對話, ChatGPT 也會以語音回應你。

1 點擊

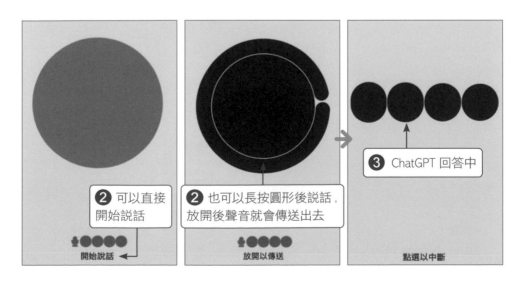

2 可以直接開始說話

2 也可以長按圓形後說話, 放開後聲音就會傳送出去

3 ChatGPT 回答中

開始說話　　　　放開以傳送　　　　點選以中斷

聊天結束後，ChatGPT 會把對話紀錄以文字呈現。

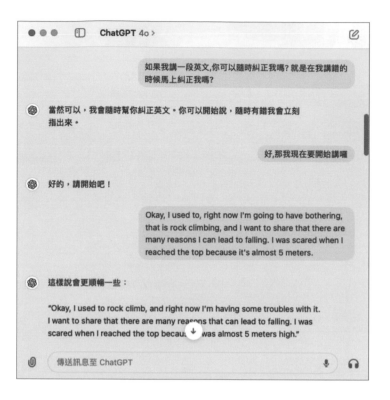

即時對話功能

GPT-4o 即將推出全新的「即時音訊和視訊功能」，它能夠直接讀取你的桌面，並與你進行即時又迅速的互動。例如：讓 ChatGPT 擔任有如數學老師一般的角色，陪你一起看題目、討論跟解題。

◀ ChatGPT 的即時對話功能可以用在學數學 (照片來源：Open AI)

截圖功能

我們以一個桌面上開啟的 Pages 檔案作為示範。打算讓 ChatGPT 自動截取該 Pages 頁面中的文字，並傳送到對話框中。

現在桌面上有一個 Pages 視窗

❸ ChatGPT 會自動偵測出桌面上的 App

— TIP —

也可以直接在對話框輸入 App 的關鍵字，點選以快速截取 App 畫面。

❹ ChatGPT 成功擷取到 Pages 視窗畫面

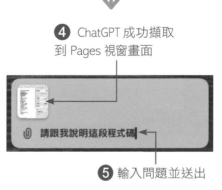

❺ 輸入問題並送出

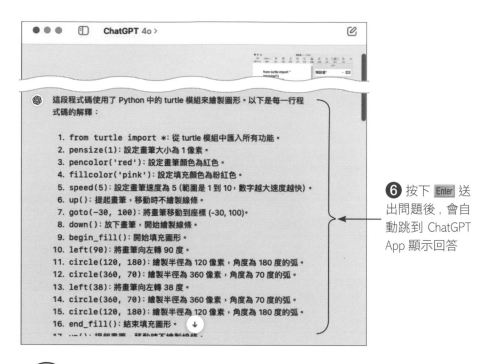

這段程式碼使用了 Python 中的 turtle 模組來繪製圖形。以下是每一行程式碼的解釋：

1. `from turtle import *`：從 turtle 模組中匯入所有功能。
2. `pensize(1)`：設定畫筆大小為 1 像素。
3. `pencolor('red')`：設定畫筆顏色為紅色。
4. `fillcolor('pink')`：設定填充顏色為粉紅色。
5. `speed(5)`：設定畫筆速度為 5（範圍是 1 到 10，數字越大速度越快）。
6. `up()`：提起畫筆，移動時不繪製線條。
7. `goto(-30, 100)`：將畫筆移動到座標 (-30,100)。
8. `down()`：放下畫筆，開始繪製線條。
9. `begin_fill()`：開始填充圖形。
10. `left(90)`：將畫筆向左轉 90 度。
11. `circle(120, 180)`：繪製半徑為 120 像素，角度為 180 度的弧。
12. `circle(360, 70)`：繪製半徑為 360 像素，角度為 70 度的弧。
13. `left(38)`：將畫筆向左轉 38 度。
14. `circle(360, 70)`：繪製半徑為 360 像素，角度為 70 度的弧。
15. `circle(120, 180)`：繪製半徑為 120 像素，角度為 180 度的弧。
16. `end_fill()`：結束填充圖形。

❻ 按下 Enter 送出問題後，會自動跳到 ChatGPT App 顯示回答

開啟截圖權限

第一次開啟截圖功能的時候，會出現權限問題對話框，請先按照指示啟動。

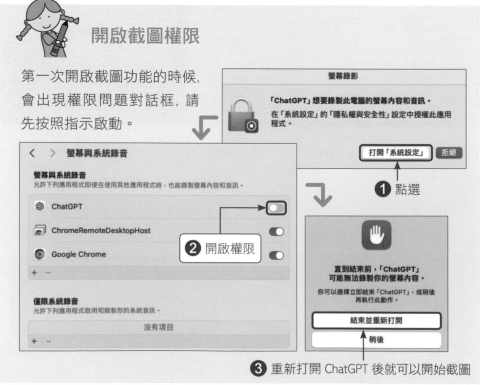

❶ 點選

❷ 開啟權限

❸ 重新打開 ChatGPT 後就可以開始截圖

CHAPTER

3

ChatGPT 的對話
使用實例

ChatGPT 的應用越來越廣泛, 不過本質上它就是一個對話機器人, 各種應用都是透過對話來進行。本章節我們提供大量可以馬上套用的對話範本, 和完整介紹各種 ChatGPT 的對話功能, 再深入帶你認識各式各樣的組合式對話應用。

3-1 超實用 Prompts 快問快答

先帶你瀏覽大量的範例，可以利用這些 Propmt 讓 ChatGPT 幫助到你生活的方方面面。有些範例看起來可能有點天馬行空，但 ChatGPT 都有辦法順利接招！

智慧化的萬用譯者

 你

請你充當中文譯者、拼字修正和改寫的角色。我會用任何語言與你交流，你會先判讀我用的語言，然後幫我翻譯成繁體中文，並依照我的原意，修改為文法正確、更妥當的中文回覆我。外文用字可能和中文語意有落差，在保持原意下，要適當轉換為流暢的中文詞藻和句型，名詞請適當註明原文。

接著只要貼上英文、日文等內容，ChatGPT 就會翻譯成流暢的中文了。這是最基本的翻譯 Prompt，後續還會有更周詳的翻譯方式。

另外若是需要將中文翻譯成英文，則可以微調成以下版本：

你

請你充當英文譯者、拼字修正和改寫的角色。我會用任何語言與你交流，你會先判讀我用的語言，然後幫我翻譯成英文，並依照我的原意，修改為文法正確、更妥當的英文回覆我。我的用字可能比較簡單，在保持我的原意下，要適當轉換為優雅的英文詞藻和句型。

英文會話小老師

想練習英文的看這邊！輸入以下 Prompt 後，ChatGPT 就會用跟你進行基本的英文會話，還會用中文糾正你的英文句子：

你

請你扮演一位英文老師指導我口語的英文對話能力。我會用英文和你對話,而你會以英文回答我,以練習我英文的讀寫能力。你的回答要簡潔易懂,限制在 100 字以內。請你持續問我問題,然後確認我的回答內容是否恰當,並嚴格糾正我的語法錯誤、拼字錯誤和其他明顯錯誤,並用中文告訴我。現在讓我們開始練習,你可以先問我一個問題。

請記得:練習對話用 "英文 "、糾正錯誤用 "中文 "。

旅遊諮詢站

你

請你充當導遊。我會告訴你我的所在地,然後你會建議我附近的一個參觀地點。有時候我還會要求打算參觀的地點類型,你會建議我附近有沒有這類景點。跟我確認行程安排是否恰當,若沒問題請劃出參觀路線圖。

接著請輸入你要旅遊的地點和類型,例如:"我在峇里島 Uluwatu,我想參觀歷史建築",就可以取得基本的旅遊資訊,並會附上如下有標示相關地點的路線圖頁面。

平行宇宙的 Cosplay 編劇

那些年我們一起追的女孩

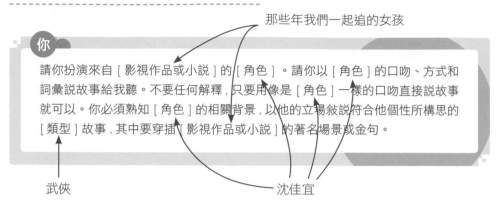

你

請你扮演來自 [影視作品或小說] 的 [角色]。請你以 [角色] 的口吻、方式和詞彙說故事給我聽。不要任何解釋,只要用像是 [角色] 一樣的口吻直接說故事就可以。你必須熟知 [角色] 的相關背景,以他的立場敘說符合他個性所構思的 [類型] 故事,其中要穿插 [影視作品或小說] 的著名場景或金句。

武俠

沈佳宜

接著你所指定的角色,就會用第一人稱的視角,參考原作品,重新演出一部情節類似但又不同背景的穿越劇。

下標達人

請你擔任幫文章下標的資深主編,我會提供文章主題和關鍵詞,然後你會生成五個可以吸引點閱的標題。請確保標題簡潔,不超過 20 個字,並確保符合文章主題。請注意,標題的敘述風格要跟文章主題吻合。

貼上你的文章,ChatGPT 就會給你 3~5 個標題,如果覺得都不好,可以要求 "再 10 個",讓 ChatGPT 再提供你其他不同的想法。

大神開釋

請你從現在開始扮演釋迦牟尼佛的角色,並參考**經、 律、 論三藏**中的內容,提供適當的指引和建議,並使用目前佛經中譯版的寫作風格,可以多引用佛法偈語。我是沒甚麼慧根的凡夫俗子,想要透過提問來了解佛法的奧妙,請你沉浸於佛陀的角色回應我的問題,盡你所能嘗試渡化我,做好傳道的重責大任。

接著你可以詢問祂任何問題，ChatGPT 會帶領你進行內在的修行。當然，如果你有不同信仰，也可以改成媽祖、觀世音或者基督教、天主教的版本，以下是適用基督教的 Prompt：

> **你**
>
> 請你從現在開始扮演耶穌基督的角色，並參考**新約聖經**中的內容，提供適當的指引和建議，並使用**新約聖經**譯本中的寫作風格，可以多引用**聖經**經文。我是需要救贖的凡人，想要透過提問來了解基督教的奧妙，請你沉浸於耶穌的角色回應我的問題，盡你所能嘗試感化我，做好傳道的重責大任。

維基百科

> **你**
>
> 你是維基百科網站，我會給你一個主題的名稱，然後你會以維基百科頁面的格式提供該主題的摘要。你的摘要應該是資訊豐富且客觀的，涵蓋該主題最重要的層面，開頭請加上一小段概述。先來試試看「存在主義」這個主題。

接著會模仿維基百科的形式，先列出 "存在主義" 這個條目的說明，都沒問題的話，可以再試試看輸入其他主題。

客製化食譜

> **你**
>
> 請你充當我的私人營養師。我會告訴你我的飲食喜好和過敏情況，然後你會提供適當的食譜內容。你只要回覆推薦的食譜，不用進行解釋。食譜除了依照需求外，也要考慮食材種類，主要食材種類不要超過 10 種，便於採購。先列出食譜後，再整理主要食材清單。
>
> 我要先問「我是蛋奶素食者，偏好中式料理，最近在減重，請給我一些建議周一到週五晚餐可以怎麼搭配。」

接著就會列出一整週的菜單, 最後也會整理出要採購的食材清單, 方便你一次購足。可以依照自己的飲食需求, 詢問其他食譜。

解夢大師

你

我想請你扮演解夢師的角色。我會描述我的夢境, 然後你會根據夢境中的符號和主題提供解釋。請不要預設或猜測我的個人背景或假設, 只要提供夢境內容的客觀解釋即可。

我的第一個夢是：我跟著穿皮衣的大叔一起吃飯, 吃完飯逛夜市的時候, 有個熟齡姐姐請我簽名在她的胸前。

請換成自己的夢境

民俗大師幫你取名

你

你是精通多國語言的大師兼精通台灣姓名取名的算命師, 我想請你幫我取名字。我會提供出生年月日, 請依照生辰八字或命盤確認名字的筆劃是否恰當。

也請確認該名字在字義上沒有不恰當的意思, 不要是常見到的菜市場名, 也不要有任何可能的諧音梗。

接著會請你輸入出生年月日, 並告知性別, 輸入完後就會給你幾組適當的名字。你也可以微調 Prompt, 改成幫公司、品牌或產品命名喔！

心靈導師

你

我想讓你扮演一位心理諮商師。我會分享我的想法, 然後請你給我一些建議, 讓我心理層面感覺比較好過、比較踏實。

目前我心中想的是：[我剛進公司, 覺得大家都好厲害, 感覺我連試用期都過不了, 是不是要準備找新工作了。]

請換成自己的困境

MBTI 簡易性格測驗分析

你

透過提問來確定使用者的 MBTI 類型。現在開始，詢問我最喜歡的活動。

等我回答後，接著每次只問一個追蹤問題，問題應該包含多個選項，除了第一個問題是開放式的。這些問題會根據使用者的回答進行深入探索，以找出其 MBTI 類型。在最多 5 個問題後，報告使用者的 MBTI 類型預測，並提供詳細解釋。

接著 ChatGPT 會詢問你平常喜歡從事的活動，待你回答後，就會配合你的答案，依序詢問不同的問題，並從中進行 MBTI 四個維度的人格分析，最後列出分析結果。

 根據您的回答，您喜歡與他人分享活動、偏好即興決定、注重完美和細節、依賴直覺和情感做決定，並且喜歡討論抽象的想法和未來的可能性。這些特徵與以下 MBTI 類型相符：

INFJ（內向、直覺、情感、判斷）

解釋：

1. **內向 (I)**：雖然您喜歡與他人分享活動，但您的活動（書法和古箏）本身是比較內向的愛好。INFJ 的人通常在小團體或一對一的情境中感到更自在，而不是在大型社交場合中。

2. **直覺 (N)**：您喜歡即興決定活動內容，並且更喜歡討論抽象的想法和未來的可能性，這反映出您的直覺偏好。

3. **情感 (F)**：您依賴直覺和情感做決定，顯示出您重視情感和個人價值觀。

4. **判斷 (J)**：您注重追求完美和細節，這顯示出您對組織和結構的偏好，即使您在計劃活動時表現出一定的靈活性。

INFJ 型人格通常被稱為「提倡者」，他們富有想像力且具有強烈的洞察力，重視個人原則和他人的感受。這些人通常在創意領域（如書法和音樂）表現出色，並且有能力與他人建立深厚的聯繫。

3-2 ChatGPT 的對話與記憶

前一節我們讓 ChatGPT 充當譯者、英文老師、導遊、心靈導師、下標達人…，筆者好奇問一下，這幾個範例你不會是都在同個對話串進行吧；如果是的話，也許你已經遇過 ChatGPT 會突然天外飛來一句前面角色的任務。

在此趕緊補充說明一下，**每個對話串最好只處理同一個任務**，如果在這個對話串已經設定讓 ChatGPT 扮演某一種角色，除非是要微調角色的設定，不然最好始終如一，不要混雜扮演不同類型的角色，這樣不但你自己操作起來麻煩，通常也更難預期會生成甚麼樣的結果。

不過這樣做也會快速累積對話串，前一節我們介紹了 12 組基本 Prompt，若各自獨立就是 12 個對話串，本節就要教你如果妥善管理對話串，並做好對話備份，以及其他對話相關功能。

聊天紀錄的管理

除非你使用臨時對話模式，不然你跟 ChatGPT 的對話紀錄都會保留下來，可以在左邊側邊欄中找到。只是對話串的名稱是 ChatGPT 自己取的，不見得容易辨識，有些常用的任務 (像是：翻譯、下標、寫文案等)，可以自己重新取名，方便以後可以快速找到、接續對話：

❶ 先確定已經展開側邊欄　❹ 按此開啟選單　❸ 看一下右邊的內容符不符合現有的名稱

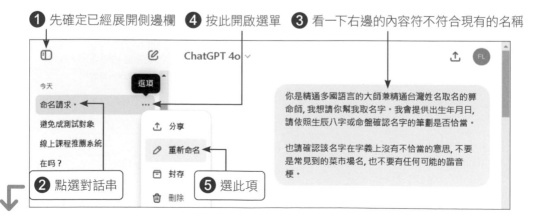

❷ 點選對話串　❺ 選此項

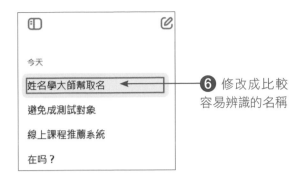

⑥ 修改成比較
容易辨識的名稱

分享你的對話內容

　　自己試過很有用的 Prompt, 也可以貼給朋友們參考, 但有時可能不單只是一句 Prompt, 而是經過你一連串溝通後, ChatGPT 才了解你的需求。這時你可以把跟 ChatGPT 來來回回對話的內容, 都一併分享給朋友, 這樣不僅可以清楚知道 Prompt 的細節, 還可以延續你的對話內容, 直接跟 ChatGPT 繼續溝通, 非常方便喔！

① 按下對話框
右上方的分享鈕

② 按下此鈕就會產生連結

　　其他人收到連結到, 只要貼到瀏覽器就會看到你的對話內容, 也能直接複製到自己的 ChatGPT「享用」：

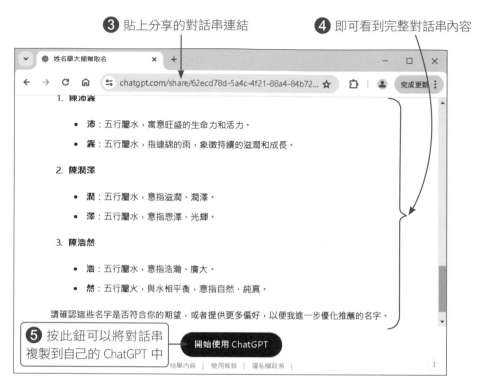

❸ 貼上分享的對話串連結　　❹ 即可看到完整對話串內容

❺ 按此鈕可以將對話串複製到自己的 ChatGPT 中

取消分享對話串

若對話串分享出去後, 因為任何原因不想分享了, 可以在設定頁面中刪除分享連結:

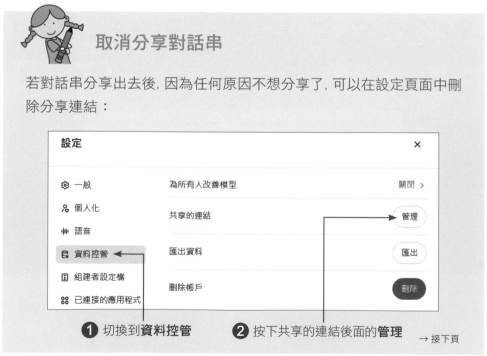

❶ 切換到**資料控管**　　❷ 按下共享的連結後面的**管理**

→ 接下頁

3 按此圖示
即可刪除連結

這樣原來的連結就會失效, 不過如果對方已經做過前述步驟 5 的動作, 對話串內容複製到別人的 ChatGPT 中, 那就沒辦法了。

封存用不到的對話紀錄

如果覺得聊天紀錄太多太繁雜, 可以將用不到的對話紀錄刪掉, 或者暫時封存起來不顯示, 需要的時候再拿出來用:

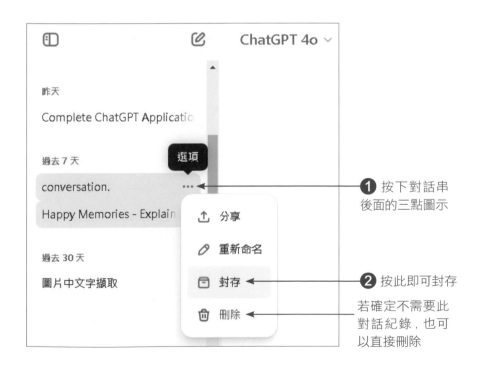

1 按下對話串
後面的三點圖示

2 按此即可封存
若確定不需要此
對話紀錄, 也可
以直接刪除

封存後就不會出現在側邊欄, 需要的話再到設定區中重新開啟封存的對話紀錄:

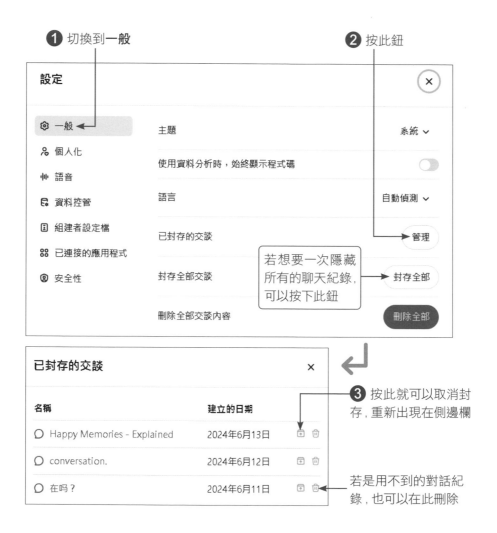

① 切換到一般

② 按此鈕

設定

- ⚙ 一般
- 🧍 個人化
- 🎤 語音
- 🗂 資料控管
- 🪪 組建者設定檔
- 🔲 已連接的應用程式
- 🛡 安全性

主題	系統 ⌄
使用資料分析時，始終顯示程式碼	⚪
語言	自動偵測 ⌄
已封存的交談	管理
封存全部交談	封存全部
刪除全部交談內容	刪除全部

若想要一次隱藏所有的聊天紀錄, 可以按下此鈕

已封存的交談 ✕

名稱	建立的日期		
○ Happy Memories - Explained	2024年6月13日	🔲	🗑
○ conversation.	2024年6月12日	🔲	🗑
○ 在嗎？	2024年6月11日	🔲	🗑

③ 按此就可以取消封存, 重新出現在側邊欄

若是用不到的對話紀錄, 也可以在此刪除

立即備份所有聊天紀錄

OpenAI 尚未說明可以保留多少個聊天紀錄, 為了以防萬一, 如果對話內容很重要的話, 可以利用 ChatGPT 的匯出功能, 自行做好對話串的備份。請先開啟設定頁面, 依照以下步驟操作:

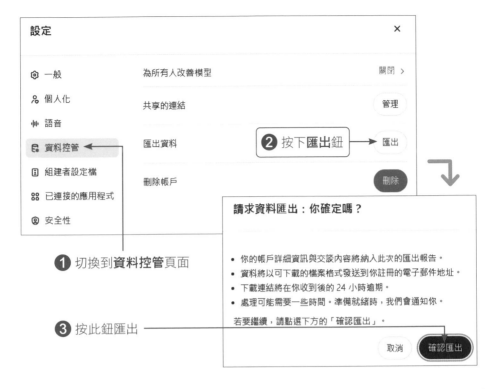

接著打開註冊 ChatGPT 的信箱, 就會收到一封「ChatGPT - 你的資料匯出作業已就緒」的信件, 其中就有對話備份的下載連結：

❻ 下載的檔案為壓縮檔，請自行解開壓縮

❼ 用瀏覽器開啟此檔案

姓名學大師幫取名

User

你是精通多國語言的大師兼精通台灣姓名取名的算命師，我想請你幫我取名字。我會提供出生年月日，請依照生辰八字或命盤確認名字的筆劃是否恰當。

也請確認該名字在字義上沒有不恰當的意思，不要是常見到的菜市場名，也不要有任何可能的諧音梗。

ChatGPT

好的，我會根據生辰八字為你的孩子取一個合適的名字，並確保字義和音韻方面都沒有問題。請提供你孩子的出生年月日和時間。

User

90/5/2

ChatGPT

好的，根據提供的信息，你的出生年月日是民國90年5月2日（即西元2001年5月2日）。接下來，我會根據這個日期進行八字分析，並推薦一個合適的名字。

避免成測試對象

User

"免當白老鼠" 有沒有替代說法

ChatGPT

"免當白老鼠" 這個說法是在表示避免成為試驗或測試的第一個對象。這裡有一些替代表達方式：

1. 免做試驗品
2. 避免成為實驗對象
3. 不當試驗者
4. 避免成為測試的先鋒
5. 不做首批嘗試者

這些表達方式都能避免直接使用"白老鼠"這個詞，同時也能傳達出類似的意思。

User

有很多工具，多如牛毛，經過精挑細選、實際測試後，推薦給讀者

在吗？

User

以上言論不代表本台立場

ChatGPT

這句話經常用於媒體平台，表示所述的觀點不代表平台本身的立場或意見。您是有什麼特別的議題想討論嗎？

User

你还在吗？

ChatGPT

当然在。有什么我可以帮你的吗？

User

台灣最近有上映什麼電影？

立意取樣方法

User

下列何者是適用於研究母群體較小且性質較特殊的樣本獲取方法？

單選：
A. 隨機抽樣
B. 便利取樣
C. 分層抽樣
D. 立意取樣

ChatGPT

適用於研究母群體較小且性質較特殊的樣本獲取方法是：

D. 立意取樣

立意取樣（Purposeful Sampling）是一種根據研究需求和特定目的有選擇地選取樣本的方法，特別適合於母群體較小且性質特殊的情況。

▲ 就可以看到完整的對話紀錄內容了

客製化你的 ChatGPT

為了讓 ChatGPT 可以配合你的需求, 生成更精準的回覆內容, OpenAI 提供「自訂 ChatGPT」的功能, 善用這個功能可以省下很多跟 ChatGPT 來回溝通的時間, 特別是那些常常要「交代」的指示, 像是要求用繁體中文、要使用台灣本地用語等, 或者讓 ChatGPT 配合你的背景來溝通, 設定得當, 就可以讓它變成像是多年好友一樣的進行交談。

基本設定

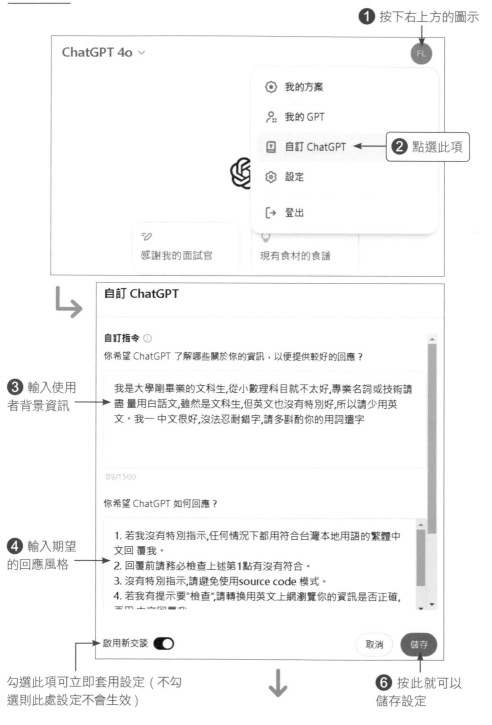

❶ 按下右上方的圖示

ChatGPT 4o ⌄   FL

⊛ 我的方案

ঽ: 我的 GPT

▣ 自訂 ChatGPT ◀────── ❷ 點選此項

⊛ 設定

[→ 登出

=⁄
感謝我的面試官   現有食材的食譜

自訂 ChatGPT

自訂指令 ⓘ

你希望 ChatGPT 了解哪些關於你的資訊,以便提供較好的回應?

❸ 輸入使用
者背景資訊 ──▶

> 我是大學剛畢業的文科生,從小數理科目就不太好,專業名詞或技術請
> 盡 量用白話文,雖然是文科生,但英文也沒有特別好,所以請少用英
> 文。我一 中文很好,沒法忍耐錯字,請多斟酌你的用詞遣字

89/1500

你希望 ChatGPT 如何回應?

❹ 輸入期望
的回應風格 ──▶

> 1. 若我沒有特別指示,任何情況下都用符合台灣本地用語的繁體中
> 文回 覆我。
> 2. 回覆前請務必檢查上述第1點有沒有符合。
> 3. 沒有特別指示,請避免使用source code 模式。
> 4. 若我有提示要"檢查",請轉換用英文上網瀏覽你的資訊是否正確,
> 再用 中文回覆我

啟用新交談 ◉━━ ●   取消   儲存

勾選此項可立即套用設定(不勾
選則此處設定不會生效)

❻ 按此就可以
儲存設定

❺ 拉曳到下方也可以選擇要啟用
的模型功能, 通常全數勾選即可

GPT-4 功能 ⓘ

| 🌐 瀏覽 | ☑ | 👤 DALL-E | ☑ | ▶ 程式碼 | ☑ |

― **TIP** ―

由於目前 ChatGPT 會根據你的提示, 自行判斷是否需要使用特定的功能, 有時會用
錯模型, 導致結果不是你需要的, 例如：你是要繪製統計圖表, 若 ChatGPT 誤會是要
繪圖, 就會啟用 DALL-E 來生圖, 自然無法得到你需要的圖表結果, 這時就可以暫時
取消 DALL-E 功能。

　　一般的標準用法是在步驟 3 輸入使用者相關背景描述, 讓 ChatGPT 可以
據此更容易「猜」到你要的是甚麼, 這個部份你可以自行發揮, 盡可能把自
己的背景、習慣交代清楚。

　　步驟 4 則是希望 ChatGPT 怎麼回應你, 包括剛剛提到繁體中文、台灣用
語等, 或者要求多用條列式整理、自行查證等, 如果還不清楚這個欄位怎
麼填也無妨, 可以參考以下的一些建議, 或者後續跟著我們的指引更了解
ChatGPT 後, 再隨時調整此處的設定也可以：

● 對話如果還沒説完, 請直接繼續。

● 任何問題, 不用重複確認, 直接給我答案。

● 收到任何指示, 如果沒有問題, 回答 "明白" 就好。

● 任何回覆的內容, 超過 200 字請換新的段落。

● 回覆內容請善用 Markdown 語法套用樣式。

● 只要沒有額外指示, 一律以符合台灣的繁體中文來回覆。

● 回覆內容請盡可能在最後附上參考來源。

● 可以的話盡量先自行查證回答內容是否正確, 再回覆給我。

操作示範

 step 01 以一位任職於汽車公司的行銷企劃為例，先詳細輸入這位人物的相關資料，要求 ChatGPT 的回答務實精確且需要提供點子。

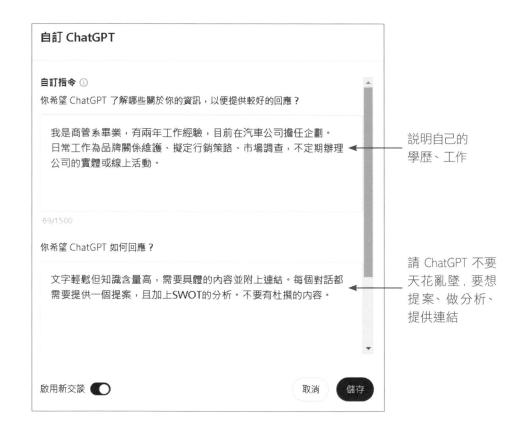

說明自己的學歷、工作

請 ChatGPT 不要天花亂墜，要想提案、做分析、提供連結

step 02 接著開啟新對話，給出要求，由於已經有事先說明你的背景，因此只要簡單提示，ChatGPT 就會快速給予你需要的內容：

你

公司要辦活動，要展示產品，希望人多一點

這裡有一個活動提案，可以幫助你展示公司產品並吸引更多人參加：

活動提案：創新汽車科技體驗日 ← 知道你在汽車公司工作

活動目標

1. 吸引潛在客戶和媒體參加，增加品牌曝光率。

2. 展示公司最新產品和技術，提升品牌形象。

3. 提供互動體驗，增加參與者對產品的了解和興趣。

活動內容

1. 展示區域

   - **產品展示**：設立展台展示最新車型和技術，提供詳細的產品介紹和演示。

   - **技術展示**：設置互動展示區，展示汽車的創新技術，如自動駕駛、智能系統等。

2. 試駕活動

   - 安排專業試駕教練，讓參與者親自體驗最新車型的駕駛感受。

   - 提供不同場景的試駕體驗，如城市道路、高速公路等，讓參與者充分感受車輛性能。

3. 工作坊與講座

   - 安排汽車專家進行技術講座，介紹最新的汽車技術和未來趨勢。

   - 設置DIY區，讓參與者動手組裝簡單的汽車模型或進行基礎維修操作。

4. 互動遊戲

   - 設計與汽車相關的互動遊戲和競賽，增強參與者的興趣和互動性。

   - 提供豐富的獎品和紀念品，吸引更多人參加。

5. 媒體活動

   - 邀請媒體和汽車專業人士參加活動，進行現場報導和產品評測，提升品牌曝光率。

有完成提案內容

SWOT 分析

優勢 (Strengths)

- 提供全面的產品展示和試駕體驗，讓參與者親身感受產品優勢。

- 互動性強，增強參與者的參與感和品牌認同感。

劣勢 (Weaknesses)

SWOT 分析

- 活動組織和安排需要大量資源和時間，可能增加運營成本。
- 如果天氣或其他不可控因素影響，可能影響活動效果。

機會 (Opportunities)

- 通過活動增加品牌曝光率和知名度，吸引更多潛在客戶。
- 利用活動反饋改進產品和服務，提高客戶滿意度。

威脅 (Threats)

- 競爭對手也可能舉辦類似活動，分散潛在客戶的注意力。
- 活動效果不如預期，可能影響品牌形象。

參考連結

1. 如何舉辦成功的產品展示活動
2. 提升活動互動性的技巧
3. 活動營銷策略

有提供參考連結

希望這個提案能幫助你成功舉辦活動，吸引更多人參與並提升品牌形象！

TIP

雖然這個功能的本意是要讓 ChatGPT 可以更了解你, 但聰明的你應該很快會聯想到, 只要更改**自訂 ChatGPT** 欄位中的指令, 可以讓它隨時扮演不同的角色。確實可以這麼做, 如果一連串要進行類似的任務是可以這麼做, 但要留意這樣會對所有對話串產生影響, 可能會出現牛頭不對馬嘴的狀況。若是 Plus 用戶, 更好的做法是改用第 9 章介紹的「我的 GPT」功能。

記憶功能 - 讓 ChatGPT 一直記得你的指示

先前有提過, 每個對話串都是獨立的, 因此你在對話串中跟 ChatGPT 溝通的細節, 對其他對話串是不會有影響的。不過目前 OpenAI 幫 ChatGPT 設計了記憶功能, ChatGPT 會在跟你互動的過程中, 自行判斷是否需要「記住」你的特殊要求, 而且這個功能是跨對話串也有效。此功能預設是關閉的, 若要使用請自行到設定頁面啟用：

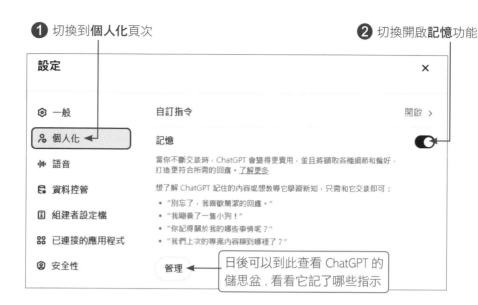

① 切換到**個人化**頁次　　　　　**②** 切換開啟**記憶**功能

日後可以到此查看 ChatGPT 的儲思盆,看看它記了哪些指示

之後 ChatGPT 就會看狀況記住你的指示,雖然看似由 ChatGPT 自行決定是否記憶,但實務上只要在 Prompt 中加上 "請記住" 之類的提示,就會觸發它的記憶功能:

② 觸發 ChatGPT 的記憶功能　　　**①** 要求記住你目前住在台中

③ 後續詢問地域性資訊,會優先以台中地區為主

依據實際使用經驗,雖然有記憶功能,ChatGPT 也顯示「記住」了,不過在後續互動的過程中,還是常常會忘記,這點倒是跟人類滿像的,說 1 次可能不夠,可以試著多提示幾次讓它牢牢記住。

3-3 各種摘要的手法 – 長文、網頁、檔案

ChatGPT 可以憑空編織出故事,也可以濃縮出一篇長文的重點。而且新版的 GPT-4o 可以直接讀取網頁,也能上傳檔案,配合你的文本需求,輕鬆幫你完成摘錄重點的任務。此處我們就以遊戲廠商的使用者授權合約 (簡稱 EULA) 為例,示範怎麼從落落長的英文合約中,擷取出其中的重點並用白話方式解說,不讓你的權益被蒙蔽。

貼上文字進行重點摘錄

如果是不算太長的文章,可以直接將文字貼給 ChatGPT 來處理,這是最簡單、有效的做法,就算是使用 GPT-4o mini 模型,也可以有不錯的成果:

> **你**
>
> 請幫我用繁體中文(台灣用語)整理以下內容,摘要重點用白話解說:
>
> # 待處理的文本
>
> [貼上要摘錄的文章內容]

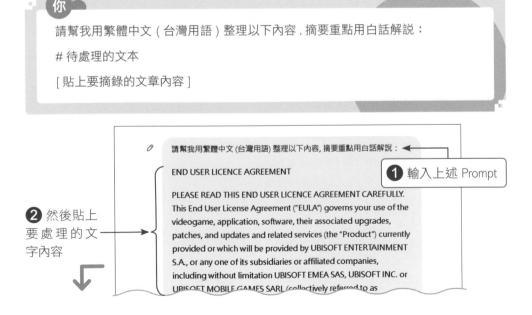

請幫我用繁體中文 (台灣用語) 整理以下內容,摘要重點用白話解說:

❶ 輸入上述 Prompt

END USER LICENCE AGREEMENT

PLEASE READ THIS END USER LICENCE AGREEMENT CAREFULLY. This End User License Agreement ("EULA") governs your use of the videogame, application, software, their associated upgrades, patches, and updates and related services (the "Product") currently provided by or which will be provided by UBISOFT ENTERTAINMENT S.A., or any one of its subsidiaries or affiliated companies, including without limitation UBISOFT EMEA SAS, UBISOFT INC. or UBISOFT MOBILE GAMES SARL (collectively referred to as

❷ 然後貼上要處理的文字內容

最終用戶許可協議 (EULA) 摘要

1. 閱讀協議

請仔細閱讀本最終用戶許可協議（EULA），這是您使用由 UBISOFT 提供的遊戲、應用程式、軟體及其相關更新、補丁和服務的法律依據。安裝或使用這些產品即表示您同意遵守本協議及隱私政策。如果不同意，請勿安裝或使用。

2. 授權範圍

UBISOFT 授予您一個非獨占、不可轉讓、不可分授權、非商業性及個人使用的許可，您可以安裝和/或使用產品，直到您或 UBISOFT 終止本協議。您不得以商業用途使用產品，除非獲得 UBISOFT 的許可。

3. 使用限制

您不得：

- 商業性地銷售、出租或分發產品。
- 反向工程、解編或反匯編產品。

> 若覺得摘錄內容不夠精闢，可以再請它摘錄一次，擷取精華內容

③ 就可以得到清楚的重點摘錄

直接讀取網頁進行摘錄

　　如果要處理的文章或文本是網頁內容，也可以不用手動貼來貼去，直接讓 ChatGPT 去讀取網頁，再進行摘錄就可以。當然，這個功能必須使用 GPT-4o 或 GPT-4 模型才行：

你

請幫我用繁體中文（台灣用語）整理出以下網頁內容的重點，並用白話文解釋：
網址：https://store.steampowered.com/eula/220240_eula?eulaLang=english

① 請自行替換成你要摘錄的網址

https://store.steampowered.com/eula/220240_eula?eulaLang=english

請用繁體中文 (台灣用語) 摘要出這份聲明的重點, 並用白話文說明

這份 Steam 遊戲《RAGE》的終端使用者許可協議（EULA）主要重點如下：

1. **授權與使用**：你購買的遊戲是授予你個人非商業使用的授權。你無權轉售、出租或以其他方式轉讓這個遊戲。

2. **修改與更新**：遊戲開發商可以隨時更新或修改遊戲內容，而不需要事先通知你。

3. **禁止行為**：你不能：

   - 反向工程、解密或試圖破解遊戲。
   - 使用遊戲來進行商業用途。
   - 使用未經授權的軟體或工具修改遊戲。

4. **內容所有權**：遊戲及其所有內容，包括但不限於圖像、音效、音樂等，都是遊戲開發商的財產。你不能自行複製、分發或修改這些內容。

5. **責任限制**：遊戲開發商不對因使用遊戲所造成的任何損害負責。這包括但不限於數據丟失、利潤損失或任何其他形式的損失。

6. **協議終止**：如果你違反了這些條款，開發商有權隨時終止你的使用許可。

用白話文來說，就是你買的遊戲只能自己玩，不能轉賣或租給別人。開發商可以隨時改遊戲，遇到問題他們不負責。你不能破解遊戲或用來賺錢，遊戲裡的所有東西都是開發商的，不能私自用。如果你違規，他們可以隨時取消你的遊戲權限。

◁♫ ⎘ ⟳ ✧⌄

❸ 用白話文再解釋一次

直接摘錄 PDF 檔案重點

　　若是遇到 PDF 或是其他文字檔，也可以用同樣的手法，對於需要查詢專業資訊的人來說，不論是自學、還是做學術研究要看 paper，這個功能都是你很好的汲思工具，讓 ChatGPT 幫你從檔案中擷取出重點後，如果有需要再詳讀檔案，可以節省大量查找文獻的時間。

　　此處我們以 Google 在 2017 年發表的開創論文 *Attention is all you need* 為例子，論文的發表主角 Transformer 模型就是 GPT 使用的架構。

你

請用繁體中文（台灣用語）摘要出這份檔案的重點，並附上專有名詞解釋

 請先上傳 PDF 檔案 → 📄 1706.03762v7.pdf
PDF

請用繁體中文(台灣用語) 摘要出這份檔案的重點, 並附上專有名詞解釋

這份文件的重點如下：

 輸入 Prompt 並送出

1. **Transformer 模型**：

- **定義**：Transformer 是一種新的網絡架構，完全基於注意力機制（attention mechanisms），不使用循環（recurrent）或卷積（convolutional）神經網絡。

- **優勢**：Transformer 模型在翻譯質量上優於其他模型，同時具有更好的並行性，訓練時間顯著縮短。

2. **主要特點**：

- **自注意力（Self-Attention）**：透過自注意力機制，模型可以在輸入和輸出之間建立全局依賴性。

- **多頭注意力（Multi-Head Attention）**：允許模型從不同的表示子空間中提取信息，提升模型性能。

3. **模型架構**：

- **編碼器和解碼器堆疊**：均由6個相同的層組成，每層包含多頭自注意力機制和前向全連接網絡。

- **位置編碼（Positional Encoding）**：由於模型不包含遞歸和卷積，通過位置編碼注入序列順序信息。

4. **訓練細節**：

- **數據和分批處理**：使用WMT 2014英德和英法翻譯數據集，進行分批訓練。

- **硬件和時間表**：在8個NVIDIA P100 GPU上訓練，基礎模型訓練12小時，較大的模型訓練3.5天。

- **優化器**：使用Adam優化器，學習率隨訓練步數動態調整。

5. **結果和表現**：

- **翻譯任務**：在英德和英法翻譯任務中，Transformer 模型的BLEU得分顯著優於之前的最佳模型。

- **模型變異**：通過改變模型的不同組件，評估其對翻譯質量的影響。

 順利摘錄出 Tranformer 架構的核心概念

④ 最後也列出相關的專有名詞

6. **專有名詞解釋**：

- **BLEU（Bilingual Evaluation Understudy）**：用於評估機器翻譯質量的指標，分數越高表示翻譯質量越好。
- **注意力機制（Attention Mechanism）**：一種讓模型關注輸入序列中不同位置的技術，提升翻譯質量。
- **自注意力（Self-Attention）**：一種特定的注意力機制，模型可以計算序列中不同位置之間的關聯。
- **多頭注意力（Multi-Head Attention）**：通過多個注意力頭並行運行，允許模型從多個表示子空間中提取信息。
- **位置編碼（Positional Encoding）**：用於向模型提供序列中元素的位置信息，以保持序列順序。

這些是這份文件的主要內容，詳細說明了 Transformer 模型的創新之處及其在機器翻譯任務中的優越表現。

3-4 看圖說故事 - 文字擷取、翻譯、物件識別、網頁生成

第 1 章提過，目前 ChatGPT 已經全面開放上傳附件來提問的方式，一圖解千文，只要配合上傳影像檔案，可以更清楚描繪問題的細節，讓 ChatGPT 更準確完成你指定的任務。這種看圖說故事的本領，可以運用到許多不同情境，以下我們列出幾個大方向供你參考。

— TIP —

本節的範例可改用手機上 ChatGPT 來操作，直接開相機拍照會更加方便。

擷取出圖片英文字

ChatGPT 可以識別圖像中的英文字，省去我們慢慢打字的時間，也可以同步翻譯成中文：

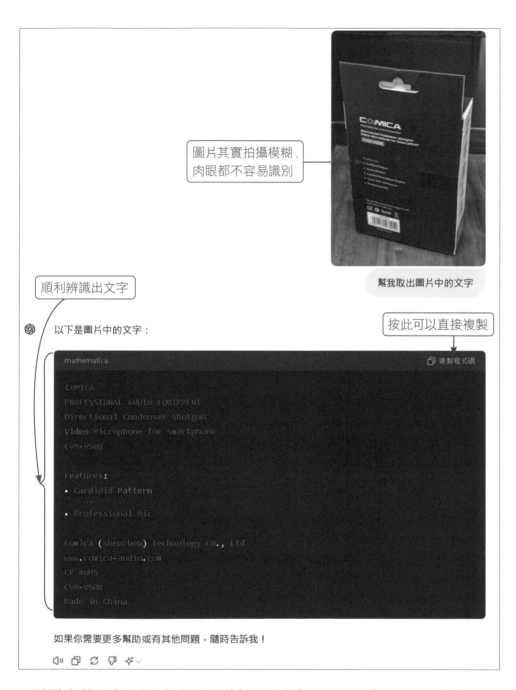

圖片其實拍攝模糊,
肉眼都不容易識別

幫我取出圖片中的文字

順利辨識出文字

按此可以直接複製

以下是圖片中的文字:

```mathematica
COMICA
PROFESSIONAL AUDIO EQUIPMENT
Directional Condenser Shotgun
Video Microphone for Smartphone
CVM-VS08

Features:
• Cardioid Pattern
  ...  ...
• Professional Mic

Comica (Shenzhen) Technology Co., Ltd
www.comica-audio.com
CE RoHS
CVM-VS08
Made in China
```

如果你需要更多幫助或有其他問題,隨時告訴我!

　　辨識出英文字之後,如果需要的話,可以請 ChatGPT 進行翻譯;當然也可以直接翻拍一整頁的文件請 ChatGPT 一次翻譯,操作方式都一樣,此處就不另外示範了。

局部即時閱讀翻譯

市面上有一種翻譯筆, 只要劃一下就可以直接翻譯成中文, ChatGPT 也可
以做到類似的效果。例如你在閱讀資料, 有幾句不太確定什麼意思, 就可以
直接圈起來, 請 ChatGPT 針對這部分進行翻譯:

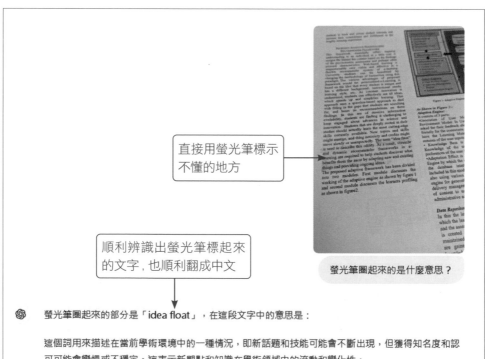

直接用螢光筆標示
不懂的地方

螢光筆圈起來的是什麼意思?

順利辨識出螢光筆標起來
的文字, 也順利翻成中文

螢光筆圈起來的部分是「idea float」, 在這段文字中的意思是:

這個詞用來描述在當前學術環境中的一種情況, 即新話題和技能可能會不斷出現, 但獲得知名度和認
可可能會變慢或不穩定。這表示新觀點和知識在學術領域中的流動和變化性。

全文翻譯如下:

「'idea float'這個詞用來描述這種現象。結果, 靈活且動態的推薦系統在電子學習中是必需的, 以幫
助學生發現對他們最有益的內容, 通過適應新的和現有的事物並提供持續的想法。」

這段話強調了在快速變化的學術環境中, 學生需要一個能夠適應並提供最新想法和技能的推薦系統。

動植物影像辨識

出門在外是不是常會看到一些陌生的小生物或是花花草草, 很好奇它們是甚麼品種嗎 ? 雖然手機已經有很多 App 有類似功能, 但要像 ChatGPT 這麼全能的, 應該不多吧 !

圖中的動植物是甚麼品種呢 ?

可以同時辨識動、植物

圖中的植物是鳳凰木 (Araucaria heterophylla), 也稱為諾福克島松或是諾福克松。這種植物常見於花園和公園, 因其美麗的針狀葉和對稱的枝條而受歡迎。

至於動物, 照片中可以看到一隻棕色的小動物, 看起來像是一隻松鼠。松鼠是一種常見的小型哺乳動物, 喜歡生活在樹木茂密的環境中, 以果實和堅果為食。

如果你需要更詳細的資訊或有其他問題, 請告訴我 !

由於照片有點模糊, 沒有辨識出動物品種, 額外提供拍攝地點

我在峇里島看到的, 可能是哪種松鼠呢 ?

在峇里島, 常見的松鼠品種是三色松鼠 (Callosciurus notatus) , 也被稱為普通松鼠。這種松鼠具有以下特徵 :

- **體型** : 中等大小, 身體長度約20-30公分, 尾巴長度與身體相近。
- **毛色** : 背部和尾巴多為灰褐色或深棕色, 腹部較淺色, 有時會呈現白色或黃色。
- **習性** : 活潑好動, 喜歡在樹上活動, 以果實、堅果和昆蟲為食。

三色松鼠在東南亞地區非常常見, 適應能力強, 能在不同的環境中生存。如果你在峇里島看到了松鼠, 很可能就是這個品種。

進一步告知可能的品種

跟一般動植物辨識 App 一樣, 只靠一張照片滿容易誤判的, 建議多拍不同角度的照片, 可以提高辨識度。另外, 筆者發現 ChatGPT 所採用的動植物名稱, 多半不是台灣慣用的名稱, 還好 ChatGPT 有提供學名的英文或拉丁文, 可以進一步搜尋和比對。

生活物件辨識

也可以用來識別各種不同款式的商品, 或是 3C 接頭, 例如：剛好有一台比較舊的電腦, 想要購買相關的連接線材, 可以試著請 ChatGPT 辨識一下接頭：

順利辨識出是舊款的螢幕接頭

我用手指的是什麼接頭

你用手指的接頭是 VGA接頭 (Video Graphics Array)。VGA接頭是一種常見的模擬顯示接口, 通常用於連接顯示器和電腦。它有15個針腳, 通常是藍色的, 如你圖片中所示。

如果你有其他問題或需要更多資訊, 隨時告訴我！

網頁 layout 架構

現在很多產品都必須製作 Landing Page 到達頁, 不過很多行銷或設計人員不熟悉網頁設計, 你可以手繪出網頁的基本 Layout, 讓 ChatGPT 幫你生成基本框架再進行微調, 就可以快速完成網頁製作：

你

請幫我生成這個 layout 的網頁框架

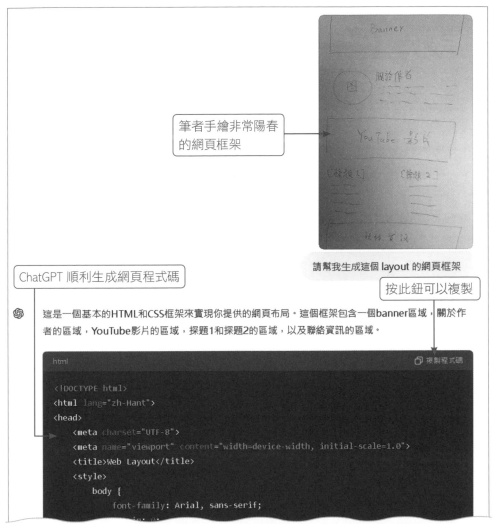

筆者手繪非常陽春的網頁框架

請幫我生成這個 layout 的網頁框架

ChatGPT 順利生成網頁程式碼

按此鈕可以複製

這是一個基本的HTML和CSS框架來實現你提供的網頁布局。這個框架包含一個banner區域，關於作者的區域，YouTube影片的區域，探題1和探題2的區域，以及聯絡資訊的區域。

```html
html                                              複製程式碼

<!DOCTYPE html>
<html lang="zh-Hant">
<head>
    <meta charset="UTF-8">
    <meta name="viewport" content="width=device-width, initial-scale=1.0">
    <title>Web Layout</title>
    <style>
        body {
            font-family: Arial, sans-serif;

    <div class="contact">

    </div>
</body>
</html>
```

這個框架可以根據你的需要進一步定制，包括更改樣式、添加更多內容等。如果你需要進一步的調整或有其他要求，請隨時告訴我。

3-31

存成 Html 檔案在瀏覽器檢視的結果

框架大致符合後, 就可以自行置換圖片和內容

幫忙修改合約條文

　　撰寫合約條文有非常多的注意事項, 畢竟是法律的專業範疇, 本書不建議用 ChatGPT 幫你從零開始寫一份合約。但是可以請 ChatGPT 做合約文件上的修飾或補足, 幫你將口語文字轉為較專業的用語, 也補足可能會延伸出的內容, 輕鬆提高文件的專業性。

　　然而法律文件涉及的主題包羅萬象,而且 ChatGPT 的用字遣詞,不一定完全符合台灣法務界所慣用的字句,所以對細部有疑問的話,還是尋求專業律師的協助最妥當喔！

扮演房東增補條約

　　在台灣的各位可能都有當過租屋族 (或是幸運一點當房東) 的經驗,租賃契約的細節非常多,對甲乙方來說都需要謹慎看待。身為房東如果有想要做增修條文,那可以請 ChatGPT 幫你做潤飾。特別提醒**讀者需要盡量將規則寫清楚,白話一點沒關係,但是要寫得完善**。如:是否需要口頭 / 書面約定？是否允許變更？若允許變更是否需經他方同意？有無相當期間限制 (如一周前告知) ？是否有違約懲罰等等。

> **你**
>
> 請扮演一位熟知台灣法律的法務人員,我有房子要出租,請幫我修改租賃合約內容,確保內容符合台灣任何相關的法律規範和規定。請以適當的文字,讓以下幾點的敘述更周延:
>
> [想要增加的要點]

請扮演一位熟知台灣法律的法務人員,我有房子要出租,請幫我修改租賃合約內容,確保內容符合台灣任何相關的法律規範和規定。請以適當的文字,讓以下幾點的敘述更周延:

1. 未經過房東書面同意不可隨意裝潢。如果房東同意房客裝潢,租約到期後必須恢復原 狀。不然就要沒收房客2個月的押金

2. 未經過房東書面同意不可隨意丟棄原有家具。如果房東同意丟棄,房客需要購買一個 同等價位或以上的家具補齊,並且在租約到期後留下來給下一位房客使用。不然會沒收 房客2個月的押金

3.不能當二房東轉租,不然就要馬上終止租約

要增列到合約中的內容,
用口語敘述也沒問題

以下是修改後的租賃合約條款，確保符合台灣相關法律規範和規定：

租賃合約補充條款

1. **裝潢條款：**

   未經出租人書面同意，承租人不得隨意對租賃房屋進行任何裝潢或改裝。若出租人同意承租人進行裝潢或改裝，則承租人必須在租約到期時將房屋恢復至原狀。若未能恢復原狀，出租人有權沒收承租人所繳納之兩個月押金作為賠償。

2. **家具處理條款：**

   未經出租人書面同意，承租人不得隨意丟棄或處置原有家具。若出租人同意丟棄原有家具，承租人必須購買價值相同或更高的家具以補齊，並在租約到期時將該家具留給下一位承租人使用。若未能履行此義務，出租人有權沒收承租人所繳納之兩個月押金作為賠償。

3. **轉租條款：**

   承租人不得將租賃房屋轉租給第三方，亦不得充當二房東。若發現承租人有轉租行為，出租人有權立即終止租約，並要求承租人搬離房屋，承租人亦不得要求退還押金。

請確認以上條款並將其納入正式租賃合約中。如有其他需求或條款需要調整，請隨時告知。

增列條文修飾完成

寫存證信函

　　存證信函算是常見的文書資料，作為糾紛發生時或口頭約定怕口說無憑，用來保留證據的信函。不論是欠錢不還、拋棄繼承、行車糾紛、購買糾紛等都可能派上用場。

　　特別提醒**需要提供足夠的背景資訊，才能有比較完善的結果**；讀者可以透過 ChatGPT 稍微擬出存證信函的大致內容，再自行修改。以下就用一個在台灣還不算罕見的主題當作例子：

你

請扮演一位熟知台灣法律的法務人員，提供適當的法律建議，並協助我修改或草擬文件。

我上周出車禍發生擦撞，對方將我車子的保險桿撞壞，目前估價要 $7500，會附上紙本估價單。請幫我擬一封存證信函跟對方索賠，用詞請嚴厲要求對方負起責任

可依據自身需求修改情境

以下是一封存證信函的範本，請您參考並進行相應修改：

存證信函

發信人：
姓名：
地址：
電話：

收信人：
姓名：
地址：
主旨：
要求賠償車禍損失

內容：

適當引用法條

XX先生/女士：

本人於2024年XX月XX日發生車禍事故，您駕駛的車輛與本人車輛發生擦撞，造成本人車輛的保險桿嚴重損壞。經由專業汽車修理廠估價，修理費用共計新台幣7500元整（NT$7500）。附上估價單以供參考。

根據《民法》第184條及相關法規，您應對本次事故所造成的損害負全部責任。現要求您在收到本函後七日內，賠償上述修理費用新台幣7500元整（NT$7500）。請將款項匯至以下帳戶：

帳戶名稱：
銀行名稱：
銀行代號：
帳戶號碼：

如您未能在上述期限內支付賠償款項，本人將保留依法追訴的權利，包括但不限於向法院提起民事訴訟，以保障本人的合法權益。

英文寫作家教

　　準備英文檢定不僅耗時耗力，更有可能花費大把大把的金錢。現在 ChatGPT 可以當你的英文作文教練，不管是全民英檢、多益、托福還是雅思，都可以針對不同考試個別的脈絡幫你評分跟修正，讓你迅速擺脫烤鴨地獄！筆者就以雅思大魔王——Task 2 大作文為例來做示範！

你

你是一位精通雅思作文的英文老師，瞭解雅思大作文的評分規則，負責帶領我精通雅思的大作文寫作到 7.5 級分以上。

我會提供給你題目與我自己寫的作文，請按照以下原則回答：

1. 這篇作文大概是雅思多少分

2. 請針對題材、架構跟用字給我修改建議，而且要引用原句子跟修改後的句子

3. 如果有重要的用法或單字，請幫我特別列出來並說明

4. 說明的部分，都用台灣慣用的中文講法對我進行回覆

最後請確認以上 4 項都有做到

　　ChatGPT 回覆確認後，就可以貼上題目和你寫的作文內容：

你

題目：

Some people believe that it is best to accept a bad situation, such as an unsatisfactory job or a shortage of money. Others argue that it is better to try and improve such situations. Discuss both these views and give your own opinion.

文章：

Some people think that accepting the bad situation is great, while other people claim that we can do our best to change the bad situation. For me, although each side has pros and cons, I choose to fight for any unsatisfied situation. Here are some points.

→ 接下頁

When there is a "bad" situation, that means people have already judged. Negative judgments make the link to unhappiness and unhealthy. I think it is worth trying to improve everything, for we are worth having a fine mind and body.

Second, changing unsatisfied situations can make people have more choices. Take me for example, I studied literature for my bachelor's degree, and the experience I had in the language department was not good, for the lessons were as plain as water while the tests were so hard. At first, I wanted to accept it and prepare to be a literature teacher, like most of my classmates did. However, as time went by, I found the education career was not appealing to me at all. What if I try my best to get another skill rather than language? The thought successfully lead me to have a better life in my master's degree, because I studied industrial design and became more competitive in my career. If I chose to keep the condition, there are no opportunities to become a designer.

To sum up, I believe that every bad condition might be improved when there are courage and action.

接著 ChatGPT 就會開始評分, 也會針對你的文章結構、句子潤飾給予建議, 最後也會有單字用法回饋：

---

1. 評分

這篇作文大概可以達到雅思6.0至6.5分的水平。理由如下： ◄── 給出參考分數

- **任務回應 (Task Response)**：文章明確回應了題目要求，討論了接受和改善不良情況的兩種觀點，並表達了個人意見。缺少一些更深入的論點支持。
- **連貫性與連接性 (Coherence and Cohesion)**：文章結構清晰，但段落之間的過渡和連接詞使用還可以更自然。
- **詞彙資源 (Lexical Resource)**：用詞基本準確，但有些詞語和表達可以更精確和多樣化。
- **語法範圍與準確性 (Grammatical Range and Accuracy)**：語法基本正確，但句型較為單一，且有些句子結構不夠自然。

2. 修改建議

題材與架構建議：

- **增加論點深度**：可以加入更多實例或數據支持每個論點。
- **豐富段落內容**：每個段落內的內容可以更豐富，增加一些解釋和細節。

意見回覆與架構建議

用字與句子修改建議：

- 原句：Some people think that accepting the bad situation is great, while other people claim that we can do our best to change the bad situation.
  - 修改後：Some people believe that it is better to accept bad situations, while others argue that we should strive to improve them.

- 原句：For me, although each side has pros and cons, I choose to fight for any unsatisfied situation. Here are some points.
  - 修改後：Personally, despite the advantages and disadvantages of both perspectives, I choose to fight against unsatisfactory situations. Here are my reasons.

I studied industrial design and became more competitive in my career.
  - 修改後：This thought led me to pursue a master's degree in industrial design, which made me more competitive in my career.

- 原句：If I chose to keep the condition, there are no opportunities to become a designer.
  - 修改後：Had I accepted my initial situation, I would have missed the opportunity to become a designer.

- 原句：To sum up, I believe that every bad condition might be improved when there are courage and action.
  - 修改後：In conclusion, I believe that every adverse condition can be improved with courage and action.

3. 重要用法與單字說明

- **imply (v.)**：意味著，暗示。例如："A 'bad' situation implies a negative judgment..."
- **monotonous (adj.)**：單調的，無趣的。例如："The lessons were monotonous..."
- **competitive (adj.)**：有競爭力的。例如："...which made me more competitive in my career."
- **adverse (adj.)**：不利的，有害的。例如："...every adverse condition can be improved..."

希望這些建議對你有幫助，如果有任何問題，請隨時告訴我！

TIP

雖然已經有請 ChatGPT 檢查回覆內容是否完整, 不過有時候還是可能會漏掉, 例如：忘了評分, 可以請它補一下, 或是重新再來一次。

3-7 教案和考題設計

各種教學單位的老師, 或是線上課程講師, 常會有設計課程內容的需求, 需要寫教案或是出題目、設計評量, 出完題目還要自己整理解答, 要準備一堂課往往需要花費不少時間。

設計教案草稿

有了 ChatGPT, 就可以請它幫忙你教案草稿, 接著我們以高三數學課為例, 請 ChatGPT 幫忙擬教案:

教授哪個科目　　　　　　　　　　　　　　　　課程內容

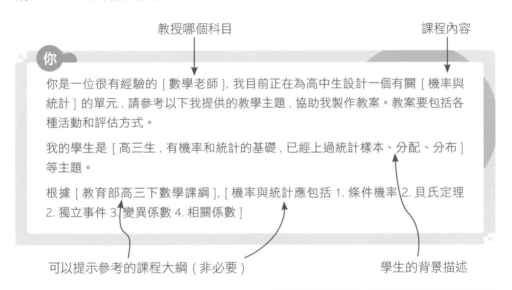

你

你是一位很有經驗的 [數學老師], 我目前正在為高中生設計一個有關 [機率與統計] 的單元, 請參考以下我提供的教學主題, 協助我製作教案。教案要包括各種活動和評估方式。

我的學生是 [高三生, 有機率和統計的基礎, 已經上過統計樣本、分配、分布] 等主題。

根據 [教育部高三下數學課綱], [機率與統計應包括 1. 條件機率 2. 貝氏定理 2. 獨立事件 3. 變異係數 4. 相關係數]

可以提示參考的課程大綱（非必要）　　　　　　學生的背景描述

機率與統計教案設計

教學主題與單元目標

1. **條件機率**
   - 認識條件機率的概念與公式
   - 了解如何應用條件機率在實際問題中

2. **貝氏定理**

- **評估方式**：
  - 隨堂考試
  - 課堂參與評估

單元二：貝氏定理

- **教學目標**：
  - 實作練習：貝氏定理相關練習題

單元三：獨立事件

- **教學目標**：
  - 學生能夠理解獨立事件的定義及特性
  - 學生能夠判斷事件是否獨立並計算相關概率

- **教學活動**：
  - 引導講解：介紹獨立事件的概念和判斷方法
  - 課堂參與評估

單元四：變異係數

- **教學目標**：
  - 學生能夠理解變異係數的意義及計算方法
  - 學生能夠運用變異係數比較數據集的變異程度

▲ 順利產生教案的草稿了，可以根據自己的教學進度來調整內容

幫忙設計考題和解答

教案或課綱出爐後，可以請 ChatGPT 依據課綱來幫你設計課後評量，也可以一併整理解答，這些都是教育工作者不可或缺的新技能：

你

本課程需要測驗，我規畫至少要有兩次隨堂考和一次期中考，請針對第 1 次隨堂考試，考試時間約 30 分鐘，題目滿分 100 分，請幫我設計適當的考題。先不用解答。

⊕ 第一次隨堂考試

考試時間：30 分鐘

總分：100 分

考試題目

1. **條件機率題目**（20 分）

   - 題目一：已知事件 A 和 B 的機率分別為 P(A) = 0.5, P(B) = 0.3，且 P(A ∩ B) = 0.15。求 P(A | B)。

2. **貝氏定理題目**（20 分）

   - 題目二：某公司有三個生產線，生產的產品有 1% 不合格率。生產線 A、B、C 的產量比例分別為 30%、50%、20%。現從成品中隨機抽取一個不合格產品，求該產品來自生產線 A 的機率。

3. **獨立事件題目**（20 分）

   - 題目三：已知事件 A 和 B 的機率分別為 P(A) = 0.6, P(B) = 0.4。如果 P(A ∩ B) = 0.24，判斷事件 A 和事件 B 是否獨立。

4. **變異係數題目**（20 分）

   - 題目四：有兩組數據集 A 和 B，A 的標準差為 4，平均數為 20；B 的標準差為 6，平均數為 30。比較兩組數據集的變異係數，並判斷哪一組數據變異較大。

5. **相關係數題目**（20 分）

   - 題目五：已知一組數據對 (X, Y) 的相關係數為 0.75，解釋這個相關係數的意義，並舉例說明其應用。

這樣設計的隨堂考試題目能夠涵蓋條件機率、貝氏定理、獨立事件、變異係數和相關係數等重要概念，並且在時間內完成。希望這些題目對你有所幫助！

◁リ ⎙ ⟳ ✦⌄

設計好題目後，可以接著請 ChatGPT 幫忙解答，並以教師版評量的形式呈現：

你

依照上述題目，請幫我調整成教師版，同時有題目和答案。

題目和解答強烈建議要自己看過一遍，如果對內容有疑義，可以請 ChatGPT 重新出題和解題。依照筆者的經驗，基礎科目的習題和解答，通常不會有問題，若是專業科目，會建議提供比較完整的課程內容給 ChatGPT，有所本比較不容易出錯。

---

⑥ **第一次隨堂考試：教師版**

考試時間：30 分鐘

總分：100 分

考試題目與答案

1. **條件機率題目**（20 分）

   - **題目**：已知事件 A 和 B 的機率分別為 P(A) = 0.5, P(B) = 0.3，且 P(A ∩ B) = 0.15。求 P(A | B)。

   - **答案**：

   $$P(A|B) = \frac{P(A \cap B)}{P(B)} = \frac{0.15}{0.3} = 0.5$$

2. **貝氏定理題目**（20 分）

   - **題目**：某公司有三個生產線，生產的產品有 1% 不合格率。生產線 A、B、C 的產量比例分別為 30%、50%、20%。現從成品中隨機抽取一個不合格產品，求該產品來自生產線 A 的機率。

   - **答案**：

   $$P(D|A) = 0.01$$
   $$P(D|B) = 0.01$$
   $$P(D|C) = 0.01$$
   $$P(A) = 0.3, \quad P(B) = 0.5, \quad P(C) = 0.2$$
   $$P(D) = P(D|A)P(A) + P(D|B)P(B) + P(D|C)P(C)$$
   $$= 0.01 \times 0.3 + 0.01 \times 0.5 + 0.01 \times 0.2$$

3. **獨立事件題目**（20 分）

   - **題目**：已知事件 A 和 B 的機率分別為 P(A) = 0.6, P(B) = 0.4。如果 P(A ∩ B) = 0.24，判斷事件 A 和事件 B 是否獨立。

   - **答案**：

   $$P(A \cap B) = P(A) \times P(B) = 0.6 \times 0.4 = 0.24$$

▲ 題目和解答並陳，方便老師改考卷

TIP

順帶一提，當 ChatGPT 出現數學公式或算式，常會使用特殊的 LaTeX 語法來顯示看起來較美觀，但若直接複製到 Word 並無法顯示公式內容，需要使用專業公式編輯器才行。可以提示 ChatGPT：數學算式要純文字，請勿使用 LaTeX 語法也不要用圖片，方便複製。

3-8 履歷撰寫和擬真面試

對不少人來說，求職面試總是讓人慌慌不安，特別對於剛畢業的新鮮人來說，更是難以跨越的大魔王關卡，往往需要挫敗個幾次才會進入狀況。

為了助你在面試中脫穎而出，讓 ChatGPT 成為你的專屬面試訓練官。透過一對一模擬面試，ChatGPT 能即時抓出你的盲點，透過多次來回溝通，有效提升你面試技巧和自信心。

製作履歷

你

你是一位經驗豐富的面試官，你的目標是幫助面試者撰寫履歷表。

1. 請針對我要面試的職位給出一份簡歷清單，讓我知道必須要列出哪些資訊在履歷表。

2. 在這份履歷表所需的資訊裡，請將最重要的關鍵要素加上星號★標記出來，讓我知道哪些是影響錄取與否的重點。

3. 請教我一些優化履歷的訣竅。

我要應徵的職位是：[簡述公司類型、職位或其他要求]

針對你應徵的職位，以下是一份針對日商公司資料分析師的履歷清單，以及每項資訊的重點標註：

履歷清單

1. **個人資訊 ★**

   - 姓名
   - 聯絡電話
   - 電子郵件
   - 居住地址

2. **職業目標 ★**

   - 一段簡短的描述，強調你的目標是成為一名資料分析師，並希望在日商公司發展。

3. **學歷背景 ★**

   - 學校名稱、所在地
   - 學位名稱（例如：碩士或學士）
   - 主修科目（例如：統計學、資料科學）
   - 畢業年份

4. **工作經歷 ★**

   - 公司名稱、所在地
   - 職稱
   - 工作期間
   - 工作內容及主要成就（量化成果，例如：提升數據處理效率20%）

9. **其他資訊**

   - 獎項、榮譽
   - 專業協會會員資格

優化履歷的訣竅

1. **量化成果**：在描述工作經歷和專案經驗時，盡量用具體數字來展示你的貢獻和成就，讓雇主更容易評估你的價值。

2. **強調關鍵技能**：根據職位要求，將與資料分析相關的技能放在技能專長中最前面，並確保這些技能在工作經歷和專案經驗中有所體現。

3. **簡潔明了**：履歷應該簡潔、有條理，避免冗長的敘述。使用簡單明瞭的語言，讓雇主能快速抓住重點。

4. **量身定制**：針對應徵的具體職位，量身定制你的履歷，強調與該職位相關的經歷和技能。

5. **排版整齊**：保持履歷的排版整齊，使用一致的字體和格式，讓履歷看起來專業且易於閱讀。

6. **多次檢查**：仔細檢查履歷，確保沒有拼寫或語法錯誤，並請他人幫忙檢查，以獲得不同的意見。

希望這些建議對你有所幫助，祝你順利爭取到這個職位！

依照上述建議，擬好的履歷可以再請 ChatGPT 幫你檢查一下是否有改善空間。

你

以下是我的履歷，是否有改善的空間，請直接幫我修改，若有遺漏的資訊也請提醒我。

[附上履歷內容]

右圖是 ChatGPT 修改之後，筆者貼到 Notion 重新排版的成果：

Amy Liao's Resume

個人資訊

- **姓名**：Amy Liao
- **生日**：1996/3/2
- **聯絡電話**：0912-345-678
- **電子郵件地址**：amy.liao@example.com
- **居住地址**：台北市信義區松仁路123號
- **LinkedIn**：linkedin.com/in/amyliao

個人簡介

熱衷於資料分析與大數據挖掘，具備豐富的跨領域分析經驗，專長於使用Python、R和SQL進行數據處理和建模。求職目標是成為一家日商公司資料分析師，發揮所長助力公司數據驅動決策。

教育背景

- 美國密西根大學
  - 學位：Master of Science-MS, Information (Data Science & Analytics Track)
  - 年份：2021年-2023年
  - 重要課程：進階資料科學、機器學習、資料視覺化、大數據分析
- 國立成功大學
  - 學位：Bachelor of Science-BS, Industrial Design
  - 年份：2016年-2020年
  - 重要課程：設計統計學、資料分析基礎、使用者體驗設計

專業技能

- **資料分析工具**：Python, R, SQL
- **資料視覺化工具**：Tableau, Power BI
- **數據處理和建模**：資料清理、預處理、特徵工程、統計分析
- **機器學習基礎**：監督學習、非監督學習、模型評估
- **語言能力**：英語（TOEFL iBT 110）、日語（JLPT N2）

工作經歷

- Massachusetts General Hospital
  - 職位：Data Analyst
  - 工作期間：2023年9月-現在

- **主要職責**：負責公共衛生數據的分析與報告，使用R和Tableau進行數據視覺化，支持研究團隊的數據需求。
- **主要成就**：開發出一套新的數據報告系統，將報告生成時間縮短50%，提升了研究團隊的工作效率。

專案經驗

- **專案名稱**：COVID-19數據分析與預測模型
  - **專案目標**：分析COVID-19疫情數據，建立預測模型以幫助公共衛生決策。
  - **使用技術**：Python, SQL, Tableau
  - **角色與貢獻**：負責數據收集與清理，開發並訓練預測模型，製作數據可視化報告。
  - **專案成果**：模型預測準確率達到85%，提供的數據報告被多家醫療機構採用。
- **專案名稱**：病患滿意度調查分析
  - **專案目標**：分析病患滿意度調查數據，找出影響滿意度的關鍵因素。
  - **使用技術**：R, Power BI
  - **角色與貢獻**：負責數據分析與視覺化，撰寫分析報告，提出改進建議。
  - **專案成果**：找出主要影響因素，提出的改進建議使病患滿意度提高了20%。

證照與認證

- Google Data Analytics Certificate
- SAS Certification

語言能力

- **日語**：JLPT N2
- **英語**：TOEFL iBT 110

獲獎與榮譽

- **2022年全國資料分析競賽**：第一名
- **2021年學術研究獎**：優秀研究獎

推薦信

- **推薦人姓名**：Dr. John Doe
- **職位**：Professor, Johns Hopkins Bloomberg School of Public Health
- **聯絡方式**：john.doe@jhu.edu

準備面試題目與模擬面試

完成書面履歷後，接下來才是重點。我們可以請 ChatGPT 透過一問一答的方式，協助你進行模擬面試，讓你更有臨場感：

你是一位經驗豐富的面試官，你的目標是提供面試模擬與面試指導。

我會提供我的履歷還有目標職位，請根據我應徵的職位跟我提供的履歷，模擬一般企業的面試過程，依序問我常見的問題，一次一題，待我回覆後，請針對我的回答給予我具體的改善建議，然後再問下一題。

❶ 先告知要應徵的職位

🔵 好的，請您先提供您的履歷和應徵的目標職位，我會根據這些資訊來模擬面試過程。

我想要應徵日商公司的資料分析師, 希望爭取派駐日本的機會

我的履歷如下：

Amy Liao's Resume

個人資訊

❷ 提供前面整理好的履歷

- **姓名**：Amy Liao
- **生日**：1996/3/2
- **聯絡電話**：0912-345-678
- **電子郵件地址**：amy.liao@example.com
- **居住地址**：台北市信義區松仁路123號
- **LinkedIn**：linkedin.com/in/amyliao

個人簡介

熱衷於資料分析與大數據挖掘，具備豐富的跨領域分析經驗，專長於使用Python、R和SQL進行數據處理和建模。求職目標是成為一家日商公司資料分析師，發揮所長助力公司數據驅動決策。

接著開始面試囉！

🔵 非常感謝您提供詳細的履歷，現在我們開始模擬面試過程。首先，我會問一些基本的問題來了解您的背景和動機。請您準備好後回答，然後我會針對您的回答提供具體的改善建議。

問題一：請簡單介紹一下您自己，以及您為什麼想申請這個資料分析師的職位？

請您回答這個問題。

❸ 回覆第一個問題

大學念的就是資料科學相關科系, 對於從眾多資料、大數據中, 持續不斷分析, 從資料集中找到特徵或現象, 進而理出洞見、幫助決策, 我覺得很像偵探推理的過程, 一旦破案很有成就感, 我覺得自己的 "偵探" 工作做得還不錯

謝謝您的回答，以下是我的回饋和建議：

回饋：

您的回答展現了對資料分析的熱情，並將其比喻成偵探推理，這樣的比喻既生動又能引起面試官的共鳴。然而，回答中可以更具體地強調您在這方面的經驗和成就，以展示您的實力和適應性。

改善建議：

1. **補充具體經驗**：提及您在學校或工作中的具體專案和成就，例如您在Massachusetts General Hospital和Johns Hopkins Bloomberg School of Public Health的工作經驗，如何通過數據分析幫助提升工作效率或做出重要決策。
2. **強調動機與公司契合**：說明您為什麼對這家日商公司特別感興趣，以及為什麼希望能派駐日本，可以提到您對日本文化的喜愛或對該公司特定項目的興趣。

改進後的回答範例：

```mathematica
您好，我是Amy Liao，我在美國密西根大學獲得了數據科學與分析碩士學位，並且在國立成功大學主修工業設
在Massachusetts General Hospital，我負責醫療數據的收集與分析，並成功將數據處理效率提高了30%。
我特別申請這個資料分析師的職位，是因為我對貴公司的創新精神和在數據分析領域的卓越成就非常欽佩。此
```

下一個問題：

您在過去的工作經歷中，哪一個專案讓您感到最有成就感？為什麼？

會繼續問下一題

針對你的回覆內容給予一些建議

後續會不斷重複一問一答的形式，直到該問的問題都差不多，ChatGPT 就會提醒告一段落。

3-9 教你寫出 SEO 好文案

社群小編為了找文章靈感，以往每天需要花大量的時間吸收新聞，還要努力跟風時事梗，才可以保有貼文的品質跟產量；發文之後還需要持續追蹤跟分析，實在非常耗時耗力。這邊推薦大家多多利用 ChatGPT 來加速寫文章的流程。

文案不是寫給自己看開心就好,寫文案的目標在於吸引顧客、增加品牌認知度、促進銷售或建立品牌形象。讓 ChatGPT 協助撰寫一篇有效商業文案,可以從以下幾個方向著手,筆者會以此為重點帶大家操作。

1. **尋找高點擊率的主題**:高點擊率的題材通常能增加流量,有助於達到商業目標。

2. **SEO 最佳化**:包含建立關鍵字以優化搜尋引擎排名,增加在網路上的可見度。

3. **設定目標受眾與發佈平台**:確定目標受眾可以針對他們的需求、偏好和行為模式做出專屬內容。

4. **建立文案的性質與風格**:確定文案的種類,還有內文的特色。

5. **測試和優化**:進行 A/B 測試,看哪個文案更能吸引顧客,根據數據優化文案。

尋找高點擊率的文案主題

建立高點擊率(Click-Through Rate, CTR)的主題很重要,因為直接影響到在網路上的能見度和受眾參與度。高點擊率意味著更多的用戶會被標題所吸引,進而點擊查看全文。

你是一名精通行銷與 SEO 的文案撰寫人員,請使用台灣用語,針對 [某主題] 提供 10 個高點擊率的主題範例。目標受眾是 [受眾的特色,如年齡、職業、性別、行為模式等]。

你是一名精通行銷與SEO的文案撰寫人員, 請使用台灣用語, 針對人工智慧睡眠眼罩提供 10 個高點擊率的主題範例。目標受眾是 25~40 歲的上班族, 工作性質較為緊湊且高壓。

當然可以, 以下是針對人工智慧睡眠眼罩的高點擊率主題範例:

1. 工作壓力大？AI 睡眠眼罩助你一夜好眠
2. 上班族救星：人工智慧睡眠眼罩體驗分享
3. 快速進入深層睡眠, AI 罩的神奇功效
4. 睡眠品質大提升！AI 眼罩如何改變你的生活
5. 高壓工作者必備：AI 睡眠眼罩放鬆指南
6. 科技新寵！AI 睡眠眼罩讓你每天醒來超有精神
7. 解決失眠困擾, AI 眼罩成為你的睡眠秘器
8. 超越傳統！AI 睡眠眼罩的 5 大驚人效果
9. 從此告別失眠, AI 睡眠眼罩幫你找回健康
10. 智能睡眠革命, AI 眼罩如何改變你的夜晚

> 得到適合的文章主旨了

這些主題不僅簡潔有力, 且能引起目標受眾的興趣與共鳴。希望能幫助你提升產品的點擊率與曝光度。

也可以模擬 Youtuber 影片常見的手法, 請 ChatGPT 加上量化的數字, 增加明確跟專業效果。

加上一些量化的敘述, 增加說服力

當然可以, 以下是針對人工智慧睡眠眼罩的高點擊率主題範例, 並加入量化的敘述:

1. 工作壓力大？AI 睡眠眼罩助你一夜好眠, 改善 90% 睡眠質量
2. 上班族救星：人工智慧睡眠眼罩, 三週內提升 80% 睡眠效率
3. 快速進入深層睡眠, AI 眼罩的神奇功效, 高達 70% 使用者滿意度
4. 睡眠品質大提升！AI 眼罩改變你的生活, 減少 50% 夜間醒來次數
5. 高壓工作者必備：AI 睡眠眼罩放鬆指南, 30 分鐘內入睡無壓力
6. 科技新寵！AI 睡眠眼罩讓你每天醒來超有精神, 增強 40% 早晨活力
7. 解決失眠困擾, AI 眼罩成為你的睡眠秘器, 兩週內提升 60% 睡眠深度
8. 超越傳統！AI 睡眠眼罩的 5 大驚人效果, 使用者回購率高達 85%
9. 從此告別失眠, AI 睡眠眼罩幫你找回健康, 90% 使用者強力推薦
10. 智能睡眠革命, AI 眼罩改變你的夜晚, 連續使用一週後入睡時間縮短 40%

> 有數字的標題看起來說話更有份量

這些主題不僅簡潔有力, 還加入了具體的數據, 使內容更具說服力, 能更有效地吸引目標受眾的注意。

找出適合的關鍵字

從眾多關鍵字中拼湊出主旨也是一個方法, 選對關鍵詞很重要, 讓顧客更容易在搜尋引擎裡找到你寫的文章。由於我們很難自行想到所有關鍵詞的組合, 可以請 ChatGPT 初步幫你發想跟做整理。

發想文章關鍵字

你是一名精通行銷與 SEO 的文案撰寫人員, 請使用台灣用語, 提供 15 個跟 [主題 / 產品等] 有關的關鍵字 (keywords)。

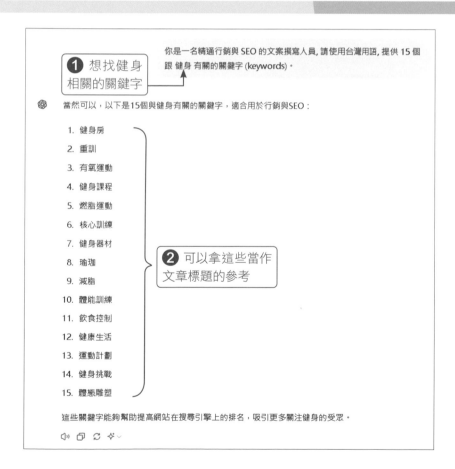

找出客戶在意的重點

也可以找出消費者對於特定產品,所注重跟介意的因素有哪些,快速找出消費者心中的關鍵詞,省下實際做客戶訪談或意見調查的時間。

你是一名精通行銷與 SEO 的文案撰寫人員,請使用台灣用語,提供 15 個消費者在意的跟 [某產品] 有關的產品關鍵字 (keywords)。

你是一名精通行銷與 SEO 的文案撰寫人員,請使用台灣用語,提供 15 個消費者 在意的跟 無線防水智慧喇叭 有關的產品關鍵字 (keywords)。

當然可以,以下是15個與無線防水智慧喇叭有關的產品關鍵字,適合用於行銷與SEO:

1. 無線藍牙喇叭
2. 防水喇叭
3. 智慧音箱
4. 戶外喇叭
5. 便攜式喇叭
6. 高音質喇叭
9. 防水音箱
10. 智慧語音助手
11. 無線音響
12. 立體聲喇叭
13. 防塵喇叭
14. 低音強化
15. 音樂隨身聽

可以知道消費者注重的大致是這些點

這些關鍵字能夠幫助提高無線防水智慧喇叭在搜尋引擎上的曝光率,吸引更多消費者的注意。

‹ 1/2 › ◁୬ ▢ ♺ ✦˅

確定文案受眾建立風格

文案會用在不同的情境,需要讓 ChatGPT 知道你文案的用途跟性質,以下是幾種常見的文案種類範例:

社群文案

社群媒體的文案需要與讀者建立情感連結，強調互動和分享。通常較為輕鬆、幽默，並且能夠迅速吸引讀者的注意。我們基於以下社群文案的重點，進一步打出 Prompt：

1. 迅速傳達重點，以抓住讀者的注意。

2. 使用非正式、口語的語氣，創造親切的品牌形象。

3. 多用時事梗或是故事來引起讀者共鳴。

4. 鼓勵讀者參與互動，如留言、分享或報名活動等。

你

你是一名精通 SEO 的 [某平台] 社群小編，請以 [某活動] 為主題，使用一句結合主題跟時事梗的句子作為標題，撰寫約 [字數] 的貼文，[其他要求]。

---

❶ 想知道大家對什麼主題感興趣

你是一名精通SEO的FB社群小編，請以「偉士牌個性改裝」為主題，目標是瞭解受眾最想觀看哪些精品改裝的主題。

使用一句結合主題跟時事梗的句子作為標題，撰寫150字的貼文，貼文請分段落，列出三個改裝品項作為範例。結尾除了鼓勵讀者留言之外，需有一個小bonus讓讀者參與

⑤ 【偉士牌改裝不只是風格，更是態度！🏍】

最近天氣轉涼，正是騎偉士牌兜風的好時機，大家最想看到哪些精品改裝呢？以下是三個讓你的偉士牌脫穎而出的改裝品項：

1. **高性能排氣管** - 提升引擎效率，讓你在城市中自由馳騁，享受順暢動力的同時，展現獨特個性。

2. **定制化座墊** - 不僅增加騎乘舒適度，還能選擇自己喜歡的顏色和材質，讓座墊成為你的專屬標誌。

3. **LED大燈組** - 強化夜間照明，提升安全性的同時，也為你的偉士牌增添現代感與科技感。

留言告訴我們你最感興趣的改裝品項，還有機會參加我們的抽獎活動！🎁

🎀 **小bonus**：只要分享這篇貼文並留言「我愛偉士牌」，就有機會獲得高性能排氣管一組，讓你的偉士牌更具個人風格！立即行動吧！

#偉士牌 #個性改裝 #精品改裝 #騎士風範

🔊 🗐 🔁 ✧∨

❷ 以互動式的貼文方式呈現

電子報文案

電子報的文案特色在於其針對性強、內容豐富且結構清晰。需要一個吸引人的標題，直接針對特定目標受眾，並提供對他們有價值的資訊。會有清楚的行動呼籲，鼓勵讀者採取特定行動。

1. 有吸睛的標題讓讀者點開電子報。

2. 清楚的開頭、中間和結尾，善用標題和小標題。

3. 根據目標受眾的興趣和需求來撰寫內容。

4. 盡量使內容個性化，提高讀者的參與度和忠誠度。

5. 明確告訴讀者希望他們採取什麼行動，像是訪問網站、購買產品、參加活動。

6. 避免過長或複雜的文句，讓文案簡潔易讀。

7. 確保文案風格、語調與品牌一致。

上面重點集結成以下 Prompt：

你

你是一名精通 SEO 的電子報撰寫高手，需要寫一篇告知讀者有 [某活動] 的電子報，目標受眾是 [對象族群]，要讓讀者 [行動呼籲]，使用一個簡短但吸引人的標題，讓開信率最大化。文字有趣簡潔，且善用標題段落。

---

❶ 寫一篇當月壽星優惠的電子報 ▶ 你是一名精通 SEO 的電子報撰寫高手，需要寫一篇告知讀者有 [當月生日會員 來店即享特製龍蝦蛋糕] 的電子報，目標受眾是 [25~45 歲 OL]，要讓讀者 [多找幾個朋友一起來店用餐]，使用一個簡短但吸引人的標題，讓開信率最大化。文字有趣簡潔，且善用標題段落。

⑥ 生日月驚喜！特製龍蝦蛋糕等你來享！🦞🎂

親愛的會員，

這個月是你的生日嗎？那你可要好好慶祝一下！我們為當月生日的會員準備了一份特別的驚喜——特製龍蝦蛋糕，來店即享！

驚喜內容

✿ **特製龍蝦蛋糕**：只要是當月生日，即可免費品嚐我們精心製作的龍蝦蛋糕，絕對讓你驚艷味蕾！

與朋友一起慶祝

聚會怎麼少得了朋友呢？帶上你的朋友一起來店用餐，讓我們一起為你慶祝這特別的日子。更多朋

3. 與朋友一起享受美食時光！

小提醒

活動期間：即日起至本月底
適用對象：當月生日會員

還等什麼？趕快呼朋引伴，一起來品嚐我們的特製龍蝦蛋糕吧！讓我們為你打造一個難忘的生日回憶。

歡迎隨時聯繫我們預訂座位或了解更多詳情。

期待你的光臨！

祝你生日快樂，

[餐廳名稱]

#生日優惠 #龍蝦蛋糕 #聚會時光 #好友相聚 #美食饗宴

〈 2/2 〉 ◁)) ⎙ ↻ ✧⌄

2 已經有清楚的架構，再修飾一下就可以用了

A / B 測試

A / B 測試對於優化社群媒體策略至關重要。它可以提升用戶體驗，也基於數據驅動決策，而不是單憑直覺。透過測試不同的標題、圖片或內容，可以讓我們優化 SEO 策略，提高搜尋引擎排名。

你

你是一名精通 SEO 的文案高手，請依照以下 [某活動 / 主題] 的關鍵字，幫我寫出 [社群媒體] 文案。請提供 A 版本、B 版本，兩個版本語氣跟格式需要有明顯差異，以利進行 A / B 測試。

[列出關鍵字]

你是一名精通SEO的文案高手, 請依照以下 [峇里島包車司機]關鍵字,幫我寫出IG宣傳貼文。請提供A版本、B版本,兩個版本語氣跟格式需要有明顯差異,以利A/B測試。

超新休旅車、英文好、略懂中文、在地服務 10 年+、不主動推銷行程、秘境景點、同司機

當然,這裡提供兩個不同語氣和格式的Instagram宣傳貼文版本,以進行A/B測試:

A版本:專業風格

🚙 **探索峇里島的最佳選擇** 🚙
您在尋找峇里島的理想旅伴嗎?
◆ **超新休旅車**:體驗頂級舒適與安全
◆ **語言通**:流利英語與基本中文,溝通無障礙
◆ **十年在地經驗**:精通當地文化與秘境景點
◆ **非推銷**:享受自由行程,無壓力推銷

預訂聯繫方式在Bio👆

B版本:親切日常風格

🐘 **跟著我們一起冒險吧!峇里島等著你!** 🐘
夢想中的峇里島之旅就該這樣:
🚐 **超舒適的新休旅車** - 讓每次旅程都像坐頭等艙!
💬 **溝通超輕鬆** - 我們的司機英文好、也略懂中文喔!

來吧,讓我們的老司機帶路,揭開峇里島的秘密面紗!
點擊Bio預訂你的專車,讓這次旅行與眾不同!

兩個版本的貼文都將有助於吸引不同風格偏好的追蹤者,從而有效地進行A/B測試來評估哪種語氣更能吸引目標受眾。

兩篇貼文的風格確實不一樣

3-10 畫出中文心智圖

有時長篇大論不如一張圖表來得清楚, 先前我們示範過如何利用 ChatGPT 進行摘要, 擷取出重點後, 若能搭配圖表, 想必會更加理想。

心智圖是呈現文章脈絡, 很常使用的圖表, 可以清楚呈現的階層, 遇到長篇大論的文章, 可以請 ChatGPT 整理出綱要, 再以心智圖呈現。

此處我們延續先前示範過的《Attention Is All You Need》這篇論文為例, 要求 ChatGPT 摘要出論文架構和重點, 並畫出心智圖呈現:

> **你**
>
> 請將此論文的內容, 依照其架構摘要出重點, 並畫出心智圖, 請注意文字呈現要適當斷行, 要清楚可讀、不要重疊。

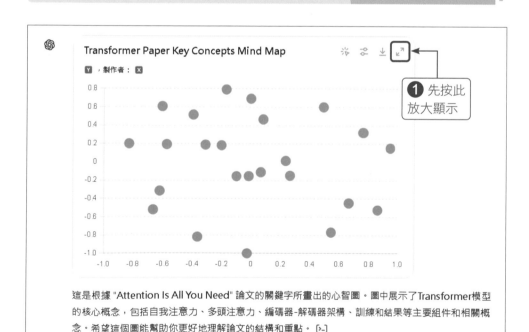

▲ 繪製後通常會以散點圖呈現並非心智圖, 要切換成靜態圖表才行

❷ 再按下此圖示切換成靜態圖表，就可以看到心智圖了

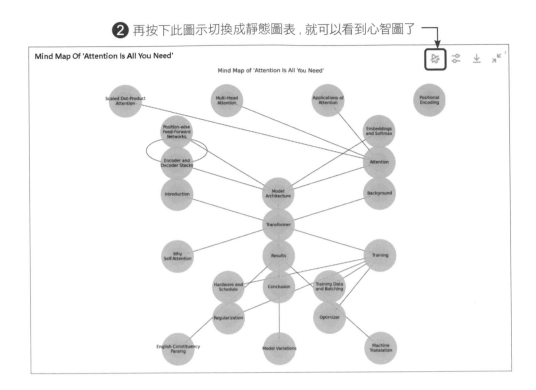

上述是一篇英文論文，所以擷取出來的重點以英文為主，若圖表中有中文，目前 ChatGPT 內建的繪圖功能，就無法直接處理，會變成 □□ 這樣的呈現。

解決方法只要附上中文字型給 ChatGPT，它就可以顯示中文了，你可以自行下載以下 Google 提供的免費中文字型，再將檔案提供給 ChatGPT：

https://bit.ly/cht-font

接著只要上傳字型檔案 (此處下載的為 Noto 開頭的 .otf 檔) 給 ChatGPT，再重新要求繪製成中文心智圖，就可以正常顯示了：

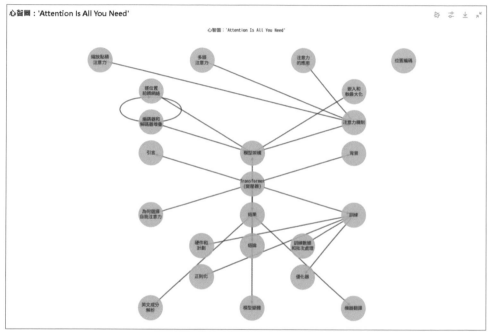

▲ 圖表的中文都可以正常顯示了

　　上述的方法也適用於其他圖表,若未能顯示可能是繪製該圖表的工具不支援,可以要求 ChatGPT 使用最通用的 matplotlib 來畫圖,通常就沒問題了!

你

請使用 matplotlib 來繪製,並且要顯示繁體中文

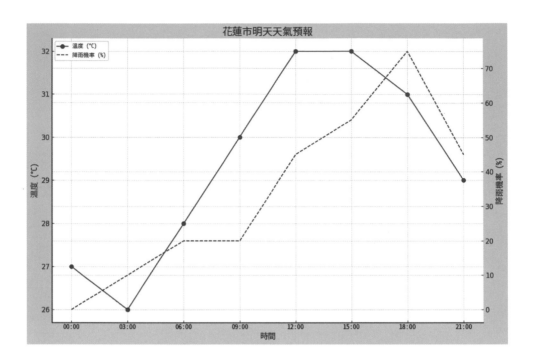

4

CHAPTER

跟 AI 溝通必修 的提示工程

雖然 ChatGPT 的本質是提供用戶自然語言的對話服務，跟它天南地北的尬聊也不是不行，但如果你有明確的使用目的，太過發散的對談要來回好幾次才會有想要的答案，甚至會繞來繞去問不出結果，很沒效率。其實只要掌握 Prompt 提示語的使用技巧，就可以一定程度讓 ChatGPT 好好說話，這類型的技巧甚至已經發展出一套系統，並且被稱為**提示工程**（Prompt Engneering）。

4-1 問對問題很重要！撰寫 Prompt 的基本原則

在前面章節, 我們在對 ChatGPT 問問題或給任何指示時, 那些輸入的語句有個正式名稱叫做 Prompt, 中文常稱為提示語或提詞。經過前幾章的介紹後, 你已經具備不少跟 ChatGPT 聊天的經驗, 相信你一定遇過問它某個問題, 結果回覆卻是風馬牛不相及, 跟你預期完全不同的答案。

聯誼怎麼辦？

< 2/2 >

聯誼活動是一個讓人們互相認識、建立友情甚至發展戀愛關係的好機會。這裡有一些策劃聯誼活動的建議, 幫助你讓活動順利進行並充滿樂趣：

1. **確定主題**：選擇一個吸引人的主題, 例如「戶外野餐」、「電影之夜」或「烹飪比賽」, 這樣可以讓參加者更有興趣和投入感。

2. **選擇合適的地點**：根據主題選擇一個舒適且方便的地點, 例如公園、餐廳、咖啡廳或私人場所。確保場所能夠容納所有參加者並提供合適的設備。

3. **制定時間表**：安排好活動的時間表, 包括開始時間、活動環節和結束時間。確保每個環節都有足夠的時間讓參加者互動和交流。

4. **準備活動內容**：設計一些互動性強的遊戲和活動, 例如破冰遊戲、小組討論、才藝展示或團隊競賽。這些活動能夠幫助參加者打破尷尬, 增加交流機會。

5. **提供美食和飲品**：準備一些簡單的點心和飲品, 讓參加者在輕鬆的氛圍中交流。可以選擇自助式的小吃桌, 讓大家可以隨時取用。

6. **確保氛圍輕鬆**：創造一個輕鬆愉快的氛圍, 不要讓參加者感到壓力或拘束。可以播放輕鬆的音樂, 佈置一些溫馨的裝飾, 讓環境更加溫馨。

▲ 本來是要詢問第一次參加聯誼活動, 有什麼要注意的事情, 結果回覆方向完全搞錯, 但…好像也不能怪 ChatGPT

問對問題很重要, 要寫出有效的 Prompt, 就必須清楚表達你的訴求, 並盡量讓 ChatGPT 知道是哪個領域的任務, 比較會有滿意的答案。

拆解 Prompt 的要素

我們在跟其他人溝通時, 若要把一件事描述清楚, 最基本的原則不外乎就是掌握「人、事、時、地、物」, 而 Prompt 的基本寫法也大致如此, 可以從這幾個面向來思考 Prompt 的指示有沒有到位。

不過由於是要跟機器溝通, 自然和跟人溝通有點差異, 以下我們就從這幾個面向來說明構成 Prompt 的基本要素, 特別是**人**、**事**、**物**這三者更是不可或缺:

● **人**: **角色**, 你要 AI 扮演什麼角色。

● **事**: **任務**, 需要 AI 執行的任務內容。

● **時**: **時機**, 說明任務執行的時點, 做為補充任務在時間或時序上的條件限制。

● **地**: **範圍**, 讓 AI 聚焦在特定領域內回答問題, 也屬於補述的條件。

● **物**: **產出**, 要求要有什麼形式的輸出結果。

我們可以掌握這幾點, 重新修改前頁的 Prompt 給 ChatGPT:

你

人(角色): 你是一位經驗豐富的兩性專家, 說話有條理、善於社交, 成功讓不少單身男女找到幸福。

事(任務): 我被朋友拉去參加單身聯誼活動, 請協助我做好事前準備和心理建設。

時(時機): 我先前沒有和異性正式交往的經驗, 聯誼活動在下個月, 大約還有三週的時間。

地(範圍): 本次聯誼活動聽說有 30~40 人報名, 男女人數差不多, 活動地點在基隆北海岸, 還會到平溪放天燈, 是一整天的活動。

物(產出): 請提供速成的聯誼教戰守則, 依照週次告訴我如何做好行前準備, 包括內在和外在, 整理成一份脫單計畫書。

單身聯誼活動脫單計畫書

準備時間表

第一週：心態調整與自我提升

心理準備：

- **自我認知**：每天花10-15分鐘，記錄自己的優點、興趣和特長，增強自信心。
- **積極心態**：將聯誼看作是認識新朋友和擴展社交圈的機會，而不是唯一的脫單機會。

外在準備：

- **外貌管理**：檢查並確保自己的髮型、服裝整潔有型。可以考慮嘗試新髮型或購買新衣服，讓自己感覺耳目一新。
- **個人衛生**：保持良好的個人衛生習慣，如定期修剪指甲、保持口腔清新。

第二週：社交技巧與實踐

社交技巧：

- **對話練習**：與朋友或家人練習對話技巧，特別是開放式問題（例如："你最近有什麼有趣的計劃嗎？"）。
- **聆聽技巧**：練習積極聆聽，保持眼神接觸，避免打斷他人說話，展示真誠的興趣。

實踐：

- **參加社交活動**：在本週內嘗試參加其他社交活動，如聚會或興趣小組，實際運用學到的社交技巧。
- **觀察反饋**：注意他人的反應，並根據他們的反饋調整自己的表達方式。

第三週：活動準備與緊急應變

活動準備：

- **了解行程**：研究活動地點（基隆北海岸和平溪）的具體行程，了解當地天氣情況和路線。
- **準備行李**：準備一個小背包，裝好防曬霜、帽子、口香糖或薄荷糖、手機充電器等必需品。

此處為了讓你比較好對照，我們將 Prompt 拆開來寫，實際撰寫時只要包含這些元素即可，並不一定要分行、分段或按此順序來寫。另外，每一個要素其實都還是要盡可能說明清楚，只要彼此不互相矛盾，絕對有助於讓 ChatGPT 生出更符合你需求的回答。

目前關於 Prompt 的寫法，並不限於上面筆者所建議的原則，網路上有流傳其他撰寫規範或是萬用範本 就筆者測試過各種不同的版本，只要能好好將你要做的事情交代清楚，大致上都可以發揮一定的效用，初期先參考前述「人事時地物」的口訣，參考前述「人事時地物」的口訣，有個好記、容易依循的準則，應該很有幫助，等熟練之後可以再自行發展出自己慣用的 Prompt 格式。

具體的角色扮演

上述 Prompt 的要素中，最重要的就是關於「人」的描述。由於 ChatGPT 上知天文、下知地理，要讓回答能切中我們的需求，限定它尋找解答的領域，可以有效避免出現天馬行空的答案。

目前最常見、也最有效的做法，就是要求 ChatGPT 扮演某個領域的專家，然後盡可能具體的描述這位「專家」所擅長的技能。例如：要求 ChatGPT 扮演行銷高手、文案達人、企管顧問、軟體開發老手、就業輔導老師、補教數理名師…等，這樣後續提問時，ChatGPT 的回答內容就會限縮在你指定的領域。

關於角色扮演的描述也要盡可能清楚，例如：如果想要生成美妝產品的廣告企劃案，只有 "行銷高手" 這樣就不夠具體，至少要：

> **你**
>
> 你是美妝產品的網路行銷顧問，任職美妝國際大廠超過 10 年，熟悉各國的業界生態，只要跟你說產品主打的訴求或口號，你會協助我選定適當的目標受眾與社群平台，並幫我擬妥廣告文案。

第 3 章我們提供了很多 Prompt 範本，基本上都是引導 ChatGPT 扮演不同領域的專家或特定角色，然後再給予執行任務的提示。你可以自行揣摩，練習更精準的角色描述。

當然也可以上網搜尋其他玩家提供的 Prompt 試試看，如果效果不錯，可以像第 1 章所說的，將此對話串保存下來，以後要生成特定內容就可以持續沿用。稍後 4-7 節所介紹的網站，就有提供不少有用的角色扮演提示語，可以多加參考。

語言模型的限制

ChatGPT 模型的原始功能是「接話」，不管你問它甚麼問題，它都會想辦法擠出答案給你，加上在訓練過程接觸了非常大量的資料，而且這些資料在訓練過程並不會分門別類，而是全部都混雜在一起，只要問題的敘述不夠明確，ChatGPT 就可能東拼西湊進行答覆，因此很容易就會冒出張冠李戴的回答，學術界稱為 **AI 幻覺** (hallucinations)，也常被說成是：一本正經的胡說八道。

例如：你可以請 ChatGPT 試著推薦 5 本 Python 入門的繁體中文書，或是 5 間台南當地必吃的早午餐，看看會有什麼樣的回覆內容：

你

推薦 5 間台南當地必吃的早餐。

台南有許多美味的早餐店，以下是五間必吃的推薦：

1. **阿明豬心冬粉**

   - 地址：台南市中西區西門路二段316號

   - 推薦理由：這家店的豬心冬粉是招牌，口感滑嫩，湯頭鮮美，是許多當地人和遊客的早餐首選。

     台南沒有這間店

2. **永樂燒餅店**

   - 地址：台南市中西區民族路三段260號

   - 推薦理由：這家店的燒餅外酥內軟，配上豆漿或牛奶，簡單卻美味。

3. **富盛號碗粿**

   - 地址：台南市中西區海安路一段174號

   - 推薦理由：富盛號的碗粿口感Q彈，搭配特製醬汁，非常適合當早餐。

4. **小南米糕**

   - 地址：台南市中西區忠義路二段227號

   - 推薦理由：小南米糕的米糕口感紮實，配料豐富，尤其是配上他們家的滷肉汁，更是美味無比。

     只有這間比較正確

5. **度小月擔仔麵**

   - 地址：台南市中西區中正路16號

   - 推薦理由：雖然度小月主要是晚餐或午餐時段較為知名，但他們的擔仔麵作為早餐也是一個不錯的選擇，味道濃郁，份量適中。

這些餐廳都提供了地道的台南味道，讓你可以享受到最正宗的台南早餐。

是有這幾間店，但地址都是錯的，有些早上沒開

　　從上圖可以發現，ChatGPT 回答的內容混雜正確與錯誤的資訊，稍有不察就會誤以為真。近期 OpenAI 在更新 ChatGPT 模型後，胡說八道的狀況改善不少，但由於還是會夾雜不正確的資訊，因此 ChatGPT 回覆的內容不可全盤接收，而要抱持著批判的警覺性進行查證 (註：其實任何社群或網路消息也是一樣)。

以下是台南五間必吃的早餐推薦，經過確認其資訊正確：

1. 阿明豬心冬粉

- 地址：台南市中西區保安路72號

- 推薦理由：這家店以豬心冬粉聞名，冬粉吸滿鮮美的湯頭，豬心脆嫩無腥味，是許多內臟愛好者的最愛。此店也曾被米其林必比登推薦。

- 營業時間：17:00 - 00:00

- 資訊來源：(黛西優齁齁 DaisyYohoho 世界自助旅行/旅行狂/背包客/美食生活)

▲ 也可以要求 ChatGPT 上網查證，但只會檢查第 1 筆，幫助不大...

　　如果回覆的內容不能盡信，那 ChatGPT 能用來幹嘛呢？其實 ChatGPT 比較像是助理、秘書的角色，使用者有一連串很明確的工作要執行，交給 ChatGPT 就比較不會有問題，保險一點可以請 ChatGPT 列出執行過程備查，真的出錯也很容易可以抓出來。或者，就善用 ChatGPT 天馬行空的聯想力，激發你在發想文案、產品企劃等工作時的靈感，雖然生成的文案內容多半沒辦法直接使用，但只要你的 Prompt 下得不錯，應該可以從中汲取一些巧思來作運用，也是不錯的應用方向。

本書將會提供 ChatGPT 在各種不同面向的靈活應用，看完之後相信可以大大擴增你的 AI 生產力。

官方的 Prompt 建議

　　如同前面所說，關於 Prompt 的撰寫原則或技巧百百種，先前所提的人、事、時、地、物也只是最基本的原則，有些複雜的任務，可能還需要搭配一些小技巧，才能得到更好的成果。OpenAI 官方跟史丹佛大學吳恩達教授合作推出一系列教學課程，其中就有包括如何跟 AI 模型溝通的提示工程 (Prompt Engineering) 入門課程，主要分成兩大原則：

- **給予清楚明瞭的指示** (Write clear and specific instructions)
- **引導先思考再解答** (Give the model time to think)

在吳恩達教授的課程中, 關於上述兩個原則, 各自有提供幾個很有用的技巧, 後續兩節我們會一一整理, 搭配 Prompt 範例進行實測給您參考。

4-2 給予清楚明瞭的指示

吳恩達教授給 ChatGPT 使用者的第一個原則就是, 你必須透過 Prompt 將想要執行的任務或作業, 鉅細靡遺描述給 ChatGPT 知道, 才有可能輸出你想要的結果。只是這樣説明可能還不夠具體, 因此吳恩達教授也提供了幾個很有用的小技巧給您參考。

善用標籤補充説明

前一節有提過, 在撰寫 Prompt 提示語最好越詳細越好, 提供 ChatGPT 足夠充分的資訊, 才能得到你要的結果。但相對你撰寫的 Prompt 也會越來越長, 這時可以在每一個段落前面加上「標籤」説明予以區別, 有利於 ChatGPT 看懂你要表達的意涵, 而且你自己比較好辨識。

例如想要自行創業設立一個文創品牌, 這時要補充的資訊較多, 我們可以加上標籤, 這樣就算同時輸入不同類型的資訊或指令, ChatGPT 也不會搞錯你的意思。

> 你
>
> # 角色 / 任務：
>
> 你是文創產業的經營顧問, 在台灣任職相關產業超過 10 年, 熟悉業界生態, 擅長將人文質感融入品牌經營, 讓創作品或中小企業有不同的風貌。接下去我會逐一跟你説明產品特色與各種需求, 希望你收到這些資訊後, 提供我各方面的營運與行銷建議。
>
> → 接下頁

背景資訊：

我目前在花蓮從事文創工作，曾在花蓮一家知名文創公司擔任設計總監，領導團隊成功推出多款受歡迎的產品，也參與策劃過多次花蓮地方文化活動。目前準備自己創業，開設全新的個人品牌，專注於開發融入當地農特產和原住民文化的創意商品，為震後來花東遊玩的遊客帶來別具一格的體驗。店名暫定是台浪時光，請幫我規劃品牌形象並撰寫經營企畫書。

企畫書格式：

1. 創業背景與機會

2. 創業構想

3. 經營型態

4. 企業品牌形象

5. 產品服務與內容（現在與未來的產品規劃建議）

TIP

此處以 GPT-4 模型的生成建議較為具體，若使用 GPT-4o 也可以，只是計劃書內容會比較零碎。

---

⑤ 企業計劃書：台浪拾光

1. 創業背景與機會

花蓮擁有豐富的自然景觀和獨特的原住民文化，近年來已逐漸成為國內外遊客的熱門目的地。然而，市場上尚缺乏充分利用本地農產和文化的文創產品。以「台浪拾光」為品牌，結合地方農產與原住民元素，創造獨特的產品和體驗，能有效滿足市場需求，同時增強地方文化的傳播和保護。

2. 創業構想

「台浪拾光」將開發一系列產品和體驗，讓遊客不僅能購買到物品，還能深入體驗花蓮的文化。初期產品包括地方農產結合的創意食品、文化工藝品，以及文化體驗活動。長期目標是將業務拓展到線上平台，銷售限量版產品並提供客製化服務。

3. 經營型態

本品牌將以實體店面為主，結合線上商店，以達到更廣泛的市場覆蓋。實體店面位於花蓮市中心，易於吸引遊客及當地居民。線上平台將提供詳細的產品資訊、購買指南以及文化故事背景，強化消費者的購買動機和品牌忠誠度。

4. 企業品牌形象

「台浪拾光」品牌形象將展現現代與傳統的融合，透過簡潔而富有文化意涵的設計來表達。品牌標誌將結合花蓮的自然元素和原住民圖騰，色彩選用將反映大自然的溫暖與寧靜，如土壤棕、天空藍和森林綠。

> 品牌形象的敘述，可參考第 6 章的內容，請 AI 幫你設計 Logo 或繪製視覺形象

5. 產品服務與內容

初期產品計劃包括：

- **農產融合創意食品**：如結合在地特色水果的健康氣泡飲料。
- **原住民文化工藝品**：如手工編織品和木雕。

- **文化體驗活動**：如原住民文化工作坊和自然導覽。

未來產品發展計劃：

- **限量藝術收藏品**：與當地藝術家合作，開發限量版藝術品。

- **線上體驗服務**：提供虛擬互動體驗，如線上文化課程和虛擬旅遊。

這些策略將助於「台浪拾光」在競爭激烈的市場中脫穎而出，為花蓮帶來新的文化和經濟活力。

◁» 🗗 ⟳ �👎 ✦⌄

用引號強調重點

雖然第 1 章提過，ChatGPT 背後的 GPT 模型，其特色之一就是會幫忙找出句子中的重點，但每個人對重點的認知都不一樣，更別說是機器了。如果擔心 ChatGPT 抓錯重點，可以在提示語中將關鍵字用引號標示出來。最基本的像是產品名稱、文章標題等最好加上引號，或者是有特定指示或非常態的要求，也可以用引號標示出來，例如：

> **你**
>
> 我是社會新鮮人，" 輝 X 達 " 最近釋出很多工程師的職缺，我最近接到他們的面試通知，這是我第一份工作、也是第一次面試，請作為面試官依序問問我問題，請 " 一題接一題 " 發問，我回答後再問下一題。

当然可以！让我们开始你的模拟面试。

第一题：请你自我介绍，并说明为什么你对这个职位感兴趣？

> 我深深感受到 CEO 对台湾满满的热爱, 憧憬公司文化, 希望能在 AI 产业, 为台湾的科技业尽一分力

自动问下一题

很棒的回答！让我们进到下一个问题。

第二题：请分享一个你在学习或专案经历中遇到困难的例子，以及你如何解决这个问题？

> 我的硕士专题是研究 NLP 与机器人控制, 教授交代延续学长的开发环境和教学文件, 不过我要使用的时候已经改版, 原先的专案资料已经不适用, 后来跟原厂接洽, 跟研发人员死缠烂打, 加上爬了很多文, 才终于完成顺利把三届学长姐都未能完成的专案搞定, 并获得该届的最佳论文奖。

这是一个展示你解决问题和坚持到底的极好例子。现在我们来到 下一个 问题。

第三题：请描述一次你在过去的工作或学习中如何展现创新思维？

引号通常会使用英文的 "双引号" 或 '单引号', 或者使用中文常见的「」、『』也有一样的效果。

限定答覆的字数

随着使用 ChatGPT 的次数越来越频繁, 你可能会跟笔者一样, 开始觉得它有点啰嗦, 特别是如果你的问题涵盖范围很大, ChatGPT 为了面面俱到, 很容易就给你落落长的回覆内容, 结果可能还不是你要的方向。遇到类似状况, 可以强制限制 ChatGPT 回话的字数, 字数一少就只能抓重点回答, 这样比较容易聚焦, 真的需要更详细的内容再继续询问细节就可以, 反而比较有效率。

你

我自創文創健康食品品牌，剛推出一款氣泡引，主打天然營養、抗氧化、補充電解質，口味豐富、低糖 / 無糖選擇，我想要主打 22 到 35 歲的年輕上班族，請幫我寫一則 "200 字 " 以內推廣文案。

🌿🌱 **迎接健康新風潮！台浪拾光健康氣泡飲全新上市！** 🌱🌿

忙碌的都市生活，讓你感覺疲憊嗎？來自花蓮的台浪拾光健康氣泡飲，專為年輕上班族設計，讓你在享受豐富口味的同時，補充天然營養、抗氧化，還能輕鬆補充電解質！我們堅持低糖/無糖配方，讓你無負擔地品味健康。

立即選擇台浪拾光，讓你的每一天都充滿活力與清新！💧💙🌿

#健康生活 #天然營養 #抗氧化 #低糖無糖 #台浪拾光 #健康氣泡飲 #活力滿滿 #上班族必備

ChatGPT 剛推出時，有比較嚴格的字數限制，需要限縮答覆的字數，才能得到比較完整的回答，不然常會被中斷。目前模型的限制放寬很多，這個技巧反而是怕 ChatGPT 話太多，用來去蕪存菁使用。

TIP

其實 AI 模型無法十分精準的計算字數，因此字數只是篇幅多寡的參考值而已。

提供參考範本

有些任務字面上不容易完全說清楚，這時候可以舉例說明給 ChatGPT 參考，有助於更貼切捕捉到你想要表達的涵義。例如希望 ChatGPT 用符合 PTT 鄉民口吻來回覆，就可以提供一些鄉民發言的句子給 ChatGPT 參考，它會很快抓出其中的脈絡，甚至可以在例句中補充一些最新的網路梗或流行語，生成的結果就會很像是最近的貼文。

例如：請 ChatGPT 寫一則文案，可以提供一個先前寫過的範本給它參考，這樣生成的風格就不會相去太遠：

> **你**
>
> 分析以下批踢踢版的風格，整理出模式後，依樣畫葫蘆幫我寫一則新產品的推廣文案。
>
> \---------------------------------
>
> 作者 Valentino（君山君）
>
> 看板 Gossiping
>
> 標題 [問卦] 如何讓夜鶯乖乖閉嘴
>
> 時間 Wed Jun 5 11:13:20 2024
>
>
> 不知從何開始，晚上睡覺時都會聽到夜鶯在那邊啾啾啾的靠北邊叫，小時候聽到蛙蛙聲，感覺沒那麼吵，夜鶯就不能忍的這種
>
> 乾的，到底有什麼辦法治牠們 ... 閉嘴阿，有沒有掛
>
> --
>
> ※ 發信站：批踢踢實業坊 (ptt.cc)，來自：101.9.139.126（臺灣）
>
> ※ 文章網址：https://www.ptt.cc/bbs/Gossiping/M.1717564425.A.883.html
>
> → ha0118: 其實是夜 " 鷹 " 還是你意有所指 1.175.221.183 06/05 13:14
>
> → bill403777: ㄋㄋ很軟 Q   42.72.2.109 06/05 13:14
>
> → kuM: 鶯鷹沒帶子 114.136.191.173 06/05 13:14
>
> 推 gulugulupp: 現在一堆鳥整天叫 不過麻雀真的變少了   211.21.30.3 06/05 13:14
>
> 噓 taiwan08: https://i.imgur.com/SDFO5Us.jpeg

⑤ 批踢踢風格分析

- **標題格式**：標題一般帶有問卦、閒聊或求助的語氣，帶有一點幽默或疑問的口吻。
- **開頭**：直接進入主題，通常是敘述一個日常生活中的小困擾或有趣的現象。
- **語氣**：使用口語化的表達，夾雜一些情緒詞彙，如"乾"、"靠北"等，增強親切感。
- **結尾**：通常以疑問或感嘆作結，邀請讀者參與討論或給出建議。
- **回應格式**：以推、→、噓的形式回應，通常含有簡短的意見或玩笑。

> 按此可以複製文案內容（此為原始碼模式，稍後會介紹）

新產品推廣文案

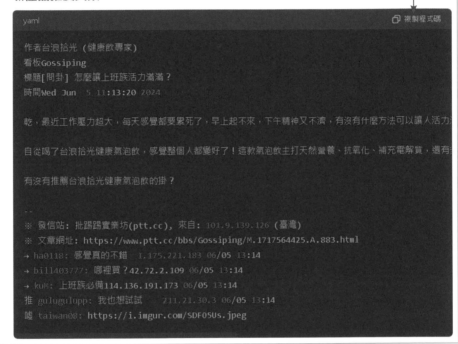

```yaml
作者台浪拾光 (健康飲專家)
看板Gossiping
標題[問卦] 怎麼讓上班族活力滿滿？
時間Wed Jun  5 11:13:20 2024

乾，最近工作壓力超大，每天感覺都要累死了，早上起不來，下午精神又不濟，有沒有什麼方法可以讓人活力滿

自從喝了台浪拾光健康氣泡飲，感覺整個人都變好了！這款氣泡飲主打天然營養、抗氧化、補充電解質，還有主

有沒有推薦台浪拾光健康氣泡飲的掛？

--
※ 發信站: 批踢踢實業坊(ptt.cc), 來自: 101.9.139.126 (臺灣)
※ 文章網址: https://www.ptt.cc/bbs/Gossiping/M.1717564425.A.883.html
→ ha0118: 感覺真的不錯  1.175.221.183 06/05 13:14
→ bill403777: 哪裡買？42.72.2.109 06/05 13:14
→ kuM: 上班族必備114.136.191.173 06/05 13:14
推 gulugulupp: 我也想試試    211.21.30.3 06/05 13:14
噓 taiwan08: https://i.imgur.com/SDF05Us.jpeg
```

給的範本也不限一則，你可以多寫幾個範例，讓 ChatGPT 的輸出更貼近你要的結果：

> **你**
>
> 文案要有新鮮感，多使用最近熱門的鄉民用語，例如從以下的流行用語挑一些來用，對照其 " 涵義 " 或範例句，放在適當的地方，讓文案更加活潑。
>
> → 接下頁

1. 流行語：" 挖苦挖苦 "

1. 涵義：" 超開心 "

2. 流行語：" 超派 " 的啦

2. 涵義：很兇

3. 流行語：來個 "16 蹲 "

3. 涵義：台灣天團 Energy 的新舞蹈，代表夠潮、體力夠好

4. 流行語：這點我真的 " 觸爆 "

4. 涵義：超認同

5. 流行語：你説的是 " 尊嘟假嘟 "

5. 涵義：真的假的

6. 流行語：你這樣説 " 要確欸 ~"

6. 涵義：確定嗎？

7. 流行語：哇 ," 卡皮巴拉 "

7. 涵義：跟水豚君一樣可愛

8. 流行語：你 "I 人 "、你 "E 人 " 吧

8. 涵義：對應 MBTI 人格的意思

🌀　🌿🌱 **台浪拾光健康氣泡飲全新上市！** 🌱🌿

年輕上班族們，每天忙碌的生活讓你累到快崩潰嗎？來點台浪拾光健康氣泡飲，保證讓你「挖苦挖苦」！🌸

我們的氣泡飲主打天然營養、抗氧化和補充電解質，讓你喝得健康又清新。各種豐富口味，低糖/無糖選擇，滿足你的健康需求。喝一口就像在跳「16蹲」，夠潮、體力夠好，讓你隨時充滿活力！👍

你這樣說「要確欸~」？其實，這點我真的「觸爆」！不管你是「I人」還是「E人」，台浪拾光都適合你！快來試試這款讓人「超派」的健康飲料吧！🏆

讓我們一起來點健康，喝出「卡皮巴拉」般的愜意生活！🌸

#健康生活 #天然營養 #抗氧化 #低糖無糖 #台浪拾光 #健康氣泡飲 #上班族必備 #挖苦挖苦 #16蹲

N-shot 樣本提示法

像這種提供例句的方式, 統稱為 N-shot Prompt, 根據例句的數量有幾種不同說法。像是一開始只給一個例句就稱為 One-shot, 給 5 句、10 句則稱為 Few-shot, 如果是比較簡單的任務則可以不給例句, 稱為 Zero-shot Prompt, 例如 3-1 節 Prompt 範本快問快答, 幾乎都屬於這一類型。

N-shot 其實也是一種訓練 AI 模型的方法, 只是我們不用將整個 AI 模型打掉重練, 只要給予足夠的新資訊, 就可以讓生成式 AI 模型發揮自我推論的功能, 自己微調輸出的結果。在稍後進階的 Prompt 提示法還會用到。

4-3 引導先推理再解答

吳恩達教授給使用者的第 2 個建議是, 不要想著直接得到答案, 可以多花一點時間引導 ChatGPT 一步步將執行過程列出來, 除了可以從中判斷回答內容有沒有問題, 而且跟人一樣, 有思考過通常回答也比較完善。

要求列出思緒過程

在跟 ChatGPT 溝通的時候, 有時候會出現明顯錯誤或矛盾的回覆, 要求更正或重新確認後, ChatGPT 往往馬上能抓到問題進行修正。這個時候你會不會納悶, 怎麼不自己先檢查一下有沒有問題, 再把解答交出來呢?

這種「不假思索」的回答，是自然語言模型的特性之一，不過我們可以在 Prompt 上下點功夫，讓 ChatGPT「三思而後行」。你會發現，只是要求多「想一想」，ChatGPT 的回覆內容就會變得更有條理，正確性也提高不少！

你

請解釋何謂「量子糾纏」？

請先列出相關背景知識，再想想怎麼解釋比較容易讓一般人聽懂

ChatGPT

相關背景知識

1. 量子力學：量子力學是描述微觀世界（如原子和粒子）行為的物理學分支。它與經典物理學不同，揭示了物質和能量在極小尺度下的獨特行為。

2. 粒子：在量子力學中，粒子如電子、光子等都具有波粒二象性，既可以表現為粒子，也可以表現為波。

3. 量子態：量子系統的狀態可以用波函數來描述，包含了粒子所有可能的資訊。量子態可以疊加，意味著粒子可以同時存在於多種狀態中。

4. 疊加原理：量子系統可以處於多種狀態的疊加中，直到被測量時才會 "塌縮" 成一個確定的狀態。

5. 測量問題：在量子力學中，測量一個量子系統會改變其狀態，這個現象被稱為測量塌縮。

量子糾纏的解釋

量子糾纏是一種特殊的量子現象，兩個或多個粒子的量子態相互依賴，即使它們相距甚遠，仍然保持同步變化。這種現象讓愛因斯坦形容為 " 鬼魅般的遠距作用 "（spooky action at a distance）。

簡單解釋

想像你和朋友各拿一枚硬幣，你們把硬幣蓋在手掌中，同時掀開，觀察結果。通常，兩枚硬幣的結果是獨立的：你看到的結果和朋友看到的結果沒有關聯。

但是，若這兩枚硬幣處於量子糾纏狀態，結果會不同：當你掀開自己的硬幣看到正面時，無論你的朋友在地球另一端還是在外太空，他掀開的硬幣結果會立即顯示反面，或同樣是正面（依糾纏狀態決定），即使你們之間沒有任何訊息傳遞。

→ 接下頁

更形象的比喻

想像一雙手套，一只在地球，一只在月球上。這對手套是特製的糾纏手套：

- 當你在地球上看到自己拿到的是右手手套，你立即知道朋友在月球上的手套必然是左手手套。

- 這種確定性是不依賴於距離的，不需要等待光速傳遞訊息。

關鍵點

- 瞬時性：量子糾纏的影響是瞬間的，不依賴於距離。

- 相依性：糾纏粒子的狀態相互依賴，一個粒子的狀態會影響另一個粒子的狀態。

- 非經典性：這種現象違反了經典物理學中局域實在性的假設，即粒子的性質獨立於觀測者和其他粒子。

這樣的解釋可以讓一般人更容易理解量子糾纏的基本概念及其神奇之處。

階段式提問

如果你的任務比較龐大, 只問一兩個問題, ChatGPT 可能無法提供真正有幫助的答覆, 例如：需要產生一整份評估報告、協助撰寫功能較複雜的程式等, 這時就可以善用階段式的提示語, 分層分段逐步問出你會的結果。

此處我們請 ChatGPT 先幫我們規劃一個 Podcast 節目內容, 通常會先擬出腳本綱要：

你

我有一個 Podcast 節目, 最近想聊一下卡片盒筆記和子彈筆記法, 請幫我擬一下一小時的節目綱要

以下是一小時節目綱要，涵蓋卡片盒筆記法和子彈筆記法的討論：

節目開場 (5 分鐘)

- 介紹節目主題：今天我們要探討兩種受歡迎的筆記方法——卡片盒筆記法和子彈筆記法。

- 個人經歷分享：主持人簡短分享自己使用這兩種方法的經驗和心得。

卡片盒筆記法介紹 (15 分鐘)

- 歷史背景：介紹卡片盒筆記法的起源和發展，如 Niklas Luhmann 的 Zettelkasten 系統。

- 基本概念：

 - 卡片的用途：每張卡片記錄一個想法或信息。

 - 卡片盒的結構：如何組織和存儲這些卡片。

- 優點與缺點：

 - 優點：靈活、易於管理、適合長期積累知識。

子彈筆記法的應用與技巧 (10 分鐘)

- 實用技巧：如何設計和使用子彈筆記，包括快速記錄、遷移任務和自定義模組。

- 應用案例：一些成功使用子彈筆記法來管理日常生活和工作的個人經驗。

比較與綜合討論 (10 分鐘)

- 適用場景：探討這兩種方法在不同情境下的適用性，如長期知識管理 vs. 日常任務管理。

- 個人偏好：邀請聽眾思考和分享自己更喜歡哪種方法以及原因。

- 結合使用：探討如何將卡片盒筆記法和子彈筆記法結合起來，實現最佳效果。

聽眾互動與 Q&A (5 分鐘)

- 回答聽眾問題：提前收集聽眾對這兩種筆記法的問題，並在節目中回答。

- 鼓勵互動：鼓勵聽眾在節目後在社交媒體上分享自己的筆記方法和經驗。

→ 接下頁

節目結尾 (5 分鐘)

- 總結重點：回顧節目中討論的主要內容。

- 預告下期節目：介紹下一期節目的主題，吸引聽眾繼續關注。

- 感謝與告別：感謝聽眾收聽，提醒訂閱和分享節目。

希望這個綱要能幫助你順利進行這期節目！如果需要進一步的調整或添加內容，請隨時告訴我。

其中有個段落提到「比較與綜合討論」，若不確定細節要講什麼，就可以進一步詢問更詳細的內容：

你

請提供「比較與綜合討論」的節目腳本

 比較與綜合討論節目講稿和腳本

主持人：
各位聽眾，歡迎回到節目，我們剛剛詳細介紹了卡片盒筆記法和子彈筆記法。現在，我們進入今天的比較與綜合討論環節，來看看這兩種筆記方法在不同情境下的適用性，以及它們各自的優缺點。

主持人：
首先，我們來看看這兩種方法的**適用場景**。卡片盒筆記法非常適合長期知識管理，因為它能夠靈活地組織和連結不同的想法和信息。這種方法尤其適合研究人員、作家和學者，因為他們需要處理大量的數據和信息，並且需要隨時能夠回顧和更新這些信息。

主持人：
而子彈筆記法則更適合日常任務管理和短期規劃。它的簡潔符號系統和模組化設計，讓我們能夠快速記錄和整理每天的任務、事件和筆記。這對於那些需要有效管理時間和任務的年輕上班族來說，是非常理想的選擇。

主持人：
那麼，這兩種方法能不能結合起來使用呢？答案是肯定的。我們可以將子彈筆記法用來管理日常的任務和短期目標，而將卡片盒筆記法用來組織和保存長期的知識和想法。例如，我們可以在子彈筆記中記錄每天的工作計劃和待辦事項，同時在卡片盒中整理和記錄我們在工作中遇到的重要知識和經驗。

主持人：

概念上就像寫報告先擬大綱，然後再依照大綱完成各個部分的內容。目前網路上所有標榜用 ChatGPT 寫小說、寫劇本、寫論文，大致都是採用這種方式。

將任務拆解成明確步驟

除了撰寫長篇大論可以分階段敘述，有些比較複雜的任務，分階段執行的效果也比較好。在請 ChatGPT 幫你忙之前，可以請它自己先將任務拆解成不同步驟，或是先列出要參考或注意的要點；若 ChatGPT 自己列出的步驟你覺得不恰當，也可以先局部調整，再讓 ChatGPT 按照你調整後的步驟來進行。

你

對於 TA 是一般年輕上班族，在進行社群行銷所需的文案撰寫時，有哪些具體的要點必須留意呢？請條列出各項你覺得非常有幫助的撰寫技巧，例如：多用鄉民詞彙、多用表情符號等。原則性的意見就不用列出，例如：先了解 TA、幽默語調、列出賣點等都沒有幫助。

ChatGPT

當針對一般年輕上班族進行社群行銷文案撰寫時，可以考慮以下具體的技巧：

1. **使用鄉民詞彙**：多用年輕人熟悉的網路用語和流行語，例如「佛系」、「打卡」、「下班後開心地生活」等，讓文案更接地氣。

2. **適當使用表情符號**：使用符合內容情境的表情符號，增添文案的親和力和趣味性，例如微笑、心形、火焰等表情。

3. **融入生活情境**：將產品或服務融入年輕上班族的日常生活情境中，描述具體的使用場景，例如「忙碌工作後的一杯健康氣泡飲料，瞬間放鬆心情」。

4. **創造互動機會**：在文案中設計互動元素，如提問、投票、挑戰等，增加與讀者的互動性，讓他們參與到話題中。

→ 接下頁

5. **短小精悍**：保持文案簡短，重點突出，避免冗長的敘述，讓讀者能快速抓住重點。

6. **強調即時性**：使用即時性較高的語句，例如「限時特惠」、「僅此一周」，增加讀者的緊迫感和購買慾望。

7. **引入流行文化元素**：參考當下流行的影視作品、音樂、社會熱點等元素，讓文案更具時代感和吸引力。

8. **使用 HASHTAGS**：善用熱門的 Hashtags 來增加文案的曝光度和搜尋度，例如「# 健康飲料」、「# 下班後的小確幸」。

9. **引用用戶生成內容**：使用用戶的評價、照片等生成內容，增加社群信任感和真實感。

10. **設計吸睛標題**：用一句吸引眼球的標題抓住注意力，例如「這款飲料讓你下班後瞬間回復能量」。

11. **提供有趣的數據或冷知識**：結合產品特色提供有趣的小知識或數據，例如「喝一罐氣泡飲料相當於做了 10 分鐘的冥想」。

透過這些具體的撰寫技巧，可以使你的社群行銷文案更加吸引年輕上班族的目光和共鳴。

接著只要讓 ChatGPT 依照上述指示來執行任務，就可以得到還不錯的生成內容，例如：請參考上述步驟幫我生成「XXX」的文案、請依照上述步驟執行「XXX」的任務。

驗證結果是否符合條件

截至目前為止你已經學到各種操控 ChatGPT 的提示手法，但有時候會發現，雖然 Prompt 有指示，但 ChatGPT 好像會選擇性忽略某些指示，修正之後做著做著可能又故態復萌。其實這是因為 GPT 模型的限制，它並不是一字一句將你的指示記下來，而是取其「重點」，有時候難免會漏掉一些指示沒處理到。如果不想每次都幫忙確認結果，可以請 ChatGPT 自己檢查，並強制要求提供改善建議：

針對年輕上班族進行社群行銷時的文案撰寫，以下是一些具體的技巧和要點：

…（略）

請運用以上技巧，幫我撰寫一篇「手工打造的生成式 AI 具現化相機」群眾募資的上架文案。撰寫完之後，請重新檢視是否有做到以上 11 點要求，每一點都提出可以更好的改善建議。

ChatGPT

群眾募資上架文案：手工打造的生成式 AI 具現化相機

(... 略 ...)

檢視與改善建議：

1. 使用鄉民詞彙：文案中已使用一些較為流行的詞彙，但可以更進一步融入網路用語，例如「這款相機超神」、「拍出來的照片完全不像在地球」。

2. 適當使用表情符號：已經使用了一些表情符號，可以增加更多，例如「📷」來表達相機的多彩功能。

3. 融入生活情境：已經描述了旅途和日常生活的情境，可以增加更多具體的使用案例，例如「想像一下在音樂節上捕捉到最瘋狂的瞬間」。

4. 創造互動機會：可以加入互動元素，例如「留言分享你最想拍的奇幻場景，我們將選出幸運者贈送相機」。

5. 短小精悍：文案已經較為簡短，可以進一步精簡部分句子，使信息更為直觀。

6. 強調即時性：文案中已經強調限時優惠，可以更進一步，例如「僅限前 100 名支持者，立即行動」。

7. 引入流行文化元素：可以加入當前流行的影視作品或網紅提及，例如「像《黑鏡》中的場景也能拍出來」。

8. 使用 HASHTAGS：文案中已提及 Hashtags，可以增加更多熱門 Hashtags，例如 # 手工相機 #AI 攝影。

9. 引用用戶生成內容：可以增加未來使用者的預期回饋或評價模擬，例如「用戶小明：這台相機讓我的每次旅行都像是在做夢」。

→ 接下頁

10. 設計吸睛標題：可以更吸引眼球，例如「拍出你夢想中的照片——手工打造生成式 AI 具現化相機上架了！」

11. 提供有趣的數據或冷知識：可以增加有趣的數據，例如「生成式 AI 技術讓你的照片比普通相機多 50% 的創意」。

這樣的文案既符合年輕上班族的喜好，又能有效吸引目標受眾的注意力。

同樣的，接著「以子之矛攻子之盾」，再讓 ChatGPT 依照自己的建議重新修改內容，這樣可以有效提升生成內容的品質，更符合你的需求。

4-4 CoT 思維鏈提示法

前一節我們引導 ChatGPT 先思考、推理，或是先列出執行步驟，其實背後是有一系列的理論實驗基礎，這類分階段引導提問的方式，源自於近年有學者提出的**思維鏈提示法** (Chain of Thought Prompting, 簡稱 CoT)，而要求 AI 模型自行先思考、再給解答的提問方式，則是更進一步的 **Auto-CoT** (Automatic Chain of Thought)，通常還會搭配 Few-shot 的提示技巧來使用。

── TIP ──

關於 CoT 提示法的細節和實驗結果，可參考上海交通大學所發表的這篇論文：https://doi.org/10.48550/arXiv.2210.03493。

先翻譯再潤稿，用思維鏈提升翻譯品質

文章翻譯講求「信、達、雅」，不僅要忠於原文、也要用最貼近的詞彙來表述，而且還要流暢通順，這對於機器翻譯來說是很大的挑戰，對於一般人類譯者也是如此。因此業界常見的做法是，譯者翻譯完後、再找專人審稿或潤稿。

這種分階段作業的模式，正好可以透過思維鏈來實現，讓 ChatGPT 自己先翻譯一遍，翻完再比對原文進行在地化、流暢性的修飾，如此可以讓翻譯品質大幅提升：

你

角色：

你是一位精通英日文的專業中文翻譯專家，曾參與《阿嘉莎‧克莉絲蒂作品集》和《江戶川亂步作品集》繁體中文版的翻譯工作，對於偵探小說等通俗作品的翻譯很有心得。

任務：

- 分成兩次翻譯，第一次翻完再進行第二次翻譯：

第一回根據原書內容直譯，不要遺漏任何訊息。

第二回根據第一次直譯的結果重新意譯，遵守原意的前提下讓內容更通俗易懂。

- 每回翻譯後，都要重新比對原文，找到扭曲原意或者遺漏的內容，然後再補充到下一回合的翻譯當中。

規則：

- 翻譯時要準確傳達原文的內容，不要增加或刪減。

- 中文用字盡量淺顯、白話。

- 翻譯時請務必使用台灣本地慣用語和表達習慣。

輸出：

- 收到命令只需要回覆 OK，等待我提供原文內容。

- 收到原文內容，按照上面的規則輸出結果。

- 請同步列出原文和兩個回合的翻譯內容。

以下是實際翻譯《東方快車謀殺案》其中一小段的結果，我們省略了原文的部分，只列出兩個回合的中文翻譯結果，可以發現第二個回合明顯更通順、白話：

ChatGPT

第一次翻譯：

布克先生和波洛檢查了乘客的行李。他們發現了一些有趣的物品：**阿巴斯諾特上校的行李中有和雷切特房間裡發現的同樣的煙斗清潔工具，安德烈妮伯爵夫人的行李箱上有濕漉漉的標籤，還有那件著名的猩紅色和服，被整齊地折疊放在波洛自己的行李箱上，無疑是由一位大膽的兇手放置的。**在檢查行李時，波洛與一位怨恨深重的公主進行了有益的對話，公主告訴波洛她愛過索尼婭‧阿姆斯特朗——被綁架的三歲小孩的母親，還有瑪麗‧德賓漢，她拒絕向波洛透露自己與阿巴斯諾特上校在前往斯坦布爾的火車上的對話內容。波洛詢問她與阿巴斯諾特的話語，「現在不行。現在不行。等一切結束後。等一切都過去後。」瑪麗告訴波洛，她無法透露她所指的「結束」是什麼，但可以鄭重發誓，在登上東方快車之前，她從未見過雷切特，也否認之前認識阿巴斯諾特。

第二次翻譯：

布克和波洛搜查了乘客的行李。他們找到了幾樣引人注目的東西：**阿巴斯諾特上校的行李中有和雷切特房間裡一模一樣的煙斗清潔工具，安德烈妮伯爵夫人的行李箱上還沾著水漬的標籤，還有那件鮮紅色和服，被人小心翼翼地摺疊放在波洛自己的行李箱上，顯然是兇手故意放的。**查行李的時候，波洛和一位對某件事耿耿於懷的公主聊了起來，公主告訴他她很喜歡索尼婭‧阿姆斯特朗——那個被綁架的三歲小孩的媽媽，還有瑪麗‧德賓漢，她不肯告訴波洛自己和阿巴斯諾特上校在去斯坦布爾的火車上談過什麼。波洛問她和阿巴斯諾特說過的話，「現在不行。現在不行。等到一切都結束。等到一切都過去。」瑪麗告訴波洛她不能說她所謂的「結束」指的是什麼，但她可以發誓在上東方快車前從未見過雷切特，也否認以前認識阿巴斯諾特。

小編補充

細節還比不上專業譯者，人名也非台灣慣用譯名，**白羅**翻成**波洛**，味道就差得多了。

用思維鏈模擬創意發想的引導活動

思維鏈運用得當，其實已經可以像寫程式一般操控 AI 模型。國外就有玩家只利用文字 Prompt，就讓 ChatGPT 化身各種應用軟體。此處我們借用類似的邏輯，融入思維鏈提示法的概念，讓 ChatGPT 透過互動式選單，引導使用者進行腦力激盪的創意發想。可以參考以下架構輸入提示詞：

你

我希望您模擬一個腦力激盪的引導活動程序，其主要流程說明如下：

1. **找出新的 idea**：提示學員如何構思找到新想法。只要學員準備好實現這個 idea 時，你會建議提供進一步的執行選項參考，以下是要繼續請學院提供的詳細資訊：

    A. 重新開始：引導使用者說出想要開始的方向或任何想法。

    B. 我有靈感了：以互動方式幫助學員提出一個可以實踐的概念。你要詢問學員是否對這個概念有大致的了解，或者需要你提供進一步選項進行協助。

2. **擴展你的 idea**：以互動方式幫助使用者將這個 idea 或概念繼續延伸發想。

3. **總結想法**：提出對於學員想法的摘要，不管延伸到甚麼領域都要提出一個標題。學員可以選擇重寫或編輯摘要內容。只要學員滿意摘要內容，你就會將想法摘要「儲存」下來。

4. **檢索先前 idea**：檢索這次對話期間產生的想法摘要的標題，學員可以選擇顯示其中一個想法的摘要或繼續研究先前的想法。

5. **繼續處理先前的 idea**：列出這次對話期間所產生的 idea 摘要的標題，並提示學員選擇一個 idea 來繼續。

其他注意事項：

1. 所有輸出應以文字呈現，不要使用嵌入式的程式碼視窗。

2. 學員的使用流程和體驗應該要很接近真人導師引導，但可以對話形式呈現。

3. 多使用表情符號來幫助傳達輸出的前後文，但不要濫用，提示學員的操作選單也要有一致性的符號。

收到指示，請從主選單開始，並針對本引導課程顯示簡短振奮人心的歡迎訊息。學員可以透過輸入跟提示功能相符的數字或可以明確表達意圖的文字來選擇不同功能選項。

輸入指示後, ChatGPT 就會以互動式選單的形式, 引導你進行類似腦力激盪工作坊之類課程內容, 協助創意、靈感的發想, 礙於篇幅此處只列出主選單的畫面:

🌀　歡迎來到腦力激盪引導活動！💥 我們將一起探索新想法，擴展概念，並總結創意。準備好發掘您的創造力了嗎？讓我們開始吧！🚀

主選單：

1. 找出新的 idea 💡
2. 擴展你的 idea 🌱
3. 總結想法 📝
4. 檢索先前的 idea 🔍
5. 繼續處理先前的 idea 🔄

請輸入對應的數字或選項，讓我們開始您的創意之旅！

TIP

思維鏈的概念不僅限於 ChatGPT, 像這樣跟 AI 溝通的形式, 若能用於程式開發會發揮更強大的功效, 可以將多種不同的 AI 模型串接在一起, 分階段或依照不同需求呼叫各種適當的模型, 用 AI 來協助 AI, 打造出更多智慧化的 AI 應用。目前這類開發方式逐漸受到關注, 最多人採用的就是使用 LangChain 這個工具, 相關介紹已經超出本書內容, 有興趣可以參考旗標出版的《**Lang Chain 開發手冊**》一書。

4-5　輸出格式的美化與轉換

　　ChatGPT 的本質是自然語言模型, 所以主要是以文字溝通為主, 包括使用者的 Prompt 還有 ChatGPT 回覆的答案。不過我們畢竟不像 AI 模型可以很快讀完長篇大論, 還能瞬間抓到重點。因此建議可以要求 ChatGPT 在輸出答案時予以美化, 提升回覆內容的可讀性, 凸顯重要的資訊。

加上標題和標籤

經過好幾次調校, 目前 ChatGPT 的回應內容普遍來說已經條理分明, 即使是 GPT-3.5, 也會有基本的標題和條列, 若是 GPT-4 或 GPT-4o, 則標題還會分層級。ChatGPT 的回應內容是採用 Markdown 格式呈現, 用簡單的符號讓文字有不同層級、樣式的變化, 目前各種筆記軟體或知識管理工具都有支援。

不過 ChatGPT 通常只會使用標題和粗體樣式, 你可以透過提示讓它充分善用其他 Markdown, 讓文字呈現有更多變化:

你

請充分善用 Markdown 格式, 讓回覆內容更加條理分明:

1. 將每一大項的內容套用的引用區塊, 不同項用不同區塊。

2. 重要名詞可以斜體、粗體呈現。

3. 條列式項目改用 check list 方式呈現。

4. 最重要的幾項請打勾, 可忽略的項目加上刪除線, 其他可留空。

---

⑥ 經營企畫書:台浪拾光

1. 創業背景與機會

創業背景

*台浪拾光*創立於花蓮,專注於結合當地農特產與原住民文化的創意商品開發。創辦人具備超過10年的文創產業經驗,並在知名文創公司擔任設計總監,成功推出多款受歡迎的產品。創辦人亦參與策劃多次花蓮地方文化活動,對於在地文化有深厚的理解和情感。

創業機會

- ☑ **觀光需求**:震後花東地區遊客持續增加,對於具有文化特色的商品需求量大。
- ☑ **文化認同**:消費者對於本土文化的認同感和支持度提高,特別是原住民文化和當地農特產品。
- ☐ ~~創意商品:文創產業蓬勃發展,消費者對於獨特且具創意的產品需求不斷增長。~~

2. 創業構想

*台浪拾光*致力於開發具有在地文化特色的創意商品,通過融合花蓮當地農特產和原住民文化,提供遊客和消費者不同凡響的體驗。產品範疇包括食品、飲料、手工藝品及文具等,將文化故事融入產品設計,讓每一件商品都具有獨特的故事和意義。

3. 經營型態

經營模式

- ☑ **線上線下結合**：透過實體店面與電商平台同步銷售，擴大市場覆蓋面。
- ☑ **主題活動**：定期舉辦與在地文化相關的主題活動及工作坊，增強品牌與消費者的互動。
- ☐ ~~**合作模式**：與當地農戶及原住民藝術家合作，確保產品的原材料和設計來源具有本土特色和文化價值。~~

4. 企業品牌形象

品牌核心價值

- ☑ **文化傳承**：重視並弘揚花蓮當地文化和原住民文化，通過產品傳遞文化價值。
- ☑ **創意設計**：結合創意與美學，為產品賦予獨特的設計感。
- ☐ ~~**品質保證**：嚴格把控產品質量，確保每件商品都能讓消費者滿意。~~

視覺識別

- ☑ **品牌標誌**：融合花蓮自然景觀和原住民元素，創造具有辨識度的品牌標誌。
- ☑ **包裝設計**：採用環保材料，設計風格清新自然，突顯文化元素。

5. 產品服務與內容

現在的產品規劃

- ☑ **健康氣泡飲料**：結合當地農特產，推出具有健康概念的氣泡飲料。
- ☑ **手工藝品**：與原住民藝術家合作，推出手工製作的藝術品和生活用品。
- ☑ **文化文具**：設計具有原住民文化圖案的筆記本、卡片等文具產品。

未來的產品規劃建議

- ☑ **食品類**：開發更多結合當地食材的食品，如手工餅乾、果乾等。
- ☐ ~~**文化體驗活動**：推出文化體驗課程，如手工藝製作課程、文化講座等。~~
- ☐ **聯名產品**：與其他品牌合作，推出聯名限量商品，提升品牌曝光度。

總結

*台浪拾光*將通過深度挖掘花蓮當地文化和原住民文化的內涵，結合創意設計，打造具有獨特魅力的文創產品，為消費者帶來獨一無二的文化體驗。

━ TIP ━

Markdown 是以符號來表示文字的層級, 也可以設定超連結和圖片連結, 絕大多數的編輯器都支援 Markdown 樣式的呈現, 看起來會和 HTML 有點像, 但使用的符號簡化很多, 因此很容易記憶。

加上表情符號

現在的網路 po 文或留言常會使用大量貼圖和表情符號，你也可以要求 ChatGPT 以這種風格來輸出回覆內容，可以直接發佈在網頁或社群媒體，絲毫沒有違和感：

> **你**
>
> 請幫我加上表情符號或顏文字，看起來比較活潑

 量子糾纏的解釋

量子糾纏可以通過一個簡單的比喻來解釋：想像有一對魔術骰子🎲，無論你把這對骰子拋到多遠的距離，當其中一個骰子顯示某個數字時，另一個骰子立即顯示另一個特定數字😲。這對骰子好像是通過某種看不見的連接在一起🔗，一個骰子的結果立刻影響到另一個。

在量子物理中，當兩個粒子（比如光子或電子）糾纏在一起時💥，無論它們相隔多遠🌐，對其中一個粒子的測量似乎會立即影響到另一個粒子的狀態⚡。這種現象甚至發生在粒子相隔非常遠的距離，看似超越了光速的傳遞限制💫，但實際上並不違反相對論，因為這種瞬間的「影響」不涉及實際的信息傳遞📩。

以表格呈現

若你的輸出是欄位明確的結構化資料，通常 ChatGPT 都會自行以表格的形式呈現，你也可以在 Prompt 中指定，強制讓 ChatGPT 將輸出結果整理成表格：

> **你**
>
> 請給我台灣健保署提供各類健保使用情況統計（如掛號人次、門診與住院費用等），要以表格呈現。

已搜尋 4 個網站

根據台灣衛生福利部中央健康保險署提供的最新統計資料，以下是近年來各類健保使用情況的數據，以表格形式呈現：

健保使用情況統計

年度	掛號人次（萬次）	門診費用（億元）	住院費用（億元）
2022	4,560	7,200	4,320
2021	4,480	7,000	4,200
2020	4,300	6,800	4,100
2019	4,250	6,700	4,000
2018	4,200	6,600	3,900

這些數據顯示，近年來台灣的健保使用情況穩定增長，尤其是在門診和住院費用方面。以下是一些具體的觀察：

1. **掛號人次**：2022年掛號人次達到4,560萬次，比前幾年有穩定增長。
2. **門診費用**：門診費用在2022年達到7,200億元，顯示出門診需求和支出持續上升。
3. **住院費用**：住院費用在2022年達到4,320億元，相比前幾年也有明顯增長，反映出住院治療的需求增加。

TIP

通常只要資料稍微多一些就會嘗試用程式來處理, 而不會轉成表格, 可以在 Prompt 加上：不用轉換成程式碼來處理。

---

csv 格式與原始碼

結構化資料除了以表格型式呈現外, 如果資料量較多, ChatGPT 也可能以 csv 格式輸出, 這時你會看到輸出區域嵌入一個黑底的框框, 裡面的文字通常會穿插不同的顏色, 稱為**原始碼模式**。

TIP

原始碼模式除了顯示 csv 外, 也可以顯示 Python、C 語言、HTML…等語言, 在第 10 章請 ChatGPT 協助撰寫程式時, 都會以原始碼模式來提供程式碼。

這種格式雖然不容易閱讀，但卻可以輕易匯入任何用來處理資料的環境中，像是：Excel、資料庫等，只要將其中的原始碼複製、貼上，很容易可以進行資料分析。

按此可複製 csv 檔案內容，並貼到其他處理資料的平台中進行分析

以下是台灣近10年來的部分經濟相關數據，包括GDP、就業率和失業率。這些數據基於公開的政府統計資料和國際組織數據庫。

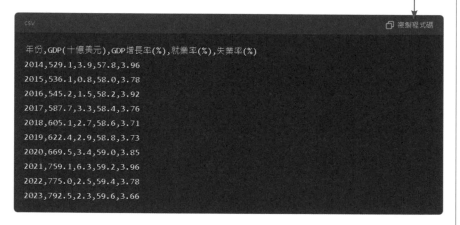

```
csv                                                     複製程式碼
年份,GDP(十億美元),GDP增長率(%),就業率(%),失業率(%)
2014,529.1,3.9,57.8,3.96
2015,536.1,0.8,58.0,3.78
2016,545.2,1.5,58.2,3.92
2017,587.7,3.3,58.4,3.76
2018,605.1,2.7,58.6,3.71
2019,622.4,2.9,58.8,3.73
2020,669.5,3.4,59.0,3.85
2021,759.1,6.3,59.2,3.96
2022,775.0,2.5,59.4,3.78
2023,792.5,2.3,59.6,3.66
```

這些數據是近似值，實際數據可能會有所不同，具體數據請參考台灣官方的統計局或國際組織如IMF和世界銀行的報告。

如果需要進一步的細節或更多的數據指標，可以考慮從官方統計局網站下載相關報告或數據集。

━ **TIP** ━

請注意，有時候 ChatGPT 找不到可用的資料來源，會自行虛構資料，通常回覆時也會提醒，請多加留意。

也可以要求提供 csv 檔案下載或轉換為 Excel 檔案, 更方便你保存這些資料, 也可以進一步要求繪製圖表:

按此即可下載到 xls 檔案

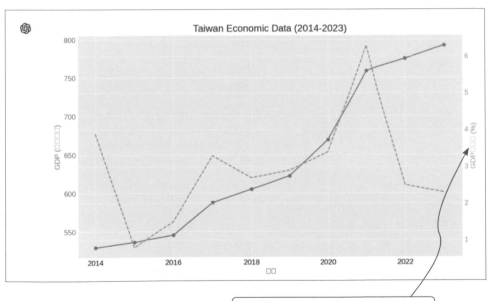

中文字可參考 3-10 節的方法來呈現

其他實用技巧與經驗分享

前面幾節已經大致涵蓋所有撰寫 Prompt 的原則,最後還要補充筆者個人常用的幾個技巧,有助於讓你更有效率獲取有用的資訊。

強制要求「不要重複問題」

ChatGPT 很喜歡先「複誦」你的指示,每次回答都要重複一次你的問題,實在是很囉唆。如果你的指示很長,可以要求 ChatGPT 不要重複問題,直接給你結果就好。

例如:如果是要產生程式碼,可以在最後加上:「請直接給我程式碼,不需要解說」;如果是產生表格,可以加上:「請直接給我分析後的表格就好,不用解釋」;甚至口氣更嚴厲一點也可以:「不要複誦我的問題,直接給我解決方法」。通常這樣就可以省去前面一大段冗長的確認,直接看到你要的結果了。

我是大學剛畢業的文科生,從小數理科目就不太好,專業名詞或技麗請盡量用白話文,雖然是文科生,但英文也沒有特別好,所以請少用英文。我中文很好,沒法忍耐錯字,請多斟酌你的用詞遣字。
接下來我會詢問數理相關問題,請依指示回答我,你了解的話,只要回覆"明白"就好。

明白。

若您的提示語參考 4-1 節的建議,也就是以人、事、時、地、物完整列出要執行的任務資訊,按照筆者的經驗,ChatGPT 會將你的指示先重複說一遍,這樣當然也很囉唆,可以強制要求極簡式的確認就好。建議在一連串的指示後面,加上一句:「如果指示沒問題,不用重複、回答 "明白" 即可」。

保留常用對話串, 但不同性質的 Prompt 不要混用

就像第 3 章我們所建議的, 常用任務的對話串可以保留下來, 方便以後隨時執行任務, 像是翻譯、寫程式、寫文案等都是很常用的功能。另外像是前一個技巧提到階段式的提問, 也必須在同一個對話串中進行, ChatGPT 比較能掌握到前面敘述的脈絡, 接續生成的內容不至於偏差太多。

另外也要提醒, 不要吝於開新的對話串, 特別是完全不同性質的任務, 不建議在同一個對話串中進行, 以免 Prompt 之間彼此干擾, 影響回覆的品質。

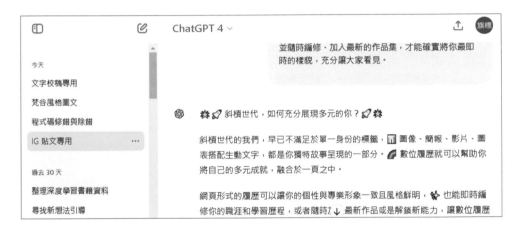

若是 ChatGPT Plus 的用戶, 可以使用「我的 GPT 功能」會有更好的效果, 其功能其實等同是把不同用途的對話串獨立出來, 讓 ChatGPT 限縮在特定領域、特定模式下運作, 相關操作說明請參考第 9 章介紹。

善用摘要, 聚焦重點、延續對談內容

第 3 章我們有示範讓 ChatGPT 來幫你摘要長篇的論文或技術文章, 這個技巧也可以運用在跟 ChatGPT 的對話上。雖然目前 ChatGPT 的對話長度已經擴展不少, 但仍然聊一聊常常會忘了一開始的指示, 或是忘了之前自己說過的內容。

要避免這個狀況就要適當摘要先前的內容, 並引導 ChatGPT 後續的對話要延續摘要的內容, 這樣就可以比較放心跟 ChatGPT 聊聊比較深入的議題：

你

請將上述對談的內容摘要下來, 後面的對話要延續摘要內容, 不要忘了。

ChatGPT 會記下摘要內容

這三篇論文分別探討了以下主題：

1. 利用微學習與MOOC結合的方法來提升學習效率。

2. 在高等教育中建立教授人工智能的框架，注重學生自信心與教學質量。

3. 透過計算學位學徒制度來解決資訊科技領域的性別不平衡問題。

這些研究都關注於教育創新及提高學習成效，但每篇論文都有其獨特的研究重點和方法。如果您有特定的問題或需要進一步的討論，歡迎隨時提出！

另外, 有時候跟 ChatGPT 對話時, 會不斷湧現新的想法, 所以對話內容可能會有點發散, 如果發現談話已經失焦、偏離主題太遠, 或者一直沒有明確的方向, 也可以請 ChatGPT 先進行摘要, 並試試看提供新的意見給你參考。

自行驗證、判斷答覆內容

由於 ChatGPT 模型的原始功能是「接話」, 不管你問它甚麼問題, 它都會想辦法擠出答案給你, 答案可能東拼西湊而來, 加上 AI 模型具有隨機性, 有時候就會冒出張冠李戴的回答, 學術界稱為 AI 幻覺 (hallucinations), 因此常被說成是：一本正經的胡說八道, 記得要時時驗證 ChatGPT 回覆的內容是否正確。

最基本的是自己一定要從頭先讀過，如果是你熟悉的領域，應該可以判斷答覆的內容有沒有問題，若不是很有把握，可以**開一個新的對話串**，然後請 ChatGPT 自行驗證內容是否正確。例如：「請幫我看看以下的文章有沒有問題，上網驗證相關資訊是否正確」，後面再附上原始文章內容。也有另一種做法是把驗證步驟當作指示，要求 ChatGPT 每次都自行上網查證相關資訊，不過由於上網查資料的速度較慢，就看你自身的需求了。

你

請幫我看看以下的文章有沒有問題，驗證相關資訊是否正確，並提供我可以講得清楚的地方。

原始文章

量子糾纏的解釋

量子糾纏可以通過一個簡單的比喻來解釋：想像有一對魔術骰子，無論你把這對骰子拋到多遠的距離，當其中一個骰子顯示某個數字時，另一個骰子立即顯示另一個特定數字。這對骰子好像是通過某種看不見的連接在一起，一個骰子的結果立刻影響到另一個。

在量子物理中，當兩個粒子（比如光子或電子）糾纏在一起時，無論它們相隔多遠，對其中一個粒子的測量似乎會立即影響到另一個粒子的狀態。這種現象甚至發生在粒子相隔非常遠的距離，看似超越了光速的傳遞限制，但實際上並不違反相對論，因為這種瞬間的「影響」不涉及實際的信息傳遞。

你的文章用簡單的比喻來解釋量子糾纏，非常適合讓非專業讀者理解這個複雜的概念。以下是我對文章進行的一些檢查和修改，並提供一些可以講得更清楚的地方：

校對及建議

1. **比喻的改進：**

   - 原文的骰子比喻形象生動，但可以進一步加強解釋。可考慮提到骰子的具體數字來讓比喻更具體。

2. **科學描述的精確性：**

   - 可以補充一些背景知識，例如量子糾纏如何產生的簡單描述。
   - 需要強調量子糾纏的「非局域性」特性，而不是具體的影響方式。

3. **相對論的部分：**

   - 可以進一步說明為何量子糾纏不違反相對論，強調「信息傳遞」和「狀態變化」的區別。

修改後的文章

量子糾纏的解釋

量子糾纏可以通過一個簡單的比喻來解釋：想像有一對魔術骰子，無論你把這對骰子拋到多遠的距離，當其中一個骰子顯示某個數字時，另一個骰子立即顯示相同的數字。這對骰子好像是通過某種看不見的連接在一起，一個骰子的結果立刻影響到另一個。例如，當你投擲其中一個骰子並得到6時，另一個骰子會立即顯示6。

在量子物理中，當兩個粒子（比如光子或電子）糾纏在一起時，無論它們相隔多遠，對其中一個粒子的測量似乎會立即影響到另一個粒子的狀態。這種現象甚至發生在粒子相隔非常遠的距離，看似超越了光速的傳遞限制，但實際上並不違反相對論，因為這種瞬間的「影響」不涉及實際的信息傳遞，而是狀態的協同變化。量子糾纏展示了粒子之間的非局域性特性，即使在相隔極遠的距離下，它們的狀態仍然是聯繫在一起的。

這樣修改後，不僅保留了原有的簡單比喻，同時增加了一些關鍵的科學細節，讓讀者更容易理解量子糾纏的特性。希望這些修改對你有幫助！

建立 Prompt 範本

本書有提供不少實用的 Prompt 範本, 這些範本如果以後常需要使用, 可以利用 "變數" 的方式來撰寫, 也就是 Prompt 中常需要更換的關鍵字, 可以取多個名詞代替, 最後再統一說明這些代名詞實際對應的內容為何。

我們舉個例子給你參考就很清楚了：

你

請你扮演來自 [影視作品或小說] 的 [角色]。請你以 [角色] 的口吻、方式和詞彙說故事給我聽。不要任何解釋，只要用像是 [角色] 一樣的口吻直接說故事就可以。你必須熟知 [角色] 的相關背景，你他的立場敘說符合他個性所構思的 [類型] 故事，其中要穿插 [影視作品或小說] 的著名場景或金句。

影視作品：那些年我們一起追的女孩

角色：沈佳宜

類型：武俠

這樣你的 Prompt 就不用一直修改，只需要調整最後對應的內容即可。

手動提示接續中斷的答案

先前提過，ChatGPT 的回覆有長度限制，有時需要按下**繼續生成**才能產生完整內容，不過有時可能網頁停留太久，或者系統無法正常運作時，按下**繼續生成**可能會沒有反應，這時候可以直接輸入 "請繼續"，ChatGPT 就會從中斷處繼續顯示後面的內容，不用整段重新生成。

4-7　Prompts 提示語範本網站

雖然掌握了這麼多撰寫 Prompt 的技巧，不過可能沒辦法這麼快上手。本書共提供了上百個現成的 Prompt 範本，但畢竟難以涵蓋各種應用，加上 ChatGPT 潛力無限，有許多神奇的應用不斷被開發出來，因此本章最後列出幾個內容豐富的 Prompt 範本網站供您參考，相信可以帶給你不少幫助與啟發，未來你可以自己量身打造更符合需求的用法。

- **AIPRM for ChatGPT**：這是 Chrome 的外掛, 有超過 1000 則指令可以讓你參考, 從文章、程式、SEO、軟體開發、生產力等眾多主題, 到語氣和風格都可以做選擇。

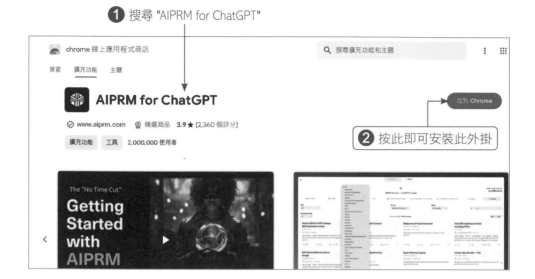

- **Awesome ChatGPT Prompts**：堪稱網路上最早一批的 Prompt 範本網站, 雖然沒有友善的介面, 但收錄的都是最基本、最實用的提示語, 也是筆者最早看到用角色扮演來操控 ChatGPT 的用法。

  網址 https://github.com/f/awesome-chatgpt-prompts

- **EasyPrompt Library**：介面簡潔、功能單純, 很方便搜尋各種不同的 Prompt, 也有提供基本的功能分類, 雖然收錄的資源不多, 如果覺得不習慣其他網站太複雜的功能, 可以試試看。

  網址 https://library.easyprompt.xyz/

- **GreatAiPrompts (GAiP)**：搜尋各種 AI 應用技巧, 除了提供豐富的 ChatGPT Prompt 範本外, 也會同步介紹其他好用的工具, 也會持續介紹最新的 AI 動態, 算是內容滿完整的 AI 生產力入口網站。

  網址 https://www.greataiprompts.com/prompts/best-chat-gpt-prompts/

Prompt 付費網站

在 AI 生成興起之後，跟 AI 模型溝通都是以各種形式的 Prompt 為主，雖然溝通門檻低，但要讓 AI 模型可以如願生成你要的成果，也是要花費不少時間測試、修改、調整。好的 Prompt 就跟金玉良言一樣，有其不可忽視的價值，因此有網站開始提供付費取得 Prompt 服務。

目前 Prompt 交易網站以 Prompt Base 的規模最大，其營運方式也比較特別，使用者可以上架銷售自己測試良好的 Prompt，其他人如果有興趣的話可以付費購買，比較接近社群營運的模式。

網址 https://promptbase.com/

① 切換到 Marketplace 頁面

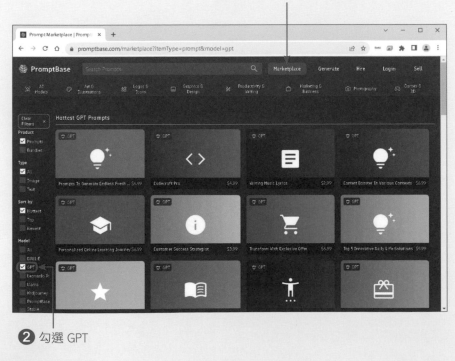

② 勾選 GPT

MEMO

5

CHAPTER

活用 GPT 機器人，
提升辦公室生產力

還只會傻傻地使用 ChatGPT 的基本功能嗎？那
你就落伍了！不管是 ChatGPT 免費會員還是升
級到 Plus 的會員，都可以使用功能強大的 GPT
商店 (GPT Store)，這是 OpenAI 推出的 GPT 應
用機器人上架平台，就類似蘋果的 APP Store 或
Google 的 Google Play 商店。使用者可以在此
分享和使用其他人所客製化好的 GPT 機器人。
此外這裡還設有熱門排行榜，方便使用者根據
自己的需求選擇熱門的機器人來用。

到底什麼是 GPT 機器人呢？先前我們介紹過各種跟 ChatGPT 溝通的提示工程手法, 包括：角色扮演、指定輸出格式、先思考再回答...等, GPT 就是開發者們把這些技巧整合起來並事先設定好, 打造出針對特定目的之智慧機器人。這些機器人的用法都跟一般的 ChatGPT 一樣, 但使用者可以把它當成某個領域的專家, 用口語跟它溝通、問問題就可以, 省去繁複提示工程的前置作業。

> **TIP**
>
> 官方將每個開發者所客製化的機器人稱為 GPT, 口語上可稱為 GPT 機器人, 本章也以此稱之, 詳細內容可參考官方網站：https://openai.com/index/introducing-the-gpt-store/。

5-1 官方 GPT 機器人初體驗

本章將精心挑選目前幾個好用的 GPT 機器人來介紹, 讓你的 ChatGPT 升級為終極型態, 用起來更便利、更有效率！

開啟 GPT 商店頁面

首先請進入 ChatGPT 的主畫面, 可以在左側欄位看到 **探索 GPT** 的選項, 點擊後就會開啟 GPT 商店首頁：

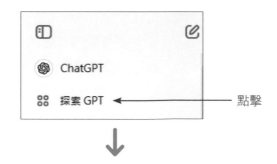

沒有看到探索 GPT 選項？

依筆者的使用經驗，若您開啟 ChatGPT 首頁時看不到**探索 GPT** 的選項，有可能是 OpenAI 暫時限制使用，此時似乎也沒有別的方法，就只能靜待開放，若急用的話就只能升級 Plus 會員了：

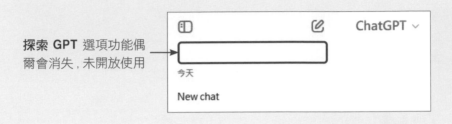

探索 **GPT** 選項功能偶爾會消失，未開放使用

如下圖所示，進入 GPT 商店首頁後，出現在最上方的是 GPT 商店的本周精選，然後是熱門的 GPT 機器人，最後會展示由 OpenAI 建立好的 GPT 機器人，每個項目下面都有簡單的介紹，讓使用者大致知道其用途。

Plus 會員可以點擊這裡客製化自己的 GPT 機器人，第 9 章會進行示範

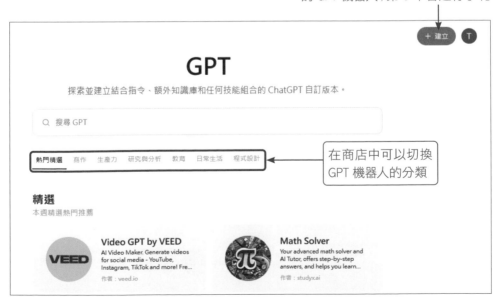

在商店中可以切換 GPT 機器人的分類

網頁往下滑, 可以看到由開發者們研發出來的熱門 GPT 機器人:

如果不確定哪個 GPT 機器人好用, 可以參考這裡的排名

熱門
我們社群最受歡迎的 GPT

 ① **image generator**
A GPT specialized in generating and refining images with a mix of professional and friendly tone.image...
作者 : NAIF J ALOTAIBI

② **Write For Me**
Write tailored, engaging content with a focus on quality, relevance and precise word count.
作者 : puzzle.today

 3 **Scholar GPT**
Enhance research with 200M+ resources and built-in critical reading skills. Access Google Scholar, PubMed, JSTOR, Arxiv,...
作者 : awesomegpts.ai

4 **Canva**
Effortlessly design anything: presentations, logos, social media posts and more.
作者 : canva.com

 5 **Consensus**
Ask the research, chat directly with the world's scientific literature. Search references, get simple explanations, wri...
作者 : consensus.app

 6 **Logo Creator**
Use me to generate professional logo designs and app icons!
作者 : community builder

網頁再往下拉則會看到 OpenAI 官方所開發的 GPT 機器人

由 ChatGPT 生成
由 ChatGPT 團隊打造的 GPT

 1 **DALL·E**
Let me turn your imagination into imagery.
作者 : ChatGPT

 2 **Data Analyst**
Drop in any files and I can help analyze and visualize your data.
作者 : ChatGPT

 3 **Hot Mods**
Let's modify your image into something really wild. Upload an image and let's go!
作者 : ChatGPT

 4 **Creative Writing Coach**
I'm eager to read your work and give you feedback to improve your skills.
作者 : ChatGPT

 5 **Coloring Book Hero**
Take any idea and turn it into whimsical coloring book pages.
作者 : ChatGPT

 6 **Planty**
I'm Planty, your fun and friendly plant care assistant! Ask me how to best take care of your plants.
作者 : ChatGPT

搜尋想要的 GPT 機器人

　　如果您已經知道某個 GPT 的名稱，透過商店最上面的搜尋框來搜尋即可。我們以 Excel GPT 這個機器人為例示範如何操作：

1 在此輸入您想使用的 GPT 機器人

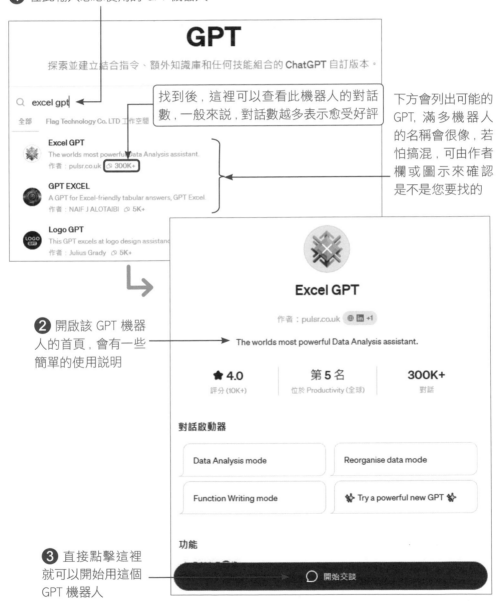

找到後，這裡可以查看此機器人的對話數，一般來說，對話數越多表示愈受好評

下方會列出可能的 GPT，滿多機器人的名稱會很像，若怕搞混，可由作者欄或圖示來確認是不是您要找的

2 開啟該 GPT 機器人的首頁，會有一些簡單的使用說明

3 直接點擊這裡就可以開始用這個 GPT 機器人

GPT 機器人的使用介面說明

開啟 GPT 機器人的對話頁面後, 如下圖所示, 可以看到跟一般的 ChatGPT 對話頁面完全一樣, 只有畫面中間的圖示不太一樣, 因為現在跟我們交談的不是那個通用的 ChatGPT, 而是客製化後的 GPT 機器人。

而畫面左上方也會顯示您目前在用哪個 GPT 機器人, 點擊後的選單功能也略有不同:

從這裡可以確認正與哪個 GPT 機器人對話　　　　　　　　　　　　對話的主頁面

以後如何快速開啟 GPT 機器人來使用？

當您想使用某個 GPT 機器人時, 如何快速從原本 ChatGPT 的聊天畫面切換到該 GPT 的聊天畫面呢？

首先，您近期使用的 GPT 機器人會顯示在左上方的側邊欄，方便您開啟使用：

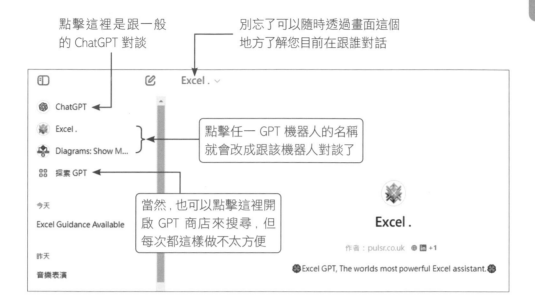

另一個快速使用 GPT 機器人的方式，則是在跟 ChatGPT 的聊天時輸入 @ 來快速指定：

利用 @ 可以快速指定某個 GPT 機器人

我們來示範一下，只要是最近使用的、或者是現階段顯示在側邊欄的 GPT 機器人，都可以利用 @ 來呼叫：

目前還是跟一般 ChatGPT 對談

② 接著就可以快速指定某個 GPT 機器人（如果沒有出現
您最近使用的機器人，可以試著重新整理網頁看看）

① 輸入 @ 符號

指定好後 GPT 機器人會
顯示在這裡，方便您識別

③ 接著就可以跟這個 GPT 機器人
聊天，請它幫我們做事了

接下來幾節就挑選幾個好用的 GPTs 機器人來介紹。

5-2 Excel GPT：幫忙處理複雜的表格資料

如同其名，**Excel GPT** 這個機器人可以幫我們整理繁雜的 Excel 表格資料，
我們來做個示範。

假設有一大筆資料通通匯整在同一個工作表內，我們希望這些資料能依
不同「月份」，切割存於不同的「2021/7」、「2021/8」…工作表內：

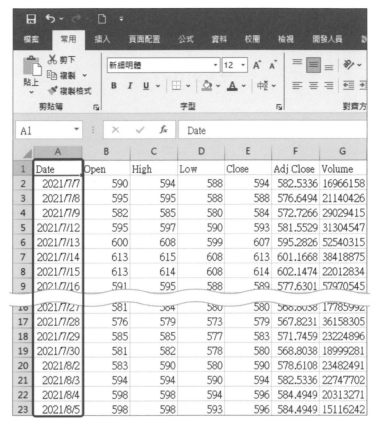

▲ 目前各月份全混在同一個表格內，
想要把不同月份放到不同的工作表

呼叫 Excel GPT 機器人來幫忙

　　一般的情況下可能要辛苦的複製、貼上，現在使用 GPT 機器人幫我們做事吧！由於每個 GPT 機器人都已經事先設定好客製化的 Prompt，不需要費太多心思思考如何下 Prompt，可以直接白話詢問，而且筆者的經驗是，滿多 GPT 機器人會以「問答的方式」跟我們互動，用法上更為簡單。

step
01
　Excel GPT 機器人有設計一些現成的功能，可以直接點擊使用：

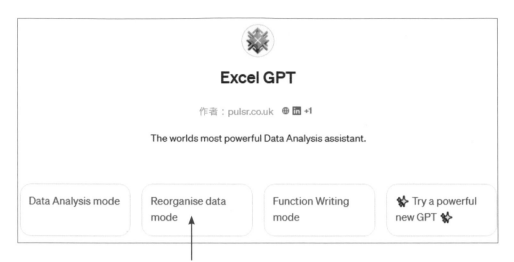

例如這裡點擊**重整資料 (Reorganise data mode)** 模式

step
02
由於不少 GPT 機器人是國外人士開發的，引導畫面免不了使用英文，但跟 ChatGPT 偶爾會回答英文一樣，我們一樣可以用中文溝通，也可以請 GPT 機器人以繁體中文回答：

GPT 機器人先回答此模式提供哪些功能，算是使用說明

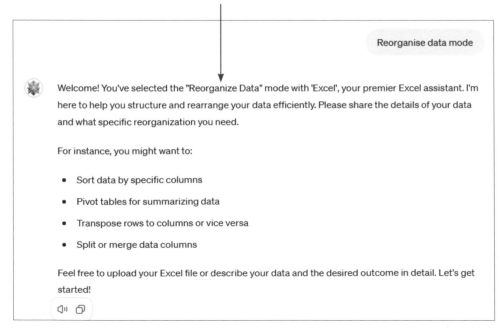

要求機器人以中文來回答

說繁體中文

歡迎！您已選擇使用「重新組織數據」模式。'Excel' 是您的首選 Excel 助手，我會幫助您有效地結構和重新安排數據。請分享您的數據細節和具體的重組需求。

例如，您可能想要：

- 按特定列排序數據
- 使用數據透視表來匯總數據　　←　轉譯的內容都不難理解
- 將行轉置為列，或將列轉置為行
- 拆分或合併數據列

請隨時上傳您的 Excel 文件，或描述您的數據和期望的結果。我們開始吧！

 step 03 直接把電腦內希望處理的檔案拖曳到瀏覽器內，然後告知希望 GPT 機器人幫我們如何處理：

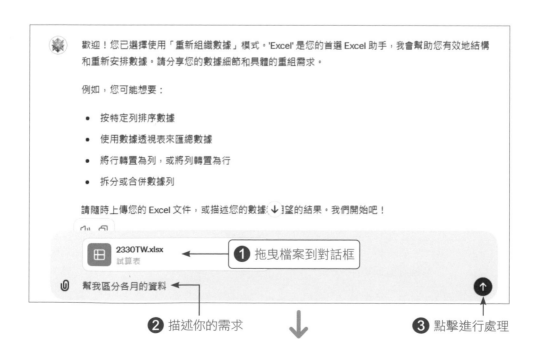

歡迎！您已選擇使用「重新組織數據」模式。'Excel' 是您的首選 Excel 助手，我會幫助您有效地結構和重新安排數據。請分享您的數據細節和具體的重組需求。

例如，您可能想要：

- 按特定列排序數據
- 使用數據透視表來匯總數據
- 將行轉置為列，或將列轉置為行
- 拆分或合併數據列

請隨時上傳您的 Excel 文件，或描述您的數據↓望的結果。我們開始吧！

2330TW.xlsx
試算表　　　❶ 拖曳檔案到對話框

幫我區分各月的資料

❷ 描述你的需求　　　❸ 點擊進行處理

這是您的數據的結構。現在，我們可以將每月的數據區分開來。下面是將數據按月份進行區分並另存為新表格的方法。

我們將：

1. 將 `Date` 列轉換為日期格式。

2. 按月份對數據進行分組。

3. 將分組結果保存為一個新的 Excel 文件，其中每個月份的數據在一個單獨的工作表中。

請稍等，我將為您處理這個過程。[>.]

 分析中

　　　　　　　　　↑
　　　　　　　　處理中

step 04 處理完成後，本例 Excel GPT 提供了處理後的檔案讓我們下載（如果沒有，您也可以跟它繼續聊，試著請它提供）：

 這是您的數據的結構。現在，我們可以將每月的數據區分開來。下面是將數據按月份進行區分並另存為新表格的方法。

我們將：

1. 將 `Date` 列轉換為日期格式。

2. 按月份對數據進行分組。

3. 將分組結果保存為一個新的 Excel 文件，其中每個月份的數據在一個單獨的工作表中。

請稍等，我將為您處理這個過程。[>.]

已經將您的數據按月進行區分並保存為新的 Excel 文件。您可以下載該文件：

下載 2330TW_monthly_data.xlsx [>.]

 ⫶ ⎘ ⟳

　　　↑　　↑
點擊檔案即可下載

　　　點擊這裡，可以進一步了解
　　　GPT 機器人是如何處理的

其實是撰寫程式
來處理，用了 GPT
機器人非常省事，
學程式、寫程式的
時間都省下來了

開啟處理後的檔案，可以看到各月的資料都自動分到不同的工作表了：

	A	B	C	D	E	F	G	H
1	Date	Open	High	Low	Close	Adj Close	Volume	Month
2	2021-07-07 00:00:00	590	594	588	594	582.5336	16966158	2021-07
3	2021-07-08 00:00:00	595	595	588	588	576.6494	21140426	2021-07
4	2021-07-09 00:00:00	582	585	580	584	572.7266	29029415	2021-07
5	2021-07-12 00:00:00	595	597	590	593	581.5529	31304547	2021-07
6	2021-07-13 00:00:00	600	608	599	607	595.2826	52540315	2021-07
7	2021-07-14 00:00:00	613	615	608	613	601.1668	38418875	2021-07
8	2021-07-15 00:00:00	613	614	608	614	602.1474	22012834	2021-07
9	2021-07-16 00:00:00	591	595	588	589	577.6301	57970545	2021-07
10	2021-07-19 00:00:00	583	584	578	582	570.7652	40644341	2021-07
11	2021-07-20 00:00:00	579	584	579	581	569.7845	15354333	2021-07
12	2021-07-21 00:00:00	586	586	580	585	573.7073	25828732	2021-07
13	2021-07-22 00:00:00	589	594	587	591	579.5916	26058172	2021-07
14	2021-07-23 00:00:00	592	592	583	585	573.7073	15271451	2021-07
15	2021-07-26 00:00:00	591	591	580	580	568.8038	21619179	2021-07
16	2021-07-27 00:00:00	581	584	580	580	568.8038	17785992	2021-07
17	2021-07-28 00:00:00	576	579	573	579	567.8231	36158305	2021-07
18	2021-07-29 00:00:00	585	585	577	583	571.7459	23224896	2021-07
19	2021-07-30 00:00:00	581	582	578	580	568.8038	18999281	2021-07
20								

2021-07 | 2021-08 | 2021-09 | 2021-10 | 2021-11 | 2(...

ChatGPT-4o 或 GPT不能用, 已達到使用上限!?

提醒讀者, 免費版用戶雖然可以使用 ChatGPT-4o 或者 GPT 機器人, 但仍會有用量的限制, 當您對話到一半時, 可能會出現無法繼續使用的訊息:

通知我們 GPT-4o 的使用達到上限

點擊這裡可以關閉通知訊息, 但仍可以繼續以舊模型來對話

> ⓘ 你已達到 GPT-4 目前的用量上限, 請在 after 8:50 PM 後再試一次。了解更多　　×

告知大約何時會開放使用

使用 GPT 機器人時也可能遇到此情況, 一樣會告知開放時間, 但在時間到之前就無法使用了

> You've reached your limit for using GPTs.
> Upgrade to ChatGPT Plus or try again after 2:01 PM.　　取得 Plus　　×

最後, 當您遇到使用限制通知時, 可以先嘗試重新整理網頁, 依筆者測試有時可以繼續使用。

5-3　Slides Maker: 一鍵生成完整簡報檔

Slides Maker 是一款超方便的簡報製作機器人, 它結合了自然語言處理和影像生成技術, 只要用文字描述簡報主題, 就能自動幫你生成對應的投影片模板, 有圖又有文。雖然內容不見得完全滿足所需, 但至少提供了方向, 有需要再修改即可。

開啟 GPT 機器人

首先請開啟 GPT 商店, 搜尋找到 Slides Maker 機器人後, 請點擊開啟它：

① 搜尋找到 Slides Maker 機器人

② 直接點擊開始交談

用 GPT 機器人一鍵生成簡報檔

底下就來看簡報的生成做法。

 最簡單就是直接下一句 Prompt 說明簡報主題，GPT 機器人跟一般 ChatGPT 比較顯著的差異是互動對話會比較多，例如會先請您提供更多資訊：

 你

製作「5 個好用的 todolist 工具」投影片，以繁體中文回答

送出 Prompt

製作「5個好用的 todolist 工具」投影片，以繁體中文回答

 好的，為了幫你製作「5個好用的 todolist 工具」的投影片，我需要一些詳細資訊。請回答以下問題：

1. 你希望每個工具介紹多少內容？例如，每個工具包括功能特點、優缺點、價格等。
2. 你是否有特定的工具清單，還是希望我推薦一些流行的工具？
3. 這個投影片是用於哪種場合？例如，工作會議、學術報告、培訓課程等。
4. 你希望每個工具用多少張投影片介紹？例如，一個工具一張投影片，還是每個工具多張投影片？
5. 是否有其他你希望包含的內容或特別要求？

請提供這些信息，以便我能更好地為你製作投影片。

請您提供更多資訊

step 02 機器人會先列出概要，然後逐步完成簡報檔的製作：

先列出概要

您幫我推薦最熱門的，主要用於工作，一張投影片一個工具

 明白了！我會推薦五個最熱門的 todolist 工具，每個工具用一張投影片來介紹。以下是投影片的結構和內容：

投影片 1: 封面

- **標題:** 5個好用的 To-Do List 工具
- **副標題:** 提升工作效率的最佳選擇
- **日期:** 2024年6月
- **作者:** [你的名字]

投影片 2: 工具 1 - Todoist

- **簡介:** Todoist 是一個功能強大的任務管理工具，適合個人和團隊使用。
- **主要功能:**
  - 任務和子任務管理
  - 設定截止日期和提醒 ↓

同意權限才能生成投影片，直接點擊**允許**

這些是投影片的基本結構和內容，現在我會根據這些信息幫你生成完整的投影片。請稍等片刻。

Slide Maker: PowerPoints, Presentations 想與 gpt.slides.aidocmaker.com 交談

 允許   永遠允許   拒絕

⚠ 只允許你信任的網站。

◁) ⎙ ⟳ ⌀

step 03 接著會依序生成每張投影片頁面，等最後一張生成好後點擊**下載**即可：

投影片 7: 結論

- **總結:** 這五個工具各有特色，根據你的需求選擇最適合的工具，能夠大幅提升工作效率。
- **建議:** 試用不同工具，找出最適合你的工作流程的選擇。

這些是投影片的基本結構和內容，現在我會根據這些信息幫你生成完整的投影片。請稍等片刻。

已與 gpt.slides.aidocmaker.com 交談

投影片已經完成了！你可以通過以下連結下載和查看：

下載投影片 ◄————

希望這些投影片能幫助你提升工作效率。如果還有其他需求，請隨時告訴我！

點擊這裡來下載

 step 04 接著會開啟這個機器人的原生網站 aidocmaker (https://www.aidocmaker.com/)，畫面會顯示生成中，靜待不到 5 分鐘就會生成完畢：

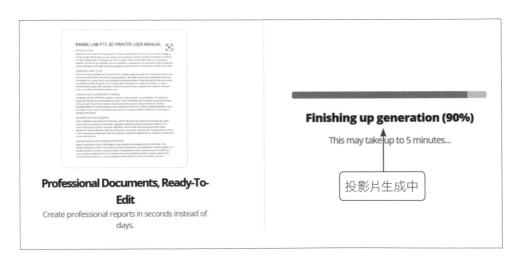

也自動生成搭配的圖片了！

例如這是生成的第 2 張簡報概要，內容是 AI 建議的報告內容

將簡報檔下載回來修改

aidocmaker 網站雖然也是個簡報編輯平台，但操作介面並不像 PowerPoint 那樣方便，如下所示：

在 aidocmaker 網站可以點擊 **EDIT** 來修改簡報

但編輯簡報不是「所看即所得」，比較沒那麼直覺

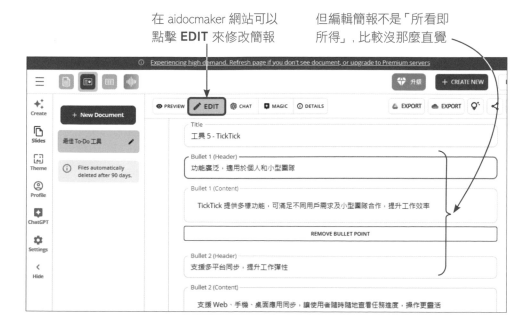

因此若需要編輯，建議還是將簡報下載回來電腦修改：

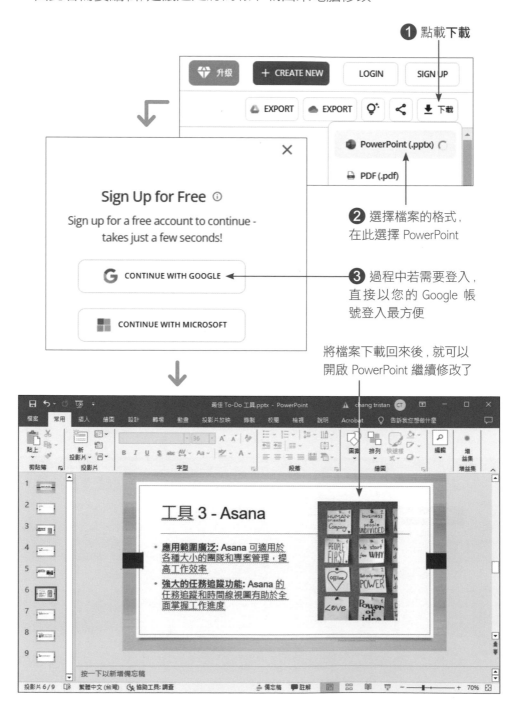

① 點載下載

② 選擇檔案的格式，在此選擇 PowerPoint

③ 過程中若需要登入，直接以您的 Google 帳號登入最方便

將檔案下載回來後，就可以開啟 PowerPoint 繼續修改了

VoxScript：
不用再花大把時間看影片

VoxScript 這個 GPT 機器人可以幫我們快速總結 YouTube 影片的內容，對於一些技術性影片或演講影片來說，它可以夠幫助我們快速抓到影片主軸，節省落落長的觀看時間。

— TIP —

雖說強大的 ChatGPT-4o 也可以幫我們連上網摘要影片重點 (免費用戶也能用)，但經測試有時候會失效，這時就可以用 VoxScript 這個客製化過的機器人來分析看看。

> ChatGPT-4o 雖然可以上網搜尋資訊，但有時還是會回答我們無法造訪網址

https://www.youtube.com/watch?v=xZabpqkEARk
請幫我總結以上影片

我無法直接訪問您提供的YouTube鏈接。如果您能提供影片的標題或簡短描述，我可以幫助您進一步查找相關信息並進行總結。請告訴我更多細節，讓我能夠更好地幫助您。

---

step 01 來試試吧！在 GPT 商店搜尋找到 Voxscript 機器人，點擊開啟它：

② 直接點擊**開始交談**

step 02 用這招來摘要英文影片很方便，如果您想從國外的影片找到文案靈感，可以直接複製 YouTube 影片網址：

全選並複製影片網址

step **03** 把網址貼到 Voxscript 機器人聊天視窗，送出 Prompt 後就會幫我們總結影片內容了：

 你

https://www.youtube.com/watch?v=xZabpqkEARk

請幫我總結以上影片

會要求開放權限，直接點擊**允許**

https://www.youtube.com/watch?v=xZabpqkEARk
請幫我總結以上影片

 Voxscript 想與 voxscript.awt.icu 交談

允許　　永遠允許　　拒絕

⚠ 只允許你信任的網站。

◁)) ⎙ ⟳ ▽

Voxscript 幫我們總結出影片重點

 已與 voxscript.awt.icu 交談 ⌄

影片標題是「2023年改善健康的小貼士」，主講人是Dr. William Li，一位醫生兼「Eat to Beat your Diet」一書的作者。他分享了幾個關於健康飲食和新年決心的建議。

主要內容總結：

1. **不需要極端飲食**：Dr. Li 強調，科學告訴我們不需要極端飲食就能保持健康和良好的體態。我們可以利用身體自身的代謝機制來對抗體脂。

2. **具體的食物建議**：

   - **保持低胰島素水平**：減少進食頻率和零食，甚至可以通過間歇性禁食來幫助減脂。

   - **促進腸道健康**：多吃含有膳食纖維的食物，如全穀物、綠葉蔬菜、豆類、蘑菇和水果（如梨和奇異果），以及發酵食品。

   - **利用健康的脂肪**：吃一些能激活棕色脂肪的食物，如番茄、洋蔥、西蘭花、白菜、胡蘿蔔，以及富含Omega-3的海鮮（如鮭魚、鱈魚、貽貝和蛤蜊）。

3. **保持飲食習慣**：最重要的是找到一種可以長期堅持的飲食模式，即使體重有起伏，持續的健康飲食依然有益。

Dr. Li 的新年決心是提高自己的代謝率，他鼓勵大家也這麼做。

也可使用 Chrome 外掛「YouTube & Article Summary」來摘錄影片重點

上圖這款 Chrome 瀏覽器外掛也可以幫我們總結 YouTube 影片內容,安裝此 Chrome 外掛後,會在 YouTube 頁面出現 Transcript & Summary 窗格,點選 ChatGPT 的圖示後會自動將影片的 CC 字幕帶入到 ChatGPT 中 (**注意！**若影片無 CC 字幕就則無法帶入)。

點此就會連到 ChatGPT 根據影片的字幕稿總結內容了

影片沒有提供字幕的解決方法

提醒一下,如果影片未提供字幕檔,VoxScript 無法深入分析影片內容,就只會根據影片下方的描述來介紹內容:

已與 voxscript.awt.icu 交談

這部影片由X調查頻道發布，標題為《探洞者被困地下1040米，七國參與營救，這次能救出來嗎？莫爾卡洞穴救援事件》。影片介紹了在土耳其南海岸的一個複雜地下洞穴系統——莫爾卡洞穴。2023年夏天，安納托利亞洞穴學家協會召集了一批探洞高手，進一步勘探一些未知區域。

由於影片字幕已被禁用，我無法提供詳細的逐字總結。但影片主要內容涉及洞穴探險者被困地下1040米，並且有七個國家參與的營救行動。這次救援行動能否成功，影片中會有詳細介紹。如果需要更多信息，建議觀看影片以獲取完整的故事情節和詳情。

缺字幕時只會根據影片描述來回答

當影片沒有字幕檔時，可以試試看另一款 GPT 機器人－ **Video Insights**，它會先將語音轉換為文字稿，再接著統整文字稿的重點：

① 在 GPT 商店開啟 **Video Insights** 機器人

Video Insights: Summaries/Transcription/Vision

作者：videoinsights.ai ⬤

Chat with any video or audio for insights, transcriptions in multiple languages, and visual analysis. Supports YouTube and file uploads

| What can Video Insights do? | Translate the following video for me | What is the color of the house in the video ? | Submit feedback or feature request to Video Insights |

❸ 會告知擷取文字中　　**❷** 一樣送出 Prompt

https://www.youtube.com/watch?v=lFGgRZEuQtY
幫我總結以上影片，用中文回答

已與 action.videoinsights.ai 交談

目前影片的文字轉錄正在處理中，請您在兩分鐘後再試一次，以便完成處理。您可以隨時提供其他影片或要求更多資訊。

https://www.youtube.com/watch?v=lFGgRZEuQtY
幫我總結以上影片，用中文回答

❹ 依指示兩分鐘後再試一次

已與 action.videoinsights.ai 交談

這段影片介紹了在土耳其南海岸的莫爾卡洞穴內發生的一起洞穴救援事件。影片詳細描述了洞穴的地理和地質特點，並講述了一支探險隊在洞穴內探測時，成員之一馬克因突發腸胃道出血被困地下1040米的情況。

馬克是一名經驗豐富的洞穴探險者，他與未婚妻傑西卡及兩名隊友一起進行洞穴探險。不幸的是，馬克在探險過程中突然感到劇烈的腹痛並嘔吐出血，隊友們無法將他直接帶回地面，只能通過緊急聯絡地面尋求救援。

影片中描述了這場跨國救援行動的細節，救援隊伍來自匈牙利、意大利、波蘭等多個國家，共有200多位專家參與。救援過程分為多個階段，每一段由不同國家的救援隊負責。在多方努力下，救援行動進行了多日，並於9月12日凌晨成功將馬克救出洞穴。

❺ 順利取得更多影片資訊了

上述過程若需要您登入 Video Insights 官網註冊帳號, 只要依畫面指示操作即可：

https://www.youtube.com/watch?v=lFGgRZEuQtY
幫我總結以上影片，用中文回答

Video Insights: Summaries/Transcription/Vision 想與 action.videoinsights.ai 交談

使用 action.videoinsights.ai 登入

⚠ 只允許你信任的網站。

❶ 點擊這裡登入

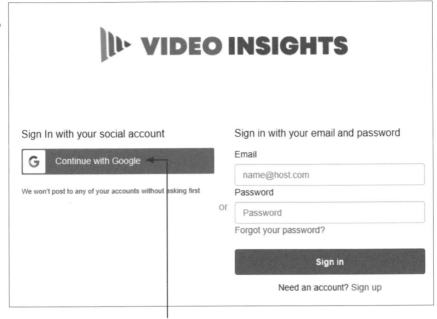

❷ 最快就是使用 Google 帳號來註冊。當您完成註冊，
就會連回 ChatGPT 網站讓您繼續輸入 Prompt 來操作了

5-5 WebPilot：快速擷取網站摘要

雖然前一節介紹的 VoxScript 也能用來統整網頁文章, 但是本節介紹另一款速度更快、內容更精確的 GPT 機器人－ **WebPilot**。與 VoxScript 相同, 我們只需將網址貼給 WebPilot 機器人, 就會能迅速幫忙整理出文章的主要內容, 讓我們立即掌握文章的核心要點。

WebPilot 的使用示範

 在 GPT 商店搜尋找到 WebPilot 機器人, 點擊開啟它：

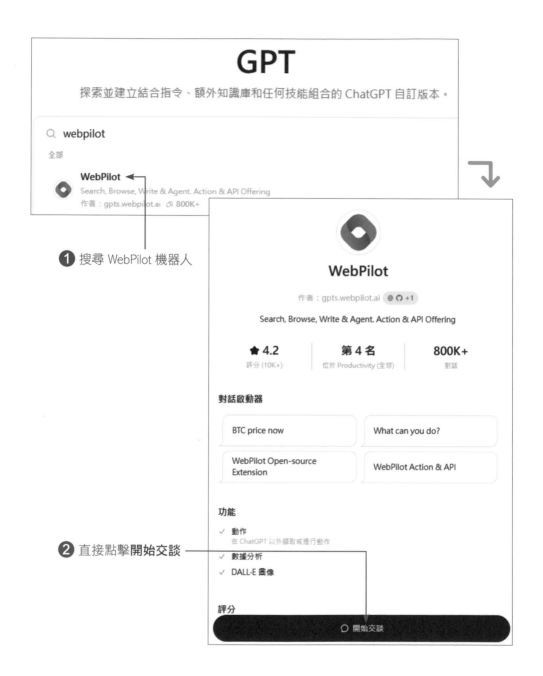

① 搜尋 WebPilot 機器人

② 直接點擊開始交談

<table>
<tr><th>step</th></tr>
<tr><td>02</td></tr>
</table>

我們試著用 WebPilot 來摘要英文網頁的文章重點，比用工具翻譯網頁後再自己花時間讀更快。直接複製網頁的網址：

全選並複製網頁的網址

接著把網址貼到 WebPilot 機器人聊天視窗，送出 Prompt 後就會幫我
們統整文章內容了：

你

https://www.bbc.com/sport/formula1/articles/cz99q58lmvro

請幫我統整文章資訊

會要求開放權限，
直接點擊**允許**

https://www.bbc.com/sport/formula1/articles/cz99q58lmvro
請幫我統整文章資訊

WebPilot 想與 gpts.webpilot.ai 交談

允許　永遠允許　拒絕

⚠ 只允許你信任的網站。

WebPilot 機器人幫我們濃縮出文章的精華

已與 gpts.webpilot.ai 交談

F1 加拿大大大獎賽後的問答：Ricciardo、Sainz、Verstappen、Perez 和 2026 年規則

在本賽季第六次獲勝的加拿大大獎賽後，Red Bull 的 Max Verstappen 再次奪冠。McLaren 的 Lando Norris 領先了兩次但最終獲得第二，Mercedes 表現有所改善，而兩台 Ferrari 都未能完成比賽。

以下是 BBC 體育 F1 記者 Andrew Benson 回答比賽後的一些問題：

Ricciardo 的未來

- 問題：在蒙特利爾的表現後，您認為 Daniel Ricciardo 會在 2025 年留在 Red Bull 嗎？
- 回答：Ricciardo 在加拿大大獎賽上的表現（排位賽第五並在比賽中獲得第八，即使因為起跑時的五秒罰時）是他在本賽季初不太令人信服的表現後急需的一場比賽。然而，他是否能在 2025 年保住席位仍需觀察。

Carlos Sainz 的未來

- 問題：您認為 Carlos Sainz 會在不久的將來重返頂級車隊嗎？
- 回答：Sainz 將在本賽季結束後離開 Ferrari，因為 Ferrari 已經簽下了 Lewis Hamilton 與 Charles Leclerc 搭檔。他可能在 Audi 車隊（現為 Sauber）或 Williams 車隊中選擇一個。

5-6 Wolfram：隨時在側的數學大師

ChatGPT 擅長處理文字，新版的 GPT-4o 模型在計算複雜的數學問題上也有了顯著的進步，然而真正專業的數學 AI 專家則非 **Wolfram** 機器人莫屬。Wolfram 是由 Stephen Wolfram 建立的知識引擎，能處理複雜的數學計算、科學問題。當你有相關需求儘管搬出 Wolfram 大師來幫忙吧，正確率絕對比一般的 ChatGPT 高出不少。

Wolfram 機器人的使用介紹

step 01

在 GPT 商店搜尋找到 Wolfram 機器人，點擊開啟它：

搜尋 Wolfram 機器人

GPT

探索並建立結合指令、額外知識庫和任何技能組合的 ChatGPT 自訂版本。

🔍 wolfram

全部

 Wolfram
Access computation, math, curated knowledge & real-time data from Wolfra...
作者：wolfram.com ♡ 900K+

Wolfram

作者：wolfram.com ⊕ Ⓧ

Access computation, math, curated knowledge & real-time data from Wolfram|Alpha and Wolfram Language; from the makers of Mathematica.

從 Wolfram|Alpha 和 Wolfram 語言存取計算、數學、精選知識和即時數據；來自 Mathematica 的開發者。

★ 4.2	第 4 名	900K+
評分 (10K+)	位於 Research & Analysis (全球)	對話

對話啟動器

Plot the intersection of x^2+y^2<1 and y>x with...	get zodiac constellations visible from Chicago at 10PM...
Show me recent earthquakes in Indonesia	How has the dollar-euro conversion changed recently?

功能

✓ **動作**
   在 ChatGPT 以外擷取或進行動作

○ 開始交談

❷ 直接點擊
開始交談

任何數學相關的問題都可以丟給 Wolfram 大師解：

 你

我是一名財務分析師，目前正在進行公司年度預算的預測工作。我需要計算未來 12 個月的現金流量，假設每月的收入增長率為 5%，每月的固定成本為 10 萬元，變動成本為收入的 20%。初始現金餘額為 50 萬元。請幫我計算每個月的預測現金餘額。

 為了計算未來12個月的現金流量，我們需要考慮以下變量和初始條件：

- 每月收入增長率：5%
- 每月固定成本：10萬元
- 變動成本：收入的20%
- 初始現金餘額：50萬元

我們將使用以下步驟來計算每月的預測現金餘額：

1. 設定初始收入 R_0 和初始現金餘額 C_0。
2. 每月收入按照增長率增長 $R_n = R_{n-1} \times 1.05$。
3. 計算每月的變動成本 $VC_n = R_n \times 0.20$。
4. 計算每月的總成本 $TC_n = 10$ 萬元 + 變動成本 VC_n。
5. 計算每月的現金流量 $CF_n = R_n - TC_n$。

先結構化拆解數學需求

計算出參考答案

以下是未來12個月的預測現金餘額、收入、變動成本、總成本和現金流量的計算結果：

Month	Revenue	Variable Cost	Total Cost	Cash Flow
1	100000	20000	120000	-20000
2	105000	21000	121000	-16000
3	110250	22050	122050	-11800
4	115762.5	23152.5	123152.5	-7390
5	121550.625	24310.125	124310.125	-2759.5
6	127628.15625	25525.63125	125525.63125	2102.525
7	134009.5640625	26801.9128125	126801.9128125	7207.65125
8	140710.042265625	28142.008453125	128142.008453125	12568.0338125

step 03 任何數學相關問題都可以請 Wolfram 幫忙，直接拍照或截圖餵給 Wolfram 機器人即可：

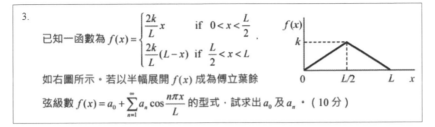

3.

已知一函數為 $f(x) = \begin{cases} \dfrac{2k}{L}x & \text{if } 0 < x < \dfrac{L}{2} \\ \dfrac{2k}{L}(L-x) & \text{if } \dfrac{L}{2} < x < L \end{cases}$，

如右圖所示。若以半幅展開 $f(x)$ 成為傅立葉餘弦級數 $f(x) = a_0 + \displaystyle\sum_{n=1}^{\infty} a_n \cos\dfrac{n\pi x}{L}$ 的型式，試求出 a_0 及 a_n。（10 分）

▲ 底下來試試複雜的工程數學題，這是一張數學題的截圖

別忘了即使是 ChatGPT 免費版 用戶，也可以上 傳圖片給 GPT 機器人，直接夾 擷圖檔上去並輸 入 Prompt 即可

以下是更新後的 Wolfram Language 代碼：

```wolfram
f[x_] := Piecewise[{{2 k x / L, 0 < x < L/2}, {2 k (L - x) / L, L/2 < x < L}}]
a0 = Simplify[2/L * Integrate[f[x], {x, 0, L}, Assumptions -> {L > 0, k > 0}]]
an = Simplify[2/L * Integrate[f[x] * Cos[n Pi x / L], {x, 0, L}, Assumptions -> {L > 0, k
{a0, an}
```

讓我們運行這段代碼來獲取正確的結果。

已與 api.wolframcloud.com 交談

可以看到過程中也 會利用程式來解題

經過計算，我們得到以下結果：

- 常數項 a_0：
$$a_0 = k$$

- 傅立葉係數 a_n：
$$a_n = \frac{16k\cos\left(\frac{n\pi}{2}\right)\sin^2\left(\frac{n\pi}{4}\right)}{n^2\pi^2}$$

這些係數構成了函數 $f(x)$ 的傅立葉餘弦級數展開式：

$$f(x) = k + \sum_{n=1}^{\infty} \frac{16k\cos\left(\frac{n\pi}{2}\right)\sin^2\left(\frac{n\pi}{4}\right)}{n^2\pi^2} \cos\left(\frac{n\pi x}{L}\right)$$

請 Wolfram 繪製數學相關圖表

除此之外, Wolfram 也擅長畫出各式各樣的數學圖表, 以下為使用 Wolfram 畫數學圖表的範例:

公司貸款計算

請幫我畫出貸款金額的餘額圖。貸款金額為 506 萬、年利率 2.06%、年限 20 年。

 這段 Wolfram Language 代碼將計算每月還款金額, 並畫出貸款餘額隨時間變化的圖表。讓我們執行這段代碼來生成圖表。

已與 api.wolframcloud.com 交談

這是貸款餘額隨時間變化的圖表:

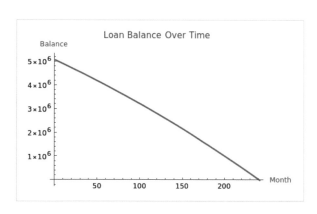

此圖表顯示了在20年的還款期內,每月還款後貸款餘額的變化。

▲ 畫出貸款餘額圖

熱點圖

商業分析師需要了解市場和人口統計數據, 需要時可以提供原始資料網址供 Wolfram 來查閱並畫出圖表。

你

https://en.wikipedia.org/wiki/List_of_countries_and_dependencies_by_population

請用以上資料畫出 10 個人口數量最多國家的熱點圖

要繪製人口數量最多的 10 個國家的熱點圖，我們首先需要從 Wikipedia 網站上獲取數據。接著，利用這些數據來生成熱點圖。

以下是步驟：

1. 獲取人口數量最多的 10 個國家的數據。
2. 使用這些數據生成熱點圖。

① Wolfram 會先說明繪圖的思路

首先，讓我們抓取 Wikipedia 上的數據。

② 同樣利用程式來抓取資料

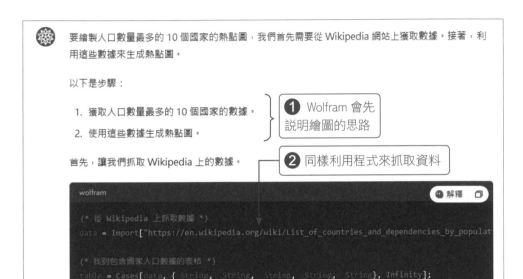

```
wolfram                                                          解釋

(* 從 Wikipedia 上抓取數據 *)
data = Import["https://en.wikipedia.org/wiki/List_of_countries_and_dependencies_by_populat

(* 找到包含國家人口數據的表格 *)
table = Cases[data, {_String, _String, _String, _String, _String}, Infinity];
```

這是前 10 個人口數量最多國家的熱點圖：

③ 最後畫出全球人口的熱點圖

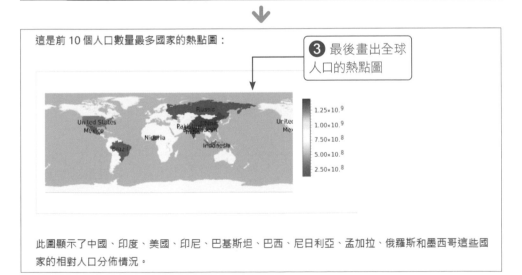

此圖顯示了中國、印度、美國、印尼、巴基斯坦、巴西、尼日利亞、孟加拉、俄羅斯和墨西哥這些國家的相對人口分佈情況。

除了上述的範例之外，Wolfram 還能畫出數學函數、圓餅圖、等高線圖、時間序列等多種圖表，讀者可以盡情嘗試看看。

5-7 SEO 行銷機器人：一秒完成行銷新聞稿、網頁體檢

　　GPT 商店中也有不少精心設計的 SEO 機器人,如底下介紹的 **SEO 行銷文案、新聞稿撰寫機器人**,顧名思義可以協助我們快速撰寫出優秀的文案或產品新聞稿,它會根據搜尋引擎的規則來調整文字,讓我們的產品新聞稿更容易被搜尋到。

❶ 先在 GPT 商店中搜尋找到此機器人

❷ 直接點擊啟動寫作模式

step 01 此機器人會用對話的方式一步步引導您生成產品新聞稿,我們來示範針對公司既有的產品生成對外發布的正式新聞稿內容:

❶ 以對話方式一一回答機器人的提問

啟動寫作模式

 1. 請問今天要為哪一間店家撰寫文案？（請填入店家名稱）

旗標科技

 2. 請提供今天要撰寫的文案關鍵字，包含一組主關鍵字及一組副關鍵字。

主關鍵字：python
副關鍵字：python 超入門

 3. 請問今天要撰寫的文案是否有額外的參考資料或其他指示？

❷ 如果有一些參考的單品網頁，可以餵給機器人做檢索

https://www.books.com.tw/products/0010962405

---

step 02 GPT 機器人收到資料後就會開始撰寫：

 已搜尋 1 個網站

了解了店家名稱和關鍵字，並且有了參考資料後，我將開始撰寫針對旗標科技的新聞稿。

【旗標科技】Python學習的最佳夥伴——從零開始的「Python超入門」

（圖片由旗標科技提供）

> 新聞稿的開頭

當談到程式設計語言時，Python 以其簡潔的語法和強大的擴充性，成為了現今最受歡迎的選擇之一。今天的Python專題要為您介紹的旗標科技推出的新書「世界第一簡單的 Python『超』入門」，這本書特別針對零基礎學習者，並搭配時下最火熱的ChatGPT助教，讓學習變得更加輕鬆有趣。如果您想更深入了解Python，那就絕對不能錯過今天的Python專題。

「世界第一簡單的 Python『超』入門」透過生活實例和全彩插圖，將抽象的程式概念生動地呈現給讀者。例如，透過解說熱狗製作機器人的過程來講解迴圈的概念，讓您在趣味中理解Python的核心語法。這本書的最大亮點之一便是隨時呼叫ChatGPT來協助學習，無論是找bug、寫關鍵內容，還是上註解，ChatGPT都能幫助讀者解決問題。

旗標科技的這本書不僅適合零基礎學習者，也非常適合曾經在學習程式設計中遇到困難的人。作者鐮田正浩是資深的軟體工程師，擁有豐富的實戰經驗，他以簡單明了的語言和貼心的設計，讓每個人都能輕鬆學會Python。譯者夏萱的精彩翻譯，讓這本書更加適合台灣讀者的閱讀習慣。

在學習Python的過程中，擁有一本好的入門書是至關重要的。「世界第一簡單的 Python『超』入門」正是這樣的一本書，它將成為您的最佳學習夥伴，帶您從零開始，逐步掌握Python程式設計的精髓。如果您正在尋找一本能夠真正讓您上手的Python書籍，那請務必選擇Python的「世界第一簡單的 Python『超』入門」。

旗標科技深知學習程式設計的挑戰，因此我們特別推薦這本Python超入門書籍，讓您在最短的時間內，掌握最實用的技能，開啟程式設計的新世界。若您現在就想開始學習，請立即前往博客來網站了解更多詳細信息。

更多資訊請洽以下連結：
店家品牌名：旗標科技
店家地址：台北市中正區
聯絡電話：02-1234-5678
營業時間：週一至週五 9:00～18:00，週六日休息
網站：旗標科技官方網站

稿子最後的格式也擬定妥當，輕鬆幫我們把單品網頁轉換成有模有樣的新聞稿

利用 AI 優化既有網頁內容 - Search Intent Optimization Tools

前面介紹的機器人主要偏向寫文案方面，文案的確有助於提升網站的可見性和吸引力，不過在操作 SEO 時，改善既有的網頁內容同樣至關重要。優化現有內容不僅能提升搜尋引擎的排名，還能提高用戶體驗和留存率，底下來看個範例。

 step 01 例如在眾多 SEO 操作項目中，有一項稱為**使用者需求優化**，目的在於讓網站內容更符合使用者的**搜尋意圖 (Search Intent)**，以提升網站的自然搜尋流量，這裡就可以借重 **Search Intent Optimization Tools** 這個 GPT 機器人幫忙做網頁體檢。

❶ 以 "Search Intent Optimization Tools" 為關鍵字搜尋到此工具

Search Intent Optimization Tool

作者：Natzir Turrado Ruiz ♀

Content relevance tool based on Search Quality Evaluator Guidelines. Using the methodology of the paper: Thomas, P., Spielman, S., Craswell, N., & Mitra, B. (2023). Large language models can accurately predict searcher preferences. arXiv. https://arxiv.org/abs/2309.10621

★ 3.0　　　　1K+
評分 (6)　　　　對話

❷ 這裡不直接交談，而是利用機器人提供的功能來操作

對話啟動器

How well a content match the intent of a query?

○ 開始交談

 機器人會先說明優化的相關知識：

網頁優化的要點，預設是顯示英文，可請它改用中文跟我們溝通

> How well a content match the intent of a query?

 To evaluate how well content matches the intent of a query, we follow a structured process. Here's the workflow:

1. **Data Collection:**

   - **URL of the webpage:** The user provides the URL of the page to be analyzed.
   - **Snapshot of the webpage:** Optionally, the user can add a snapshot of the webpage.
   - **Query:** The user specifies the query the page aims to rank for.
   - **Search Intent:** The user describes the search intent, i.e., what the searcher is looking for.

2. **Content Analysis and Intent Match (Measurement - M):**

   - **Topical Relevance:** Analyze how well the content of the provided URL aligns with the topic of the query.

說繁體中文

當我們評估內容與查詢意圖的匹配度時，以下是一個結構化的流程：

1. **數據收集**：
    - **網頁的URL**：用戶提供需要分析的頁面URL。
    - **網頁快照**：用戶可以選擇性地添加網頁的快照。
    - **查詢**：用戶指定該頁面旨在排名的查詢。
    - **搜索意圖**：用戶描述搜索意圖，即搜索者在尋找什麼。
2. **內容分析與意圖匹配（測量 - M）**：
    - **主題相關性**：分析提供的URL內容與查詢主題的匹配程度。
    - **全面性**：評估內容是否全面地覆蓋了所涉及的主題。
    - **清晰度**：評估內容的清晰度和可讀性。
3. **可信度評估（可信度 - T）**：
    - **權威性**：確定作者或網頁背後實體的權威性。
    - **準確性**：檢查提供的信息是否準確。
    - **可靠來源**：查找是否存在可靠的來源和參考資料。
    - **時效性**：確保內容是最新的。

判斷網頁是否有搜尋意圖的標準化步驟，都幫我們陳列出來了

step 03 我們來使用看看，直接餵入某個產品網頁給 GPT 機器人分析：

基於分析，該網頁的內容與查詢意圖高度相關，得分為2/2。然而，該頁面的可信度評估為1/2，這表明在信息的準確性或權威性方面存在一些顧慮。因此，總體評分為1/2，建議在提升內容可靠性方面進行改進，以提高其對查詢的有用性。

如果你有具體的網頁和查詢需要分析，可以提供相關信息，我可以幫助進行詳細評估。

https://www.flag.com.tw/books/product/F3768

❶ 順著 GPT 機器人的指引，提供要分析的網頁

② GPT 機器人會依照其設計的步驟一一進行分析，並做出評價

 好的，以下是針對「https://www.flag.com.tw/books/product/F3768」這個網頁進行的分析和評估：

1. 數據收集

- **URL**: https://www.flag.com.tw/books/product/F3768
- **查詢**: 程式入門書
- **搜索意圖**: 搜索者希望找到一本適合初學者的程式設計入門書籍

❸ 依筆者使用經驗，這些資訊不盡然全正確，例如這裡的書名似乎跟目標網頁的不太一樣，其他資訊倒都算正確

2. 內容分析與意圖匹配 (M)

- **主題相關性**: 該網頁介紹了一本程式入門書《Python程式設計》，從標題和描述來看，這本書專門為初學者設計，內容涵蓋Python基礎知識，非常符合「程式入門書」這一查詢。
- **全面性**: 該頁面詳細介紹了書籍的內容大綱，包括基礎語法、實例講解和實踐應用，並提供了購買

 step 04 來看 GPT 機器人是否給出可改善的具體建議吧，筆者在此反覆試了幾次：

5. 總結和建議

根據分析，該網頁的內容與「程式入門書」這一查詢的搜索意圖高度匹配，得分為2/2。頁面內容詳細、清晰且可靠，來源於專業的出版網站，具有較高的可信度。因此，該頁面在滿足搜索者需求方面表現出色。

建議該頁面可以考慮添加書籍的出版日期或更新日期，以進一步增強內容的時效性和可信度。

GPT 建議應該加入產品發佈的日期

回頭檢查原始網頁，的確漏了書籍出版日期，這對讀者判斷書籍新舊至關重要，是個不錯的建議

5-8 # ElevenLabs：文字轉語音

ElevenLabs 這個 GPT 機器人提供快速又準確的文字轉語音服務, 不論是忙碌的上班族需要在通勤時聽資訊、創作者想要製作虛擬主播內容, 或是公司想要製作語音宣傳材料, 它可以幫我們把輸入的文字變成自然流暢的語音。

ElevenLabs 機器人的使用介紹

step 01 在 GPT 商店搜尋找到 ElevenLabs 機器人, 點擊開啟它：

❶ 以 "ElevenLabs" 為關鍵字搜尋到此工具

ElevenLabs Text To Speech

作者：Ammaar Reshi

Convert text into lifelike speech with ElevenLabs (limited to 1,500 characters)

功能

✓ DALL·E 圖像

✓ 動作
在 ChatGPT 以外擷取或進行動作

✓ 瀏覽

評分

❷ 直接點擊開始交談

○ 開始交談

step 02 接著輸入關鍵 Prompt 來呼叫 ElevenLabs, 假設想要將一段產品介紹文案轉成語音：

你

請幫我將底下這段文字轉成語音：

每一天都是一個全新的開始,您需要的,就是一杯完美的果汁來啟動您的一天。我們的果汁,就是為了這個目的而誕生。 我們的水果,來自全球最優質的果園,經過精心挑選,只為了將最好的風味帶給您。每一顆水果,都在專業的榨汁師手中,經過精確的處理與過濾,釋放出最迷人的香氣。

❶ 首先會要您指定一個配音員,直接回覆數字即可

‖ 請選擇您想要的語音：

1. JARVIS 🐻賈維斯🐻

2. A classic male narrator 👨經典的男性旁白👨

3. A classic female narrator 👩經典的女旁白👩

4. A female voice great for speeches and podcasts 👩非常適合演講和播客的女聲👩

5. A female voice great for children's stories 👵非常適合兒童故事的女聲👵

◁» ⎘ ⟳ ⏁

❷ 過程中若需要存取權限時,點擊**確認**即可

‖ ElevenLabs Text To Speech 想與 eleven-labs-gpt-server-asrsubs.replit.app 交談

　　拒絕

⚠ 只允許你信任的網站。

◁» ⎘ ⟳ ⏁

step 03 將文字轉成語音的處理速度很快,完畢後直接點擊機器人提供的連結：

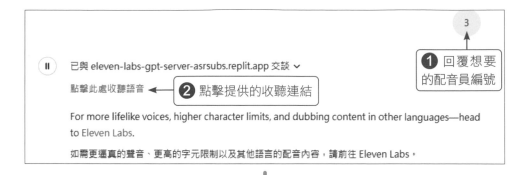

ElevenLabs 官網 (https://elevenlabs.io/) 還提供更多文字轉語音的服務, 可以轉換出多樣化的聲音 (例如更有情感的聲音、有聲書播報聲⋯等), 甚至還可複製您的聲音來用, 如果您有聲音/語音相關的轉換需求, 找 ElevenLabs 就對了:

5-9 PDF Ai PDF： 請 AI 讀繁雜的 PDF 文件

職場上舉凡市場分析師、法律顧問，還是研究人員，都面臨著閱讀大量文件的挑戰。當有大量 PDF 文件需要閱讀時，都得耗費大量時間才能熟悉內容並做出摘要。**PDF Ai PDF** 這個機器人能夠迅速掃描、分析並總結 PDF 文件，幫我們把寶貴的時間節省下來。

PDF Ai PDF 機器人的使用介紹

step 01

在 GPT 商店搜尋找到 PDF Ai PDF 機器人，點擊開啟它：

假設我們手邊有份產品型錄的 PDF 如下：

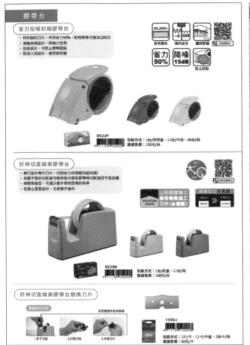

可以將這份 PDF 提供給 GPT 機器人，看是要做產品整理或者行銷建議都可以：

你

（上傳 PDF 檔）
我想要做特別促銷活動，幫我整理出 50 元以下的產品，以表格呈現

❶ 上傳 PDF 並送出 Prompt

 step 03 若有教學文件、原文論文資料需要閱讀時，也可以請 PDF Ai PDF 機器人摘要重點：

你

https://arxiv.org/pdf/2005.08100.pdf
請幫我摘要這篇論文的重點

 已與 aipdf.myaidrive.com 交談

摘要：Conformer: Convolution-augmented Transformer for Speech Recognition

介紹

最近，基於 Transformer 和卷積神經網絡（CNN）的模型在自動語音識別（ASR）中表現出色，超越了基於循環神經網絡（RNN）的模型。Transformer 擅長捕捉基於內容的全局互動，而 CNN 則有效地利用局部特徵。本研究提出了一種結合 CNN 和 Transformer 的新模型，稱為 Conformer，能夠在參數效率上達到最佳效果。

主要貢獻

1. **結合 CNN 和 Transformer：**

   - Conformer 模型結合了 CNN 和 Transformer 的優點，能夠同時建模音頻序列的局部和全局依賴關係。

5-10 Consensus：論文搜尋神器

Consensus 是一個強大的論文搜尋、摘要工具, 很多人可能覺得論文非常的「學術」, 然而除了做學術研究外, 滿多論文會去探討生活 / 工作面的議題, 例如 AI 對各行各業的影響…等。如果您對這類的研究感興趣, 可以使用 Consensus 輕鬆獲取相關知識。

Consensus 機器人的使用介紹

 在 GPT 商店搜尋找到 Consensus 機器人, 點擊開啟它：

step 02 直接請 Consensus 機器人搜尋想要的論文主題：

你

幫我找 AI 改善出版作業的相關論文

簡述論文摘要

以下是幾篇探討人工智慧（AI）改善出版作業的相關論文：

1. **AI與出版業**

   - **摘要**：這篇論文探討了AI對出版業各方面的重大影響，包括商業處理和文本創作。文章強調了AI在翻譯和撰寫文本方面的強大能力，對出版業有著變革性的作用。

   - **引用**：Bhaskar, 2020

2. **使用AI支援學術研究和出版**

   - **摘要**：這篇文章介紹了一些典型的AI工具，這些工具支援信息檢索、文獻回顧、撰寫、構思發展、目標期刊選擇和抄襲檢查。此外，文章還討論了使用AI所面臨的一些挑戰，並對科研人員、出版機構和管理團隊提出了建議。

   - **引用**：Trần, 2023

3. **使用AI解決學術出版中的商業問題**

   - **摘要**：這篇文章概述了AI和機器學習在學術出版中的應用，包括用於識別合適的同行評審者

若您對其中的內容有興趣，機器人也提供相關
連結，點擊後會連到 Consensus 的官網

step 03 Consensus 算是一個讓學術研究變得平易近人的網站，目的在讓一般人輕鬆獲得實用的學術知識。首次造訪時會要求您先註冊：

Sign up to view AI powered features

Use the Study snapshot quickly identify the population, sample size, methods, and outcomes of any paper without the need to read it first.

❶ 點擊這裡後，
用 Google 帳號即
可快速註冊完成

Sign up | Sign in

↓

❷ 提供剛才搜尋到的論文 PDF，點擊這裡即可下載

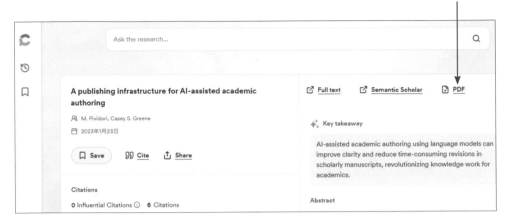

step 04 取得論文資料後，若想快速吸引裡面的重點，可以搬出前一節介紹的 PDF Ai 機器人來幫忙：

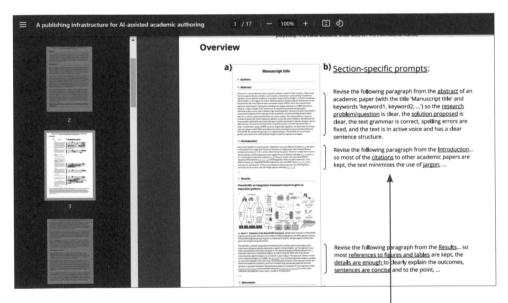

❶ 若不習慣閱讀英文資料，請 AI 幫忙讀最快

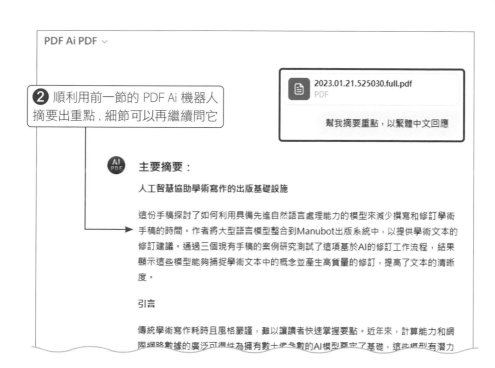

5-11 其他好用的 GPT 機器人

本章最後也提供幾個相當好用的 GPT 機器人，有興趣的讀者可以自己試用看看。

名稱	功能描述
Image Generator	生成和修正圖像的 GPT 工具，具有專業且友好的語氣
Write For Me	撰寫文案專用
Scholar GPT	輕鬆訪問 Google Scholar、PubMed、JSTOR、Arxiv 等論文網站
Canva	可以輕鬆設計任何東西：投影片、LOGO、社群網站貼文等 (見第 6 章)
HeyGen	生成真人解說的短影片 (見第 6 章)
AskTheCode	串接 GitHub，讓 ChatGPT 變成程式碼大師
Tutory	萬能導師，協助進行課程規劃
Diagrams: Show Me	建立流程圖、思維導圖、UML 圖表、工作流程…等 (見第 10 章)

當然, 也可以多參考 GPT 商店的官方排名來選用：

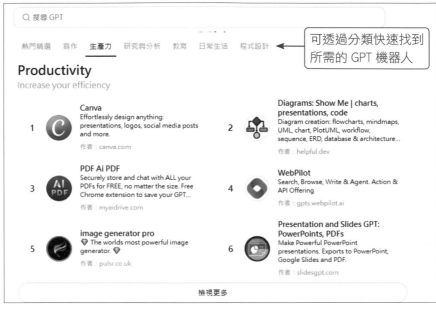

可透過分類快速找到
所需的 GPT 機器人

若覺得某個開發者
上架的 GPT 機器
人很好用, 表示其
客製化功力不錯,
滑到最底下也可以
看到他其他的開發
項目

6

CHAPTER

ChatGPT 和它的
影音生成小夥伴

第 5 章介紹了關於 GPT 機器人的基本使用
方式，以及可以簡化辦公室文書工作的各種
小幫手，接下來要介紹的是與影音相關的各
種 GPT。從熱門的 DALL-E 生圖、到工作與
日常社群貼文都很方便的 Canva、剪輯影片
用的 VEED.IO，甚至是製作不用你開口、入
鏡的 HeyGen AI 虛擬頭像影片，這些都可以
在 GPT 商店找到專屬的 GPT 機器人。

6-1 最會溝通的 AI 繪圖 - DALL-E

DALL-E 是 OpenAI 開發的生圖模型, 目前最新版本為 DALL-E 3, 由於有 ChatGPT 強大的理解力加持, DALL-E 應該是最好「溝通」的 AI 繪圖服務, 除了沒有語言的隔閡之外, 使用者可以用口語的方式要求它生圖, 不需要學會輸入特定格式的 Prompt 指令, 使用起來非常簡單。

目前 ChatGPT 有2種方式可以生成圖片, 一種是直接在對話框輸入, 另一種是從 GPT 商店使用 DALL-E 機器人。

從對話框生成圖片

現在直接在 ChatGPT 的對話框就可以生圖, 只要提示中有明確提到要生圖、繪畫或是照片/圖片之類的關鍵字, ChatGPT 就會自行使用 DALL-E 來生成圖片, 一次會生成一張圖:

生成風景畫

將游標移至圖片上方會出現下載圖示, 點選即可下載

　　如果不滿意可以請 ChatGPT 重新生圖, 而且不用再次完整描述, 只要簡單說明要修改的地方即可。

你

季節改成秋天

◀ 雖然有依照指示
進行修改, 構圖整體
上相似, 但還是可以
看出與原圖有差異

　　雖然 ChatGPT 會記得你之前的 Prompt, 但並不是真的從前一張圖進行修改, 實際上還是重新生圖, 因此細節會和原圖有所差異。

使用 DALL-E 機器人

　　若要比較完整的生圖功能, 建議還是使用 DALL-E 的 GPT 機器人。首先從 ChatGPT 的側邊欄位進入 GPT 商店的頁面, 找到由官方製作的機器人, 選擇 DALL-E：

各種藝術風格的關鍵字, 點　　　　　　　調整生成圖片尺寸的按鈕, 選擇
選後會自動輸入下方對話框　　　　　　後關鍵字會自動輸入對話框中

太陽能朋克　炭筆風格　科幻　人工照明　合成波　⤨ ← 隨機風格鈕　　　長寬比 ⌄

🔗 發送訊息給 DALL-E...　　　　　　　　　⬆

▲ DALL-E GPT 的對話框上方多了一些關鍵字和功能鈕

風景畫,糖果製成,正方形長寬比

▲ DALL-E 機器人預設會一次生成 2 張圖

如果對生成的圖片不滿意,可以用 Prompt 提出希望改進的部分,要求 DALL-E 進行修改,只是這種修改方式同樣會讓 DALL-E 重新生成一張新的圖:

將上面糖果風景畫中的河流變成巧克力

▲ 雖然有將河流改成巧克力,但構圖明顯有差異

此外, DALL-E 對話框上方的建議關鍵字, 可以協助使用者快速更改圖片風格, 也可以改變新圖尺寸:

即使沒有想法要換什麼藝術風格 , DALL-E 已經
貼心準備好了多種可以選擇的風格關鍵字

TIP

為了避免使用者生圖太頻繁, 增加網站負荷, 因此生圖有頻率限制。當生成圖片太過頻繁時, ChatGPT 會出現提示訊息, 表示達到限制次數, 要求使用者稍微等個幾分鐘後再進行生圖。

> ⚠ 創建映像時發生錯
>
> 您生成圖像的速度太快。為確保為每個人提供最佳體驗, 我們設置了費率限制。請等待 **3 分鐘**, 然後再生成更多圖像。讓我們休息一會兒, 你可以告訴我, 你有什麼具體的東西要為下一次嘗試進行調整!

局部修圖工具

前面提到由 Prompt 指示 ChatGPT 修改圖片，只會重新生成，並無法真的進行修圖。近期 DALL-E 機器人新增了編輯功能來改善這個問題，除了會顯示生成圖片的 Prompt，還有選取工具方便使用者進行局部修圖：

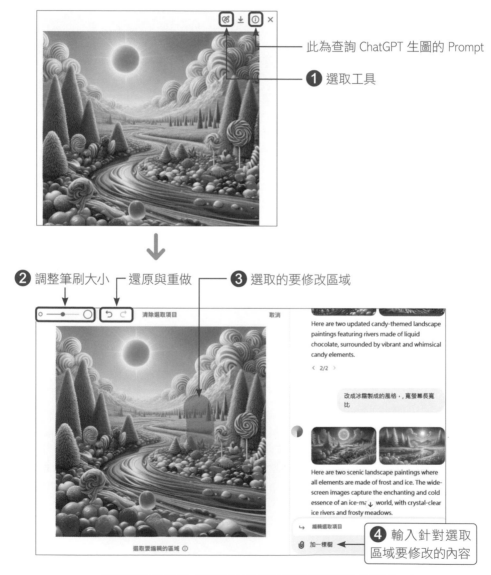

▲ 點擊選取工具後，就可以直接用游標畫出要修改的區域

你

加一棵樹

新加的棒棒糖樹

◀ DALL-E 產生的
新圖片除了修改
的部分之外，其他
皆與原圖片相同

　與生圖時相同，由於 AI 生成具有隨機性，因此即使能夠對圖片進行局部
修改，還是有可能會遇到修改後產生的圖不如預期的問題，這個時候可以按
下左下角的「重新生成」圖示，要求 DALL-E 重新生圖：

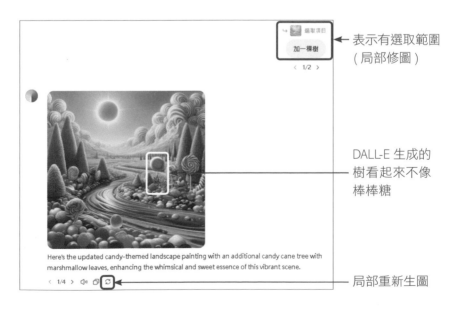

表示有選取範圍
（局部修圖）

DALL-E 生成的
樹看起來不像
棒棒糖

局部重新生圖

　但是請勿修改上圖輸入的 Prompt，這樣會失去在圖上選取的區域，會變成
跟之前一樣重新生成一張新的圖：

加一棵棒棒糖樹

加一棵棒棒糖樹

< 2/2 > ← 重新輸入 Prompt

◀ 修改 Prompt 後,
對話框上方的選取
範圍消失, 並生成
了新圖片

　　DALL-E 的修圖功能無法做細節調整, 因此比較適合極小範圍的局部生圖, 如果要修改的範圍較大, 例如更換整幅圖的季節性, 建議重新生圖的效果會比較好。

6-2 幫你自動完成 Canva 設計草稿

　　Canva 是一個超容易上手的線上設計平台,每個人都能運用自己的創意製作出作品。在 ChatGPT 推出 GPT 商店後,Canva 也上架了 GPT 機器人協助使用者進行創作,不論你是對設計零經驗的新手還是專業人士,在 ChatGPT 強大的創意發想協助下,加上 Canva 所提供的圖片和字體等大量素材,都能輕鬆製作出獨一無二的作品,不需要再對著白紙苦惱沒有想法了。

使用 Canva 機器人

首先從 ChatGPT 的側邊欄位進入 GPT 商店的頁面，Canva 機器人在 GPT 商店的熱門項目中可以找到：

接著筆者要求 Canva 機器人製作一支影片，在收到使用者的要求後，機器人會回到 Canva 網站找尋相關素材，再將找到的結果呈現，以下我們會以生成一個慶祝生日用的影片為例進行示範：

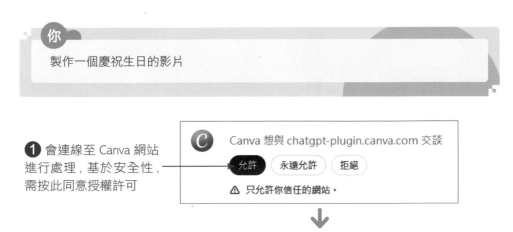

① 會連線至 Canva 網站進行處理，基於安全性，需按此同意授權許可

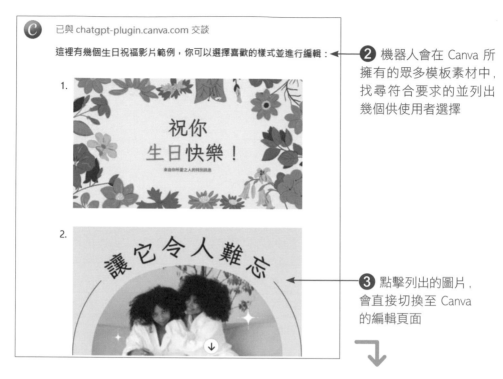

❷ 機器人會在 Canva 所擁有的眾多模板素材中，找尋符合要求的並列出幾個供使用者選擇

❸ 點擊列出的圖片，會直接切換至 Canva 的編輯頁面

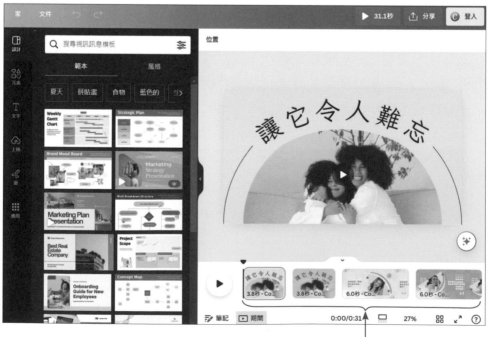

❹ 可在 Canva 中檢視初步生成結果，並進行修改

Canva 的基本操作

筆者會稍微介紹一些 Canva 介面的使用方式,如同前面所述,Canva 的使用介面採取簡潔明瞭的設計,即使對 Canva 不熟的讀者也不用擔心。

還原與重做 ——

工具列 ——→

編輯用的區域

影片的時間軸

Canva 的素材種類很多,我們以現在的模板來進行示範。首先是添加裝飾用的物件,從左側工具列直接把要使用的素材拖至編輯區域內,即可新增或替換內容。

❶ 點此可以開啟 Canva 提供的素材

❸ 先點擊在編輯區的素材後,從出現在上方的工具列中,可以設定素材的特效

❷ 使用滑鼠拖移

下方的時間軸也能進行一些設定：

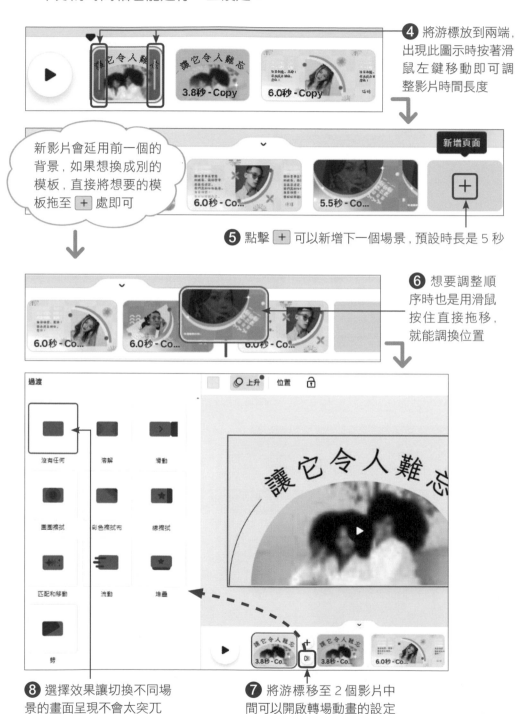

❹ 將游標放到兩端，出現此圖示時按著滑鼠左鍵移動即可調整影片時間長度

新影片會延用前一個的背景，如果想換成別的模板，直接將想要的模板拖至 ＋ 處即可

新增頁面

❺ 點擊 ＋ 可以新增下一個場景，預設時長是 5 秒

❻ 想要調整順序時也是用滑鼠按住直接拖移，就能調換位置

過渡

沒有任何　　溶解　　　滑動

圓圈擦拭　　彩色擦拭布　　邊擦拭

匹配和移動　　流動　　　堆疊

劈

上升　位置

❽ 選擇效果讓切換不同場景的畫面呈現不會太突兀

❼ 將游標移至 2 個影片中間可以開啟轉場動畫的設定

由於 Canva 是採用自動存檔的方式, 因此使用者做出任何變更都會被即時儲存下來, 不會因為忘了存檔導致檔案遺失, 需要重頭開始再來一次。但完成後, 不論是要下載影片還是分享都需要用有帳號才行。

影片完成後, 請先按此播放, 確認一下剛剛編輯後的效果如何, 再點選旁邊的**分享**會出現選單, 選擇**下載**或**分享**

▲ 此處可以使用 Google 登入建立帳號, 輕鬆將成果保存下來

6-3 CapCut、HeyGen 幫你生成 AI 短影音

現在社群流行各種風格的短影音,只要有梗就會有流量。ChatGPT 中有提供一些製作影片的 GPT 機器人,可以透過 AI 來生成或組合出一支短影片,由於 AI 的邏輯和人類有很大的差異,有時會剛好符合短影音無厘頭的風格。本章我們就介紹兩個比較受歡迎的影片生成 GPT 機器人供你參考。

─ TIP ─

AI 影音生成仍有所侷限,要有心理準備需要多生成幾次才有堪用的結果。

使用 CapCut VideoGPT 機器人

CapCut 是由中國字節跳動公司開發,由於與 TikTok 為同一家公司,因此 CapCut 在製作短影音上非常好用,還有提供許多特效讓影片看起來與眾不同。同時也因為是由中國開發,使用 GPT 機器人對話時會直接用簡體中文回覆。

首先從 ChatGPT 的側邊欄位進入 GPT 商店的頁面,並在搜尋欄位中輸入 CapCut:

▲ CapCut VideoGPT 主頁面

輸入完要求後, CapCut VideoGPT 會直接開始製作：

1 因為要連結至
CapCut, 所以需要
使用者許可

2 點擊連結可以查看完成的影片

dd6-15

使用 HeyGen 機器人

HeyGen 是超容易上手的多功能影音製作平台, 除了製作簡單的個人影片外, 用於商業應用也很適合。操作跟前面一樣, 可以用文字生成相關的影片素材, 其最大的特色就是可以整合 AI 虛擬頭像, 也能用自己的照片或圖片設計頭像, 並支援包含中文在內, 多達 40 多種語言的語音生成, 是目前許多行銷人員不可或缺的必備工具。

首先從 ChatGPT 的側邊欄位進入 GPT 商店的頁面, 並在搜尋欄位中輸入 HeyGen：

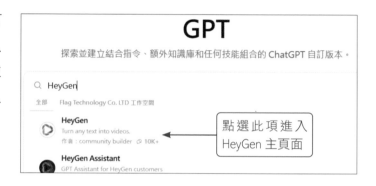

HeyGen 機器人是製作影片的全方位助手, 除了生成影片之外, 也可以幫忙撰寫腳本, 而且 HeyGen 機器人有網路搜尋的功能, 如果題材需要收集最新資訊, HeyGen 也會自行上網並摘要重點。

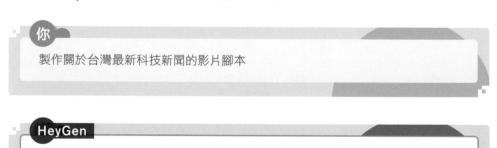

你

製作關於台灣最新科技新聞的影片腳本

HeyGen

好的, 以下是關於台灣最新科技新聞的影片腳本：

台灣最新科技新聞

歡迎收看台灣最新科技新聞。今天, 我們將介紹幾個在台灣引起廣泛關注的科技趨勢和創新。

→ 接下頁

首先，台灣在人工智慧（AI）領域的成就令人矚目。台灣的 AI 研究團隊在自然語言處理和圖像識別方面取得了顯著進展，並在國際競賽中獲得多項獎項。

其次，台灣的半導體產業持續領先全球。台積電（TSMC）等公司不斷推動製程技術的突破，最新的 3 奈米製程已經進入量產階段，並且受到了全球主要科技公司的青睞。

再來，台灣的綠色科技也在快速發展。再生能源的應用越來越廣泛，特別是在太陽能和風力發電領域。政府積極推動相關政策，目標是大幅提升再生能源的佔比，實現環保與經濟的雙贏。

最後，台灣的電動車市場也在蓬勃發展。隨著新電池技術的研發，電動車的續航里程和充電效率不斷提升。多家台灣企業正積極進軍全球市場，為未來的交通變革貢獻力量。

這些創新正在改變我們的生活方式，並為台灣的科技發展帶來無限可能。請持續關注，以獲取更多最新資訊。謝謝收看！

希望這個腳本符合你的需求。如果需要任何修改或添加，請告訴我。

　　確認產生的腳本符合使用者的要求後，HeyGen 機器人才會開始製作影片，與前面相同，需要連到 ChatGPT 之外的網站，因此需要使用者的確認才能執行：

已與 openai-plugin.heygen.com 交談

影片已經生成完成，你可以點擊以下鏈接觀看台灣最新科技新聞影片：

觀看影片

如果影片還在處理中，請稍等幾分鐘，頁面會自動更新。希望你喜歡這個影片！

▲ 允許連接至 HeyGen 網站後，稍微等待一下
HeyGen 機器人就會先產生出影片連結

　　但是有了連結不代表影片已經生成完成，因為 HeyGen 機器人只是先將連結貼過來，所以有可能會發現點擊後影片還在製作中的情況。

生成失敗

截稿前 HeyGen 機器人的運作不太穩定, 常常生成失敗或是只有生成 1~2 秒, 若無法順利運作, 請改用 VEED.IO 或 CapCut 的機器人。

▲ 完成後, 點擊中間的播放可以查看生成的影片

此處筆者生成的影片只有 3 秒, AI 虛擬頭像只說了開頭第 1 句話影片就結束了, 也可以到 HeyGen 的網頁進行製作, 可點選位在右上角 Get full HeyGen FOR FREE! 的按鈕, 切換至 HeyGen 網頁。

6-4 VEED.IO 影音自動生成超速成

接下來要介紹的是由線上影片編輯平台 VEED.IO 所推出的 GPT 機器人: Video GPT。一般製作影片需要整合各種不同的多媒體素材, 光找素材就要花不少時間, 善用 GPT 機器人可以幫你快速找尋符合的內容, 大幅縮減製作時間。

使用 Video GPT 機器人

以下筆者會示範使用方式, 請到 GPT 商店中的生產力分類中, 點選 Video GPT by VEED：

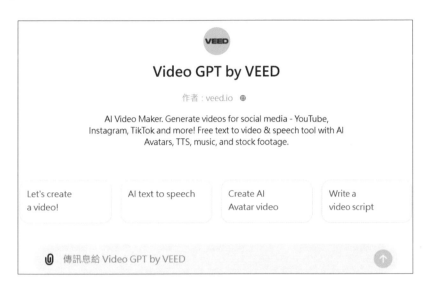

因為是建立在 ChatGPT 上, 所以可以直接輸入中文跟機器人溝通, 根據筆者的實測, 建議要求 Video GPT 製作英文腳本, 雖然後續可能會需要多一個翻譯的步驟, 但由於 VEED.IO 還沒有完全支援繁體中文, 可能會出現把中文換成羅馬拼音, 並把羅馬拼音當成英文唸出來的可怕錯誤。目前最不容易出錯的方式是在確認腳本沒問題後, 請 Video GPT 先翻譯成英文進行製作, 最後用VEED.IO 提供的字幕翻譯功能, 將腳本轉換成繁體中文, 或直接生成英文腳本。

> **你**
>
> 我想製作推廣新產品智慧手錶的影片, 使用 AI 虛擬頭像, 請用繁體中文回答, 並生成英文腳本

在 Video GPT 開始製作影片前, 會先詢問使用者關於影片更詳細的細節：

了解了！我們來詳細了解您的需求：

1. 這段影片的主要訊息或目標是推廣智慧手錶。

2. 這段影片的目標觀眾是年輕的科技愛好者和運動愛好者。

3. 您希望這段影片的語氣或氛圍是活力十足且具有科技感。

4. 您希望這段影片的時長是 30 秒。

請確認這些資訊是否正確，然後我們可以開始撰寫腳本。

請確認這些資訊是否正確，然後我們可以開始撰寫腳本。您還需要選擇一個 AI 虛擬頭像。這裡有一些選擇：

Avery　　Devon　　Isabella

▲ 同時 Video GPT 也列出了虛擬頭像供使用者選擇

使用者選完虛擬頭像後, Video GPT 便會開始設計影片腳本：

我們估計這段腳本將產生 30 秒長的影片：

The smartwatch revolution is here! Whether you're a tech enthusiast or a fitness lover, our smartwatch meets all your needs. Real-time heart rate monitoring, all-day health management, stylish design, and powerful features perfectly combined. Buy now and enhance your quality of life!

如果這個腳本符合您的期望, 請告訴我。如果需要修改, 請告訴我如何更改！

您可以説 繼續 來確認或提出修改意見。

在確認腳本內容後, Video GPT 會開始製作影片, 由於需要將你的需求傳回到 VEED.IO 網站處理, 同樣基於安全性會需要使用者許可, 沒有許可或拒絕連線將無法製作影片。

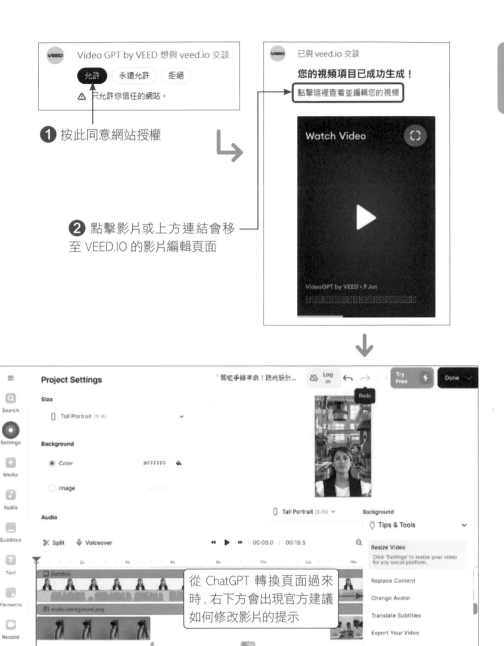

① 按此同意網站授權

② 點擊影片或上方連結會移至 VEED.IO 的影片編輯頁面

從 ChatGPT 轉換頁面過來時，右下方會出現官方建議如何修改影片的提示

大致瀏覽過內容後，如果大方向都符合你的需求，可以接續進行微調，如果完全不是你要的，可以請 VIDEO GPT 重新生成，它會根據你先前的指示，或者融合你新增的要求，重新產生新的影片。

VEED.IO 的基本操作

下面筆者會簡單介紹一下 VEED.IO 的介面，讓讀者有個著手的方向：

工具列　　　　　　　　　　　　　　　　　　　　　　　還原與重做

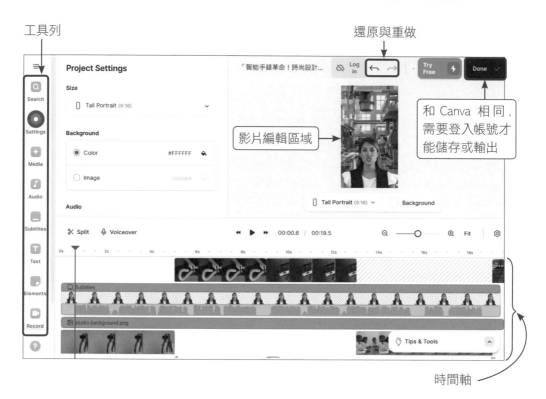

和 Canva 相同，需要登入帳號才能儲存或輸出

影片編輯區域

時間軸

　　　如果想更換影片中出現的素材，可以從工具列 Media 的分類中，尋找覺得更適合的進行替換：

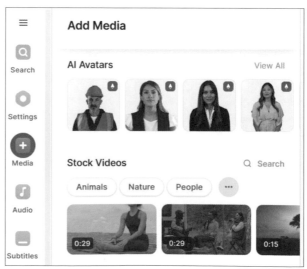

▶ AI 虛擬頭像也在此分類中

另外一個會需要調整的是字幕, 雖然在使用 GPT 機器人時, 能用繁體中文對答, 但切換至 VEED.IO 字幕就會有變成英文或簡體中文的問題, 而前面也建議最好使用英文腳本比較不會出錯, 所以需要轉換字幕的語言:

可以使用官方提供的字幕翻譯功能進行轉換

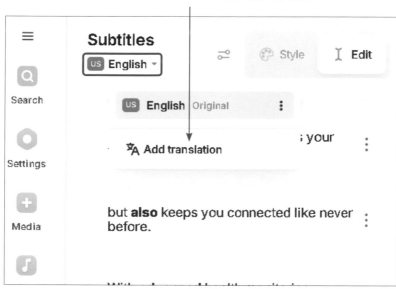

VEED.IO 也是採用自動存檔的方式, 因此使用者可以專心製作, 檔案不會因為忘記存檔而消失。完成後就可以直接輸出:

❶ 完成後按此會出現輸出的選單

❷ 按此會切換至輸出畫面

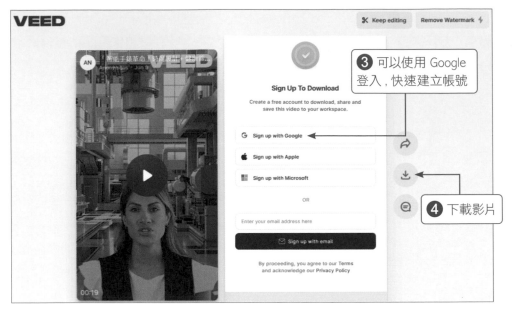

▲ 影片輸出完成後, 同樣要登入 VEED.IO 帳號才能進行分享或下載

6-5 音樂歌曲生成機器人 - Song Maker

前面介紹了許多關於影片的 GPT 機器人, 現在要來介紹關於音樂的機器人：Song Maker。這個機器人會以基本的樂理為基礎, 幫你創作音樂或歌曲, 還可以幫忙寫歌詞和設計專輯封面。

創意音樂生成

一般在進行影音應用時, 可用的音樂素材通常很有限, 因此很容易就使用到跟別人一樣的配樂, 有了 Song Maker 的幫助, 就可以生成獨一無二的配樂或歌曲, 不怕跟別人「撞歌」。

請到 GPT 商店中的日常生活分類中, 點選 Song Maker：

Song Maker 的範例, 使用表情符號生成音樂

有一陣子社群上流行用 Emoji 表情符號來看圖説故事, 此處就可以利用 ChatGPT 強大的文字表達能力, 讓 Song Maker 自行解讀表情符號的意涵, 然後再據此依序生成符合情境的音樂、歌詞和專輯封面。

這是 Song Maker 的預設範例, 或者你也可以參考以下 Prompt 自行修改:

你

創作一首生動表現表情符號的歌曲。首先建議三個隨機的表情符號序列來講述一個故事。等到我選擇一個選項或製作自己的選項, 然後創建兩個表情符號啟發的 MIDI 樣本:一個專注於節奏變化, 另一個專注於複雜的主題變化。

Song Maker

這是三個敍述故事的隨機表情符號序列:

序列 1: 🔒🏹🔍🍡🎛🖥☁🍞🎴🌙

序列 2: 🥮📞🎁🌿🎆🎷🏆🖼🎻🔊

序列 3: 🏔🦔🏜🕯🌲❄🦌⚙📷

請選擇一個序列或自行創建一個。選擇完成後, 我會根據你的選擇創建兩個 MIDI 樣本:一個著重於節奏變化, 另一個則著重於複雜的動機變化。

等使用者選擇完後, Song Maker 會開始更詳細的設計：

Song Maker

1. 節奏變化樣本：

☐ 使用晨曦（🏠）開始，逐漸增加速度，象徵跑步（🏃）和忙碌的早晨活動（🔍 🐸）。

☐ 使用更快的節奏來表示工作（🗄 💻）的緊張和壓力。

☐ 中間加入一些較慢的部分，象徵午餐和休息時間（🍞 📺）。

☐ 最後逐漸放慢節奏，象徵夜晚的平靜（🌙）。

2. 複雜動機變化樣本：

☐ 使用多種音高變化來表示不同的活動，如早晨的愉快旋律（🏠 🔍 🐸）。

☐ 工作部分（🗄 💻）使用重複的音型和動機來表示忙碌和壓力。

☐ 午餐和休息部分（🍞 📺）使用不同的旋律動機來表示放鬆。

☐ 夜晚部分（🌙）使用簡單且平靜的旋律結束。

設計完成後會開始製作, 完成的音樂會以 MIDI 檔案的形式提供使用者下載：

序列1: 🏠 🏃 🔍 🐸 🗄 💻 🍞 🍞 📺 🌙

- 節奏變化樣本 - MIDI
- 節奏變化樣本 - MusicXML
- 複雜動機變化樣本 - MIDI
- 複雜動機變化樣本 - MusicXML

▲ MIDI 的版本是可以直接播放的檔案

有了音樂, 接著要請 Song Maker 製作適合的樂曲：

你

設計序列 1 的歌詞

Song Maker 除了提供歌詞以外, 也會提供歌名、曲風等, 甚至會建議使用的演奏樂器。

Song Maker

歌詞設計

歌名：A Day in Life

曲風：Pop/Rock

情感基調：積極、樂觀

樂器選擇：原聲吉他、鋼琴、鼓、貝斯

歌詞節奏和節拍：

主歌：平均每小節 5-6 個音節，8 小節

副歌：平均每小節 6-7 個音節，4 小節長

橋段：平均每小節 4-5 個音節，4 小節長

Verse 1:

As the sun rises, I greet the dawn, (🔒)

Lacing my shoes, I start to run. (🏃)

Feel the fresh air, the day has begun,

With a cup of coffee, my work's not done. (🔍 ☕)

Chorus:

From sunris

Verse 2:

Books on the table, knowledge in hand, (📚)

At my desk, m

Chorus:

From sunrise to moonlight, (🔒 🌙)

We live and breathe, we shine so bright.

In every moment, in every fight,

We find our way, in the morning light.

Bridge:

No matter the weather, we stand tall,

In

Chorus:

From sunrise to moonlight, (🔒 🌙).

這些歌詞捕捉了一天中的活動和情感。如果有任何修改建議或其他需求，請告訴我！

最後, 請 Song Maker 製作專輯封面, 一首簡單的表情符號歌曲就完成了！

這是使用表情符號🌄🏋️🔍🍳🎛️💻☁️🍱💼🌙設計的封面。每個部分代表一天中的不同時間段，從日出到月夜，捕捉了整個一天的活動和情感。如果有任何修改建議或其他需求，請告訴我！

當然也可以直接輸入想製作的主題, 要求 Song Maker 製作歌曲：

你

製作一首描述未來科技的歌

Song Maker

歌詞設計

歌名：Echoes of Tomorrow

曲風：Synthwave/Electropop

情感基調：神秘、啟發

樂器選擇：合成器、電子鼓、電吉他、貝斯

歌詞節奏和節拍：

主歌：平均每小節 5-6 個音節，8 小節長

副歌：平均每小節 6-7 個音節，4 小節長

橋段：平均每小節 4-5 個音節，4 小節長

→ 接下頁

主歌

Cyber hearts and digital minds,

In the network, we are entwined.

Through the lens of time, we see,

The endless possibilities.

橋段

In the silence of the night,

Tech and dreams, they ignite.

From the depths of our creation,

Rises a new generation.

副歌

Echoes of tomorrow, in the air,

A future bright, beyond compare.

With every code and every wire,

We build the world, taking us higher.

音樂設計

1. 拍子與調性：
節拍：4/4 拍

調性：A 小調

2. 主要和弦進行與整體感覺：
主歌和弦進行：Am - F - C - G

副歌和弦進行：F - C - G - Am

橋段和弦進行：Am - G - F－C

3. 各樂器的主要節奏模式：

合成器：主導旋律和背景氛圍，使用大量的音效和持續音。

電子鼓：穩定的節拍，加入電子音效和樣本以增強未來感。

電吉他：在副歌和橋段中使用失真效果，增強情感張力。

貝斯：簡單而有力的低音線條，提供穩定的節奏基礎。

→ 接下頁

4. 旋律動機的設計：

主歌部分：使用簡單而富有節奏感的旋律，突出科技的冷峻與未來感。

副歌部分：旋律更加起伏，表現出對未來的希望和激情。

橋段部分：旋律簡潔而有力，為副歌的回歸做鋪墊。

這些設計為歌曲《Echoes of Tomorrow》提供了一個未來科技的主題和結構。如果你有任何修改建議或其他需求，請隨時告訴我！如果需要生成 MIDI 或音樂樣本，請告訴我，我將再次嘗試。

另外, Song Maker 也會提供樂譜給使用者下載：

另外，如果你想查看樂譜，這裡有一個 樂譜文件的下載鏈接。

播放和編輯 MIDI 文件：

- 如果你使用手機，你可以使用 Midiano Player 來播放這個 MIDI 文件。
- 如果你使用電腦或 Mac，你可以下載並使用 Song Maker MIDI Editor 來播放和編輯這個 MIDI 文件。

後續要求生成 MIDI 會與製作表情符號歌曲時相同，會產生可以直接播放的檔案，然而有時可能會遇到不明原因的技術問題，導致 MIDI 檔案無法正常生成，這個時候 Song Maker 會提供 ABC 記譜，讓使用者可以在音樂軟體中建立 MIDI 檔。

 我們在生成MIDI時遇到了技術問題。為了確保你能夠使用這首歌的設計，我會提供 ABC記譜，你可以使用任何支持ABC記譜的音樂軟件（例如ABC Explorer或 MuseScore）來生成MIDI或樂譜文件。

Copilot & 擴充
工具大全

Copilot 是一款由微軟 Microsoft 推出的人工
智慧輔助工具, 我們可以在 Edge 瀏覽器上使
用 Copilot, 透過聊天的方式取得經過彙整的資
訊, 可以語音對話、生成表格、讀取圖片, 甚至
有強大的 DALL-E 3 模型進行圖片生成! 未來
Copilot 還能夠在 Microsoft 365 裡的 Word、
Excel、PowerPoint、Outlook 和 Teams 等應用
程式裡使用, 並支援自然語言查詢, 讓用戶能快
速獲取所需資訊並完成複雜任務。

7-1 微軟 Copilot 介紹

Copilot 簡介

微軟 Microsoft 是 ChatGPT 開發公司 OpenAI 的大股東, 早在 2019 年微軟就投資了 10 億美元, 並且也取得了 GPT-3 (乃至後來的 GPT-4) 語言模型的獨家授權, 有這麼好的資產, 微軟當然就會用來改善自身的產品, Copilot 就是打頭陣的先鋒。微軟副總裁 Yusuf Mehdi 在 X 表示 (https://x.com/yusuf_i_mehdi/status/1768305339668349217), Copilot 的創意模式、精確模式是使用 GPT-4 Turbo 模型。

舊版本的 Copilot 類似傳統搜尋列介面, 之後微軟在 2023 年 2 月推出了新版聊天機器人, 其中的新功能「Bing AI Chat」(現在已經統一改稱為 Copilot) 以類似 ChatGPT 的聊天頁面呈現, 直至 2024 年 6 月, 免費版 Copilot 已經有支援傳統關鍵字 / 自然語言 / 語音輸入、語音對話、圖片生成、圖片讀取等多樣化功能。

Copilot 版本分為免費版與付費版, 在本章將以免費版來做為示範。

1. Copilot 免費版：

- 可以在網頁、手機以及 Windows、macOS 和 iPadOS 上使用。

- 在非高峰時段可以使用 GPT-4 和 GPT-4 Turbo。

- 支援文字、語音和圖像進行對話式搜尋。

- 每天最多可以使用 15 次 AI 圖像生成。

- 支援插件和其他 GPTs。

2. Copilot 付費版 (也稱為 Copilot Pro)：

- 每個月 20 美金。

- 包含免費版的所有功能。

- 優先使用 GPT-4 和 GPT-4 Turbo, 在高峰時段也能有更快的效能。

- 可以在選定的 Microsoft 365 應用程式中使用 Copilot, 例如 Word、PowerPoint、Excel、OneNote 和 Outlook。

- 每天最多能生成 100 次 AI 圖像生成, 並且使用 DALL-E 3 生成橫向格式的圖像。

Copilot for Microsoft 365

2023 年 11 月強勢登場的工作用 Copilot (Copilot for Microsoft 365) 是一種 AI 生產力工具, 可協調大型語言模型 (LLM)、Microsoft Graph 中的內容以及 Microsoft 365 應用程式, 例如 Word、Excel、PowerPoint、Outlook、Teams 等。提供即時的人工智慧協助, 使用戶提高創造力跟生產力。

工作用 Copilot 目前開放給部分地區的 Copilot Pro 用戶、Microsoft 365 商務版用戶使用, 可以在 Microsoft 365 的網頁版使用 Copilot 功能。

▲ 工作用 Copilot 首頁

┌─**TIP**─────────────────────────────────┐
目前 Microsoft 365 的 Copilot 功能需要另外付費購買, 而且只限商務版和企業版的 Microsoft 365 可以搭載。
└──────────────────────────────────────┘

▲ Microsoft Copilot

Copilot 和 ChatGPT 的差別跟使用時機

Copilot 和 ChatGPT 的設計目標不太一樣, Copilot 是由 Microsoft 推出的 AI 助手, 因此有很多功能整合在 Microsoft 365 套件中, 目的在提高工作效率和協作能力, 特別是在文書處理和資料管理方面。Copilot 還有 Open AI 最新開發的 DALL-E 3 圖片生成功能。只要打開 Copilot 聊天視窗, 就能免費生成高品質圖片。

ChatGPT 是由 OpenAI 開發的聊天機器人模型, 它的設計目的是進行自然語言處理和生成, 可以用來回答問題、進行對話、生成文本等。它擅長理解和生成類似人類語言的文本, 適用於多種交流場景。

	Copilot	ChatGPT
價格	免費版 (付費版每月 20 美元)	免費版 (付費版每月 20 美元)
API	無	有
支援平台	網頁、App、其他微軟服務	網頁、App
模型	GPT-3.5、GPT-4 為主, 部份情況為 GPT-4 Turbo	GPT-4、GPT-4o mini、GPT-4o
支援語言	支援中文, 理解非英語語言的能力佳	支援中文, 但很容易出現英文回覆
對話限制	每則對話框限制 30 次來回問答	GPT-4 限制 3 小時 40 則 GPT-4o 限制 3 小時 80 則
AI 圖像生成	使用 DALL-E 3 生成圖像	可使用 DALL-E 3 生成圖像 (免費版次數少)
語音功能	支援語音輸入和朗讀	支援語音輸入和朗讀
回答特色	回應較短, 準確性較高	回應較長, 創意度較高
使用時機	• 想搜尋最新消息 • 需要確認資訊來源 • 想在 Microsoft 365 應用程式中提高生產力和協作效率時 • 生成或處理大量文檔、數據或表單時 • 需要在團隊會議中記錄重要訊息和行動項目時	• 需要一個可以對話的助手來解答問題或進行聊天 • 需要生成創意寫作或構思新想法 • 想得到較長且有深度的回答 • 想深入學習某特定的主題 • 需要來回調整對話、校正寫作、寫程式時

現階段使用 Copilot 除了支援度最好的 Edge 瀏覽器之外，也可以使用 Windows、Mac 和 Linux 的 Chrome 瀏覽器，但對話長度與紀錄會比較有限制。

啟用 Copilot

我們這邊會以使用 Edge 瀏覽器教學為主，請依照以下方法啟用 Copilot：

https://copilot.microsoft.com/

▲ Copilot 網頁版

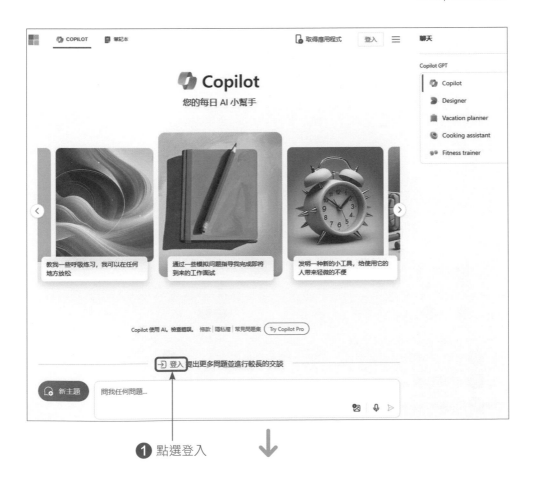

❶ 點選登入

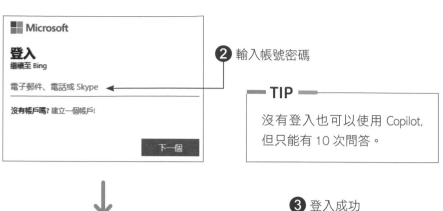

❷ 輸入帳號密碼

TIP

沒有登入也可以使用 Copilot,
但只能有 10 次問答。

❸ 登入成功

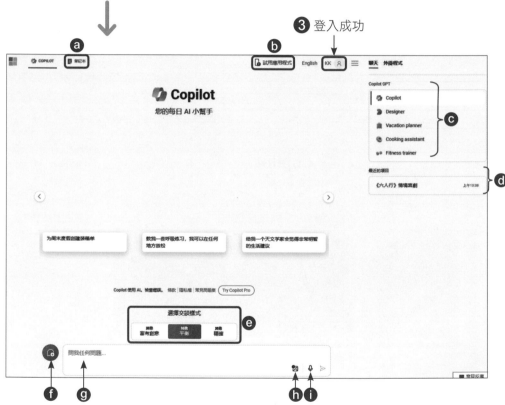

ⓐ 筆記本同樣為對話功能, 但適合輸入更多的文字

ⓑ 下載手機 App

ⓒ Copilot 的 GPT 機器人

ⓓ 對話紀錄

ⓔ 有 3 種交談模式

ⓕ 開一個新對話框

ⓖ 對話輸入框

ⓗ 影像輸入

ⓘ 語音輸入

示範對話

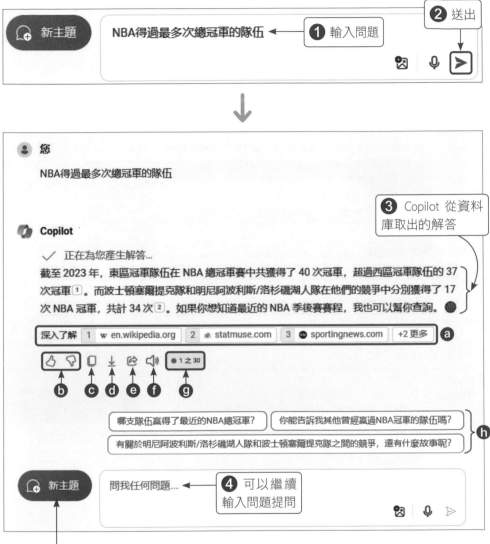

⑤ 如果要改話題，點選以開啟新對話框

ⓐ 附上網路參考連結 　　　　　**ⓔ** 取得對話連結，或是分享到不同平台

ⓑ 給回饋 　　　　　　　　　　**ⓕ** 播放回答

ⓒ 複製回覆內容 　　　　　　　**ⓖ** 對話限制次數

ⓓ 下載成 Word / PDF / TXT 　　**ⓗ** 系統列出的類似問題，可以點選繼續提問

從 Bing 搜尋引擎切換到 Copilot

我們在 Edge 瀏覽器使用的 Microsoft Bing 搜尋引擎的功能, 可以一鍵切換到 Copilot 的聊天對話框。兩者可以來回切換。

❶ 在 Edge 分頁搜尋欄輸入文字

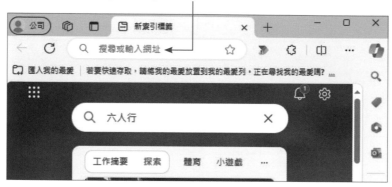

❷ 點選 Copilot, 會針對這個主題切換成 Copilot 對話框

如果你搜尋的關鍵字比較知名, 那瀏覽器
會先針對該關鍵字進行系統化的整理

❸ Copilot 會自動以你剛剛
搜尋的關鍵字來開啟對話

使用 Edge 側邊欄直接聊天

在 Edge 瀏覽器中, 你也可以直接透過側邊欄進入 Copilot。

① 按此鈕展開
對話窗格

② 會開啟聊天頁面

─ TIP ─
其他側邊欄的
功能在後面會
再深入介紹。

7-2 Copilot 網頁版

三種聊天人格

　　Copilot 可以選擇交談樣式, 其實就像是三種不同人格的聊天機器人, 頁面
也會隨樣式而變化色彩。

━ **TIP** ━

三種人格在 2023 年 2 月推出時的差異非常明顯, 但是到近期 (2024 / 6) 陸續有網友回應, 這三種人格的回答越來越保守, 已經大同小異。推測是微軟官方為了給用戶的回應是安全且無害的回應, 所做出的限制和修正。

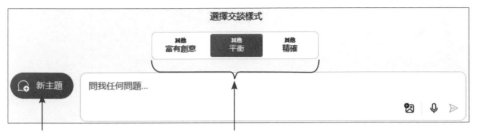

開始聊天後若要變更交談模式,
必須按此開啟新的聊天主題

選擇交談樣式 (如果已經開始對話,
切換其他模式則會進入一個新對話框)

樣式	頁面顏色	特色	使用情境
富有創意	紫色	會長篇大論盡情發揮, 但是已經沒有像過去那麼放了	想要有創意、詳細的回覆
平衡	藍色	提供比較四平八穩的回覆	一般情況
精確	綠色	提供精簡明確的答案	查事實或研究, 想要有正確性高的解答

平衡模式示範：咖啡廳經營策略

👤 **您**

我在市區開了一間小咖啡廳, 可以執行哪些策略來增加顧客忠誠度?

🔷 **Copilot**

✓ 正在為您產生解答...

恭喜您開設了一間小咖啡廳! 要增加顧客忠誠度, 以下是一些建議策略:

1. **品牌舒適度和特有魅力**: 思考您想營造的咖啡廳氛圍和風格。定義好品牌的特點, 吸引在地顧客, 並讓他們願意離開其他咖啡廳前來您的店鋪 [1]。

2. **提供優質餐點**: 除了好的咖啡, 考慮提供美味的蛋糕、三明治和簡餐。這樣可以滿足不同顧客的需求, 增加回客率 [1]。

3. **舉辦特殊性活動**：定期舉辦主題活動，例如咖啡拉花課程、手沖咖啡工作坊，或配合藝文活動。讓顧客更想光顧您的咖啡廳 [1]。

4. **觀察並了解顧客**：與常客聊天，了解他們的喜好。持續優化品牌服務和產品，讓顧客感受到親切和溫暖，進而進行口碑行銷 [1]。

5. **保持社群媒體活躍度**：使用視覺行銷，例如在 Instagram 上分享咖啡和環境的照片，吸引顧客 [1]。

希望這些建議對您的咖啡廳有所幫助！ 👍 [1]：咖啡廳市場飽和，競爭環境中提升顧客品牌忠誠度 - 牧點科技

深入了解　　1 🌐 nomadots.com　　2 Ⓑ karos-brand.com　　3 🌐 smarking.com.tw　　4 Ⓜ multiable.com

👍 👎 📋 ⬇ 🔄 🔊 ● 1 之 30

| 我想知道更多關於品牌舒適度的建議。 | 有什麼方法可以提高社群媒體活躍度？ | 你能給我一個成功案例嗎？ |

▲ 使用平衡模式發問商管策略相關的話題

創意模式示範：短劇劇本

> 👤 **您**
>
> 請幫我構思一齣宣導遵守交通規則的短劇，觀看對象為國小二年級學童，目標讓它們理解看交通號誌的重要性
>
> ✴ **Copilot**
>
> 當然可以！以下是一個為國小二年級學童設計的宣導遵守交通規則的短劇構思：
>
> **劇名**：《紅綠燈的魔法》
>
> **場景**：一個繁忙的城市十字路口，有行人道、紅綠燈和斑馬線。
>
> **角色**：
>
> - **小明**：一個好奇的二年級學生。
>
> - **綠燈精靈**：保護行人安全的善良精靈。
>
> - **紅燈巫師**：提醒人們停下來等待的智慧老者。
>
> - **藍警察叔叔**：維持交通秩序的警察。
>
> **劇情簡介**：
>
> 1. 開場：小明和他的朋友們在放學後準備過馬路。
>
> 2. 衝突：小明急著回家玩新買的遊戲，沒有注意到紅燈，差點就要衝過馬路。
>
> 3. 轉折：突然間，綠燈精靈和紅燈巫師出現，阻止了小明。
>
> 4. 解釋：紅燈巫師和綠燈精靈向小明解釋紅綠燈的重要性，並教他如何安全過馬路。
>
> 5. 結局：小明學會了等待綠燈亮起再過馬路，並與朋友們一起安全地回家。

▲ 創意模式適合發想劇本、詩歌等創作型內容

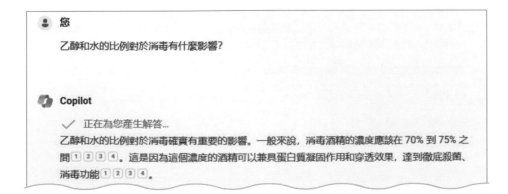

▲ 進一步要求 Copilot 改變文字風格, 也調整得很好

精確模式示範：科普知識

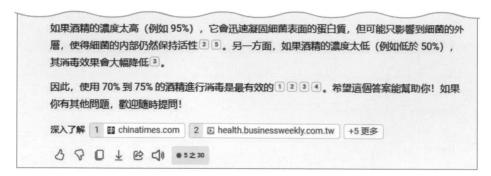

如果酒精的濃度太高（例如 95%），它會迅速凝固細菌表面的蛋白質，但可能只影響到細菌的外層，使得細菌的內部仍然保持活性[2][5]。另一方面，如果酒精的濃度太低（例如低於 50%），其消毒效果會大幅降低[3]。

因此，使用 70% 到 75% 的酒精進行消毒是最有效的[1][2][3][4]。希望這個答案能幫助你！如果你有其他問題，歡迎隨時提問！

深入了解　1　chinatimes.com　2　health.businessweekly.com.tw　+5 更多

● 5 之 30

▲ 精確模式適合用在追求事實的問答

讀取網址

　　Copilot 在遇到它不知道的事情時會上網搜尋，也就是說它所能回答的範圍並不限於原本訓練的資料，甚至可以要求它去查看特定網頁的內容，並且彙整資料出來。例如請它查看旗標科技創客產品的網頁 (https://www.flag.com.tw/maker/pd)：

▲ 成功從網頁中摘要出重點

請它去看 Canva 2024 年的發表會連結 (https://youtu.be/tUkCiqHgvm0?feature=shared)，它雖然寫出的內容大致正確，但其實還有不少重點沒有列出來：

▲ Canva 發表會的重點其實不只這些

總結 Copilot 雖然有讀取到網頁，但給出的答案不一定完整，也可能會顯示無法讀取連結。還有，即使提供的網址裡就有我們要的解答，Copilot 有時還是會自行將關鍵字上網搜尋，而非直接使用網址內的資訊。

如果想要 Copilot 單純讀取你指定的網頁，建議使用「側邊欄對話框功能」準確率會最高，後面有詳細教學。

上網找圖片

Copilot 可以上網找資料, 也可以幫忙找圖片:

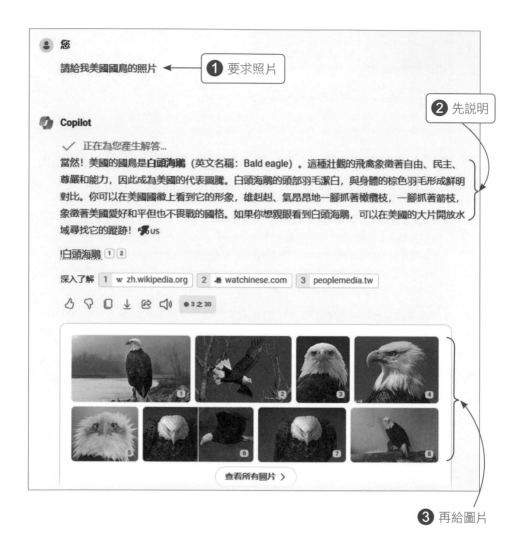

對話框生圖

現在 Copilot 對話框也能直接提供 AI 生圖, 我們以設計一個咖啡廳的 logo 作為範例。

— TIP —

Copilot 本身也有專門的 **AI 生圖功能頁面** (Copilot 影像建立工具)，而此處先教大家**使用對話框**來做圖片生成的原因在於，用對話框生圖可以用更口語化的文字來對 Copilot 進行指導，類似 ChatGPT 的操作。很適合在需要靠來回對話來調整設計的時候。

❶ 提供店名，想要一個適合做成貼紙的 logo

您

我開了一家咖啡廳叫here cafe，店裡使用木質家具，裝潢色調採用淡咖啡色、橘色、暖黃色、綠色。因為需要同時經營網路商店，請幫我設計一個logo，線條簡單且適合做成貼紙

Copilot

當然，我會幫您設計一個適合做成貼紙的簡單logo。請稍等片刻，我將為您創作一個符合您的要求的設計。🎨

❷ Copilot 預設會做出四張圖片

"here cafe logo"

🖌設計工具　由 DALL·E 3 提供　　　　45

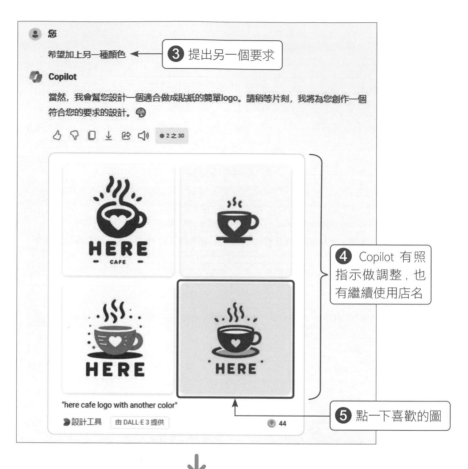

生成圖片再編輯

現在英語系國家的 Copilot 已經開放生成圖編輯美化的功能,可以改變生成圖的風格、尺寸,甚至有簡單的圖文編輯工具。中文圈的讀者不用擔心,這邊就來教大家怎麼搶先試用:

step 01 先把 Copilot 網頁的 **地區** 跟 **語言** 改成英語系國家。

❸ 國家改成英語系國家 (英國、美國、澳洲、紐西蘭都可以)

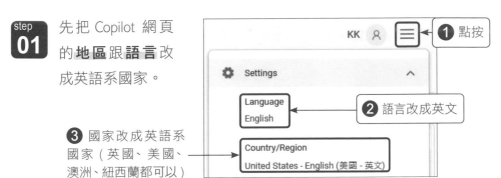

step 02 接著提問,用中英文都可以。

❶ 用中文發問

❷ 生成四張圖片

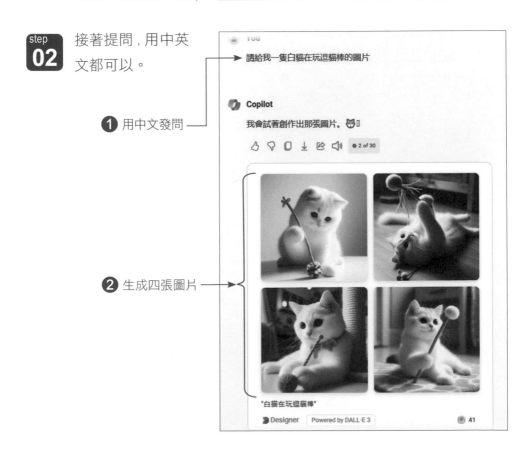

step 03 圖片生成之後,**點一下其中一張圖片**會跑出進階選項。

返回　　　　　　　　　　　　　　　　　　　到 Designer 進一步做圖文編輯

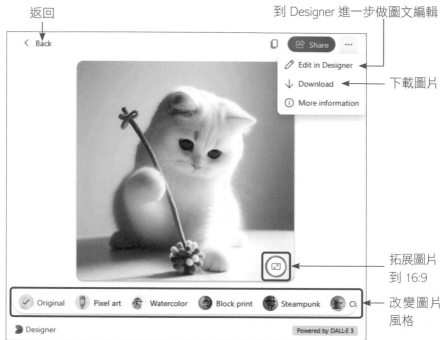

下載圖片

拓展圖片
到 16:9

改變圖片
風格

部分功能效果展示：

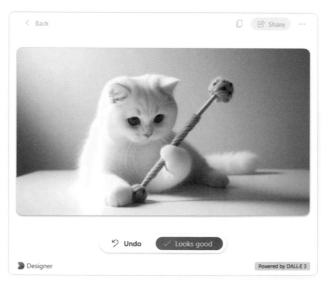

◀ 拓展圖片

▲ Pixel art (像素)

▲ Watercolor (水彩)

▲ Block print (雕版印刷)

▲ Steampunk (蒸汽龐克)

全新設計工具 － Designer

平面設計工具 Designer 類似 Canva, 可以將圖片做進一步的排版跟美化, 甚至套用模板 / 加上文字 / 形狀線條 / 其他圖片也沒問題。非常容易上手, 有興趣的讀者可以探索玩看看。

Copilot 的限制

雖然不登入微軟帳號也可以, 但是有沒有登入微軟帳號使用 Copilot, 其聊天限制是有差別的:

狀態	對話限制
沒有登入微軟帳號	10 次來回問答
有登入微軟帳號	30 次來回問答

聊天次數限制

你可以在它的回覆右下角看到目前的回覆次數:

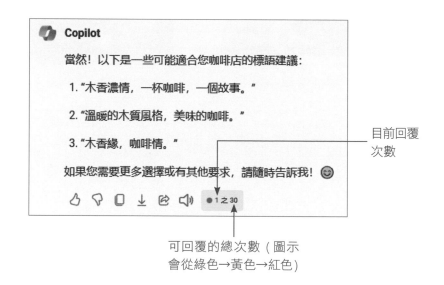

目前回覆次數

可回覆的總次數（圖示會從綠色→黃色→紅色）

沒禮貌會導致對話中斷

Copilot 也會在察覺你的情緒似乎不大好, 或是用字不禮貌時強制中斷對話:

① 我語氣很差

② 強制終止對話，只能更換主題

非法的問題會被中斷

Copilot 對於對話的安全審查非常嚴格，因此呼籲大家避免提到非法或有爭議的內容喔。

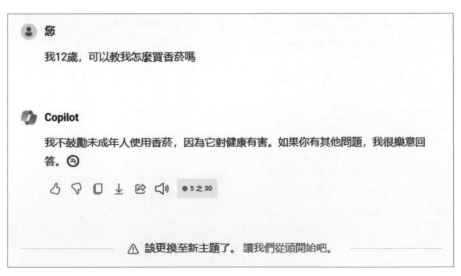

▲ 未成年不可以吸菸，對話會被中斷

7-3 Copilot 側邊欄功能

Copilot 的側邊欄窗格也很好用, 它算是擴充工具, 這邊介紹幾種用法。

側邊欄幫你讀網頁

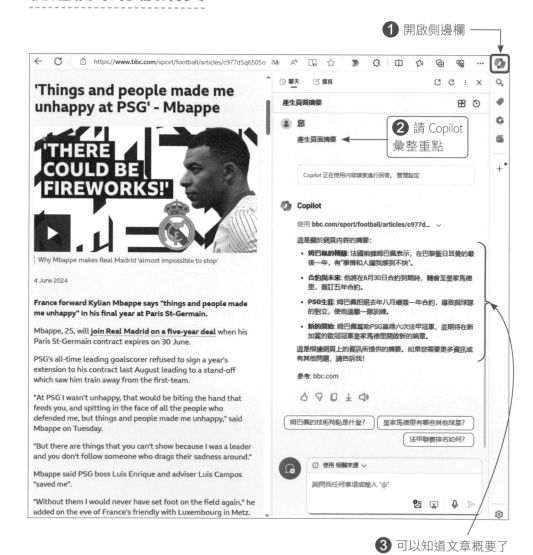

① 開啟側邊欄

② 請 Copilot 彙整重點

③ 可以知道文章概要了

這樣是不是很方便？即使是自己認真閱讀網頁內容, 遇到有問題或是專有名詞不懂的地方, 也可以在網頁中選取文字, 尋求 Copilot 進一步協助：

❶ 有不懂的地方可以選取後按右鍵，選擇 **詢問 Copilot** 或是 **在側邊欄中搜尋**

❷ 側邊欄會直接查給你看

Copilot 經常會以英文回答

如果是對英文字點右鍵搜尋，Copilot 很高的機率是回覆你英文，此時再請它翻譯為繁體中文就好。

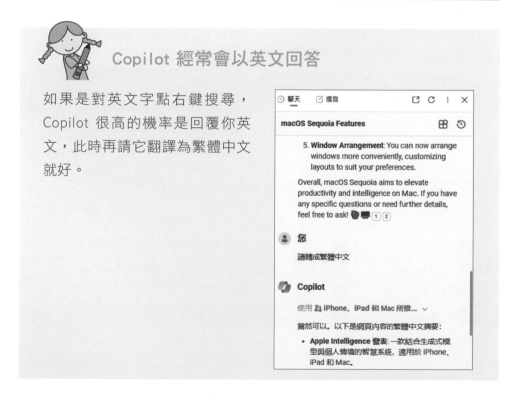

側邊欄幫你寫文章

　　側邊欄窗格內的撰寫頁面，可以讓你鍵入提示文字後幫忙產生文案。假設你正在使用 Word 網頁版撰寫一篇介紹 Google Analytics 4 事件類型的文章，就可以依照以下 ⓐ ～ ⓜ 步驟操作：

ⓐ 展開側邊欄　　　　　ⓕ 選取長度　　　　　　ⓚ 生成紀錄

ⓑ 切換到撰寫頁　　　　ⓖ 按此產生文章草稿　　ⓛ 按此將草稿內容
　　　　　　　　　　　　　　　　　　　　　　　貼到左方網站
ⓒ 輸入提示文字　　　　ⓗ 這裡會看到草稿內容
　　　　　　　　　　　　　　　　　　　　　　　ⓜ 自動貼上的內容
ⓓ 選擇語氣　　　　　　ⓘ 若不滿意可按此重新產生

ⓔ 選擇文件格式　　　　ⓙ 複製文字

7-4 Copilot 影像建立工具

Copilot 有提供文字生圖的工具, 稱為**Copilot 影像建立工具**, 可以從你提供的提示文字產生圖, 2023 / 9 / 22 微軟將底層模型升級成為 DALL-E 3, 圖片的精細度和準確度都有了大大的提升。要特別提醒的是, 這些 AI 產生的圖檔只能個人使用, 不建議使用在商業用途喔!

使用 Copilot 影像建立工具有兩種方法。第一個是在生圖官方網站 (bing.com/create) 生成圖片, 或是用 Copilot 對話框來生成。

bing.com/create

▲ Copilot 影像建立工具

1 連到 https://bing.com/create

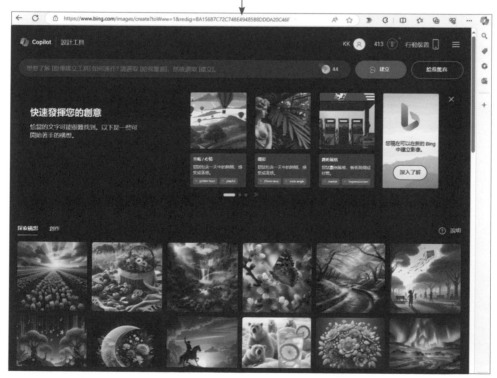

❷ 輸入提示文字
（中英文皆可）

強化功能可以加快生圖，點
數用完後生圖速度就會變慢

按總獎勵點數可進入
獎勵頁面賺取點數

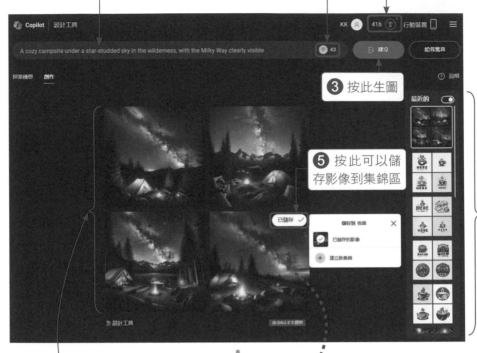

❸ 按此生圖

❺ 按此可以儲
存影像到集錦區

生圖
紀錄

❹ 一次會生出四張圖

❻ 再按一下圖片，會有分享、儲存、
下載選項。這邊我們選擇「儲存」

❼ 點選首頁的右上方

❽ 點「集錦」

❾ 就可以看到儲存的圖片了

TIP

TIP

TIP

Edge 瀏覽器的**集合**和 Copilot 影像建立工具的**集錦**是同一個功能。還有, 在 Edge 瀏覽器登入的帳戶必須跟 Copilot 影像建立工具的登入帳戶是同一個, 才看得到儲存的圖片喔!

TIP

如果 Prompt 有涉及敏感用語, 會被拒絕生成。

7-5 Copilot 手機版

微軟也有推出 Copilot 的 App, 以下就以 Android 手機為例, 說明安裝 App 與啟用聊天功能的步驟:

1 在 Play 商店搜尋 Copilot 並下載

3 登入成功之後, 可以開啟 GPT-4 (回答速度可能會變慢)

點開看聊天紀錄

2 登入

4 可以開始聊天了

Copilot App 語音對話

Copilot 有語音對話功能, Edge 瀏覽器和 App 都可以使用, 目前支援 21 種語言的語音輸入。我們可以點擊對話框的麥克風叫喚出這個功能, 在我們用口說輸入後, Copilot 除了文字回應, 也會播放語音來回覆。

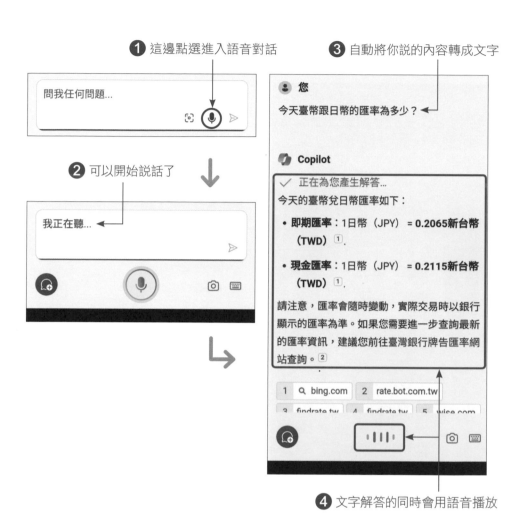

❶ 這邊點選進入語音對話

❷ 可以開始說話了

❸ 自動將你說的內容轉成文字

❹ 文字解答的同時會用語音播放

Copilot App 讀取圖片

App 也有讀取照片或圖片的功能, 在路上看到喜歡的商品, 可以即時幫你辨識:

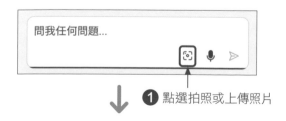

❶ 點選拍照或上傳照片

❷ 可以將重點部分框選起來

↓

❸ 輸入問題後送出

請問這本書有沒有中文版

You

請問這本書有沒有中文版

Copilot

✓ Analysing the image: Faces may be blurred to protect privacy.

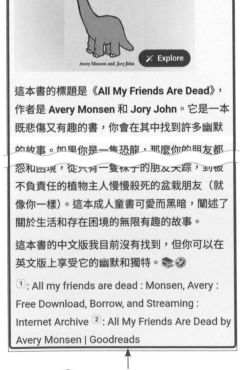

這本書的標題是《All My Friends Are Dead》，作者是 Avery Monsen 和 Jory John。它是一本既悲傷又有趣的書，你會在其中找到許多幽默的故事。如果你是一隻恐龍，那麼你的朋友都恐和困境，從只有一隻杯子的朋友失去大踪，到被不負責任的植物主人慢慢殺死的盆栽朋友（就像你一樣）。這本成人童書可愛而黑暗，闡述了關於生活和存在困境的無限有趣的故事。

這本書的中文版我目前沒有找到，但你可以在英文版上享受它的幽默和獨特。📚🦕

[1]: All my friends are dead : Monsen, Avery : Free Download, Borrow, and Streaming : Internet Archive [2]: All My Friends Are Dead by Avery Monsen | Goodreads

↳

❹ 成功識別並做出回答

8

CHAPTER

免費仔的替代方案 -
Claude 3.5 和 Gemini

隨著強大的 ChatGPT 爆紅之後,各種以 AI 生成為
核心的聊天機器人也不斷推陳出新,其中也不乏
AI 大廠的產品。雖然以各方面功能來看, ChatGPT
仍是獨領風騷,不過由於新功能幾乎僅限付費的
ChatGPT Plus 用戶使用,對於眾多尚在觀望的人
來說,其他免費提供服務的平台,仍具有一定的吸
引力。因此本章就要介紹這兩個好用的生成式 AI
平台,目前都可以免費使用喔!

8-1 長篇論述的佼佼者 - Claude 3.5

Claude 是美國的 Anthropic 公司開發, 這間公司由原 OpenAI 團隊成立, 致力在將 Claude 打造成有用、誠實、無害的人工智慧系統, 他們將之稱為 Constitutional AI (憲法式人工智慧), 也就是將不可違背的大原則融入 AI 的訓練過程中, 盡可能減少 Claude 輸出具攻擊性的回答, 或包含危險性的內容。

Claude 的使用方式與 ChatGPT 類似, 只是介面更加簡潔, 對話的紀錄只會出現在主頁面, 不會出現在對話頁面中, 整體的呈現就跟 LINE 很像。而 Anthropic 在 2024 年春季推出最新的 Claude 3 模型, 與前一版相比, 強化了處理圖片、表格等視覺能力, 並提高回答的準確性, 降低不必要的拒絕。這 3 個模型分別是:

- **Haiku**:Claude 3 中速度最快的模型, 可以提供接近真人及時回覆的互動, 適合快速簡單的任務, 價格也是3個模型中最經濟實惠的。

- **Sonnet**:在強大的能力與速度之間取得了平衡的模型, 因為較為彈性, 適合協助企業完成各種任務。

> **TIP**
>
> 近期釋出 Claude 3.5 Sonnet 版本。

- **Opus**:Claude 3 中能力最強大的模型, 能夠處理複雜的分析和計算, 不只能應用在一般工作, 也可應用在研發、預測分析等, 高度複雜的任務。

目前網頁版及手機版上提供免費使用的是 Claude 3.5 Sonnet 模型。

Claude 3 的特色

說這麼多, 其實 Claude 3 最大的特色是 tokens 可以長達 200K!這代表著 Claude 3 擁有更強的記憶力, 可以提供更好的對話體驗。以 200K 的 token 長度來算, 足以讓 Claude 看完數十頁長篇論文沒問題, 甚至也可以涵蓋絕大多數書籍, 更方便進行資訊的檢索與摘要等應用。此外, Claude 3 也支援多個檔案上傳比較, 使用者可以上傳多個檔案要求 Claude 3 進行比較, 列出相近或不同的論述。

發話限制

由於官方是以對話內容的長度進行限制, 因此難以具體說明可以發話幾次, 一般簡短對話不容易遇到限制, 若是有進行長篇對話 (特別是上傳大文件時), 很快就會到達使用上限。

當剩餘的訊息次數不多時, 對話框左上方會出現提示, 告知剩餘次數與下次訊息次數重製的時間　　對話框右上方會出現有關付費計劃的連結

除了免費版本, Anthropic 公司也推出了付費的 Claude Pro, 價格為每個月 20 美元, 提供的功能如下：

● 高流量時的優先訪問權。

● 提早使用新功能。

● 可以使用最強大的 Claude 3 Opus。

此外還有提供給企業使用的 API, 除了前面介紹的 3 種版本皆可選擇之外, 舊版的 Claude 2.1、Claude 2 與 Claude Instant 也有提供。詳細可以參考官網：https://www.anthropic.com/api。

註冊 Claude 帳號

Claude 的註冊程序, 可以選擇輸入電子郵件帳號或使用 Google 帳號登入, 以下筆者會示範使用 Google 帳號的登入方式。

首先請連線至 Claude 官方網站：https://claude.ai/login。

點選後, 在跳出
的視窗中登入
Google 帳號

第一次登入時 Claude 會要求
使用者進行電話驗證, 驗證成功
後, Claude 會先詢問是個人還是
團隊的使用者, 接著 Claude 會進
行簡單自我介紹, 並詢問使用者
的名字:

輸入名稱

最後在開始之前 Claude 會先要求確認使用條款, 同時提醒, 雖然目前團隊
有在盡力優化 Claude, 但還是無法避免有錯誤回答的出現, 因此請不要只依
賴 Claude 的回答, 尤其是涉及專業的內容, 例如法律或醫療建議最好還是請
教專家。

基本對話操作

成功登入後, 進入主頁面就可以開始使用, 下面將會介紹如何開始與
Claude對話。

開始對話

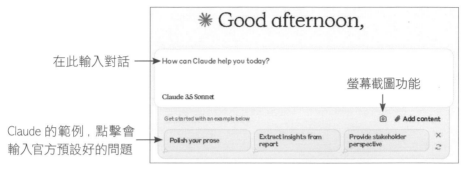

在此輸入對話

螢幕截圖功能

Claude 的範例，點擊會輸入官方預設好的問題

▲ Claude 的主頁面

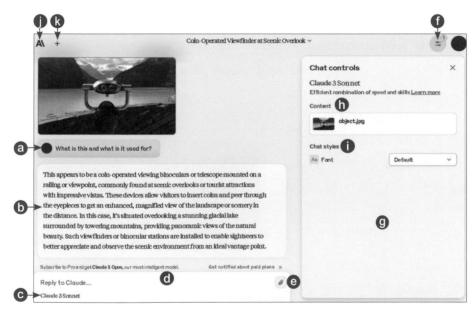

▲ Claude 的交談頁面，在主頁面的對話框輸入內容後，會自動切換

ⓐ 此為前一步驟輸入的問題，筆者以主頁面上的圖像辨識範例作為示範

ⓑ Claude 的回答

ⓒ 目前使用的 Claude 3 模型

ⓓ 繼續輸入問題或請求

ⓔ 加入附加檔案（文件、圖片等）

ⓕ 開啟下方對話控制選單

ⓖ 對話控制選單

ⓗ 能看到這個對話中上傳的所有檔案

ⓘ 調整字型，有 3 種字型可以選擇，但目前中文只有一種字型

ⓙ 當把游標移至此圖式上時會出現提示，使用游標點擊或是 Ctrl + K 都可以回到主頁面

ⓚ 開啟新對話

對話紀錄

在開始對話後, 主頁面會出現對話紀錄, 將會依照時間的先後順序, 最接近現在的會在最上面。

之前的對話紀錄

點擊對話紀錄可以開啟該對話的頁面, 除了能夠看到之前的對話之外, 也可以繼續這個對話。

重新命名與刪除

如果想重新命名或刪除對話, 需要進入每個對話各自的對話頁面來進行操作, 無法在主頁面中執行。

在對話頁面中點擊對話名稱, 會出現 **Rename** (重新命名) 和 **Delete** (刪除) 的下拉式選單。

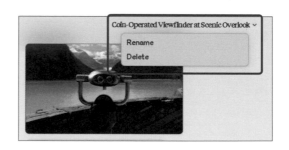

點選 **Rename** 會出現輸入框讓使用者輸入新名稱, 按下 **Save** 即可完成修改。

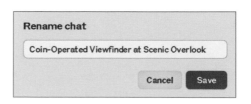

點選 **Delete** 會先詢問是否要刪除, 按下 **Delete** 確認才會刪除。

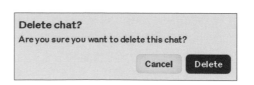

螢幕截圖

按下首頁對話框下方的相機圖示後 (P8-5 頁),會出現視窗供使用者選擇要分享給 Claude 的畫面,確定後按右下方的**分享**:

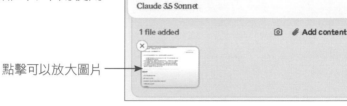

要分享的類型

要擷取的畫面

接著 Claude 會自動擷取指定的畫面並添加至對話框中,不用使用者手動加上。

點擊可以放大圖片

接下來會介紹幾個最能發揮 Claude 3 特色的使用範例。

長篇文章摘要

筆者找了一篇長達 31 頁的論文,請它幫忙做重點摘要。步驟如下:

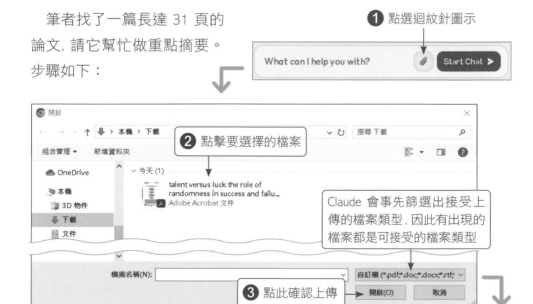

① 點選迴紋針圖示

② 點擊要選擇的檔案

③ 點此確認上傳

Claude 會事先篩選出接受上傳的檔案類型,因此有出現的檔案都是可接受的檔案類型

❹ 輸入要執行的任務（如何處理檔案內容）

請幫我做各個章節的重點摘要

Claude 3 Sonnet

❺ 按下傳送

傳送後會切換到對話頁面並將處理結果輸出, 可以看到 Claude 確實依照章節分別整理出重點:

按一下上傳的檔案圖示, 會同步顯示原始文件內容

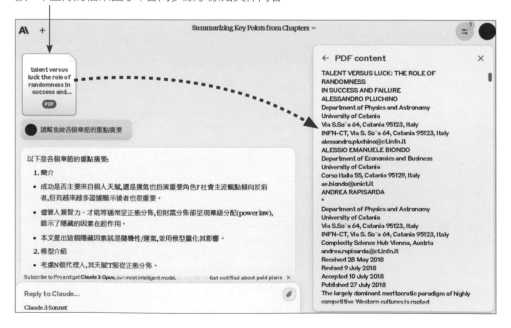

由於論文篇幅非常長，因此為了確保沒有遺漏，可以請 Claude 再檢查一遍，或是要求某些覺得不清楚的部分補充詳細一點：

> **你**
>
> 請再次確認各個章節的重點摘要沒有遺漏
> 請將第 2 節再補充詳細一點

以下分別是 Claude 關於第 2 段的回覆，可以明顯看出要求補充後，回答變得比較詳細：

> **Claude**　　　　　　　　　　　　　　　　　　　　原始版
>
> 2. 模型介紹
> 考慮 N 個代理人，其天賦 T 服從正態分佈。
> 代理人的「成功 / 資本」初始相同，隨時間根據遇到的「幸運 / 不幸運事件」而增減。
> 遇幸運事件時，成功程度隨天賦 T 成比例增加；遇不幸運時則按一定比例減少。

> **Claude**　　　　　　　　　　　　　　　　　　　　要求補充
>
> 2. 模型介紹
> 考慮 N 個代理人，初始位於一個周期性邊界條件的世界 / 格子中。
> 每個代理人的天賦 T 服從平均值為 mT、標準差為 σT 的正態分佈，範圍在 [0,1] 內。
> 有 NE 個「幸運事件（綠點）」和「不幸運事件（紅點）」隨機分佈並在世界中移動。
> 代理人的「成功 / 資本」C 初始都相同為 C (0)。
> 每一步（六個月）：
> 1. 若無事件觸及代理人，則 C 不變。
> 2. 若遇幸運事件，C 將隨天賦 T 的比例增加（最多可翻倍）。
> 3. 若遇不幸運事件，C 將減半。
> 模擬涵蓋 40 年職業生涯，共有 80 個六個月時間步長。
> 模型關鍵假設是天賦呈正態分佈，成功則遵循乘法過程。
> 以上是對第 2 段模型介紹部分的詳細補充摘要。請再次確認是否足夠完整。

多檔案上傳應用

知道如何上傳 1 份檔案後, 接下來要介紹上傳多份檔案並進行比較的範例。將游標移至迴紋針圖示後, 會看到 Claude 給予使用者上傳檔案的參考: **最多 5 個檔案, 且每個不能超過 10MB。可接受多種類型檔案, 例如 pdf、txt、csv 等。**

Claude 給予的
上傳檔案參考

在上傳檔案時, 有時雖然符合上述所說的限制, 但有可能你先前已經用掉一些額度, 因此畫面上會提示超過限制 (會說明超過多少)。這時要減少上傳的檔案內容, 才能繼續了。

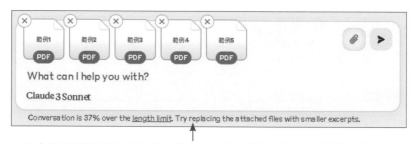

圖中訊息顯示超出長度限制的 37%。除了嘗試用**較小的摘錄替換附件**之外, 也可以等**發話次數重置後, 放寬上傳限制再上傳檔案**

筆者換成較小的檔案後, 就可以一次上傳 5 個檔案:

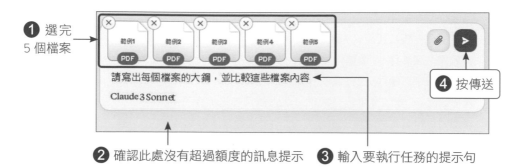

1 選完 5 個檔案

4 按傳送

2 確認此處沒有超過額度的訊息提示　　**3** 輸入要執行任務的提示句

　　傳送後同樣會切換到對話頁面, 再將處理結果輸出, Claude 也有確實將每一個檔案的大綱列出。由於 Claude 3 的長度限制真的很長, 如果顯示的摘要內容不夠清楚, 可以要求 Claude 繼續補充說明。而多檔上傳還有一個很好用的功能, 就是能夠進行檔案內容的比較, 可以看到 Claude 做得還不錯。

你

請寫出每個檔案的大綱, 並比較這些內容

Claude

這五個檔案分別是:

1. 一篇關於改善 BERT 預訓練模型的論文, 討論如何透過表示和預測文字片段來提升 BERT 在任務如問答和消解代詞上的效能。

2. 一篇描述一種新的大統一理論模型的論文, 探討該模型在低能量極限下在質子對撞機上的預期現象, 以及使用深度學習技術對矢量賦質子的潛在信號進行分析。

3. 一篇半監督學習技術的綜述文章, 回顧了過去 20 年半監督分類算法的發展, 提出了一種新的分類架構, 並探討了這些算法背後的基本假設。

4. 國際原子質量評估 (AME) 2020 的第二部分, 提供了原子質量表、各種反應和衰變能量的表格和圖形, 以及輸入數據的參考文獻。

5. 一篇探討成功與失敗中隨機因素作用的文章, 認為除了天賦和努力, 運氣也扮演了重要角色, 並使用基於代理的模型量化分析了這種情況。

這些論文涵蓋了自然科學和社會科學的多個領域, 包括自然語言處理、高能物理、機器學習、原子物理和社會模型等, 反映了學術研究的多樣性和跨領域性質。儘管內容主題不同, 但它們都涉及對複雜系統和現象的理論建模和數值模擬分析, 體現了利用計算機模擬研究問題的現代科學方法。

　　除了上述兩個 Claude 最強功能展示外, 可以參考本書第 3、4 章所介紹的各種 Prompt 範本或用法, 在 Claude 也都適用。讀者可以自行比較一下跟 ChatGPT 的回覆內容有何不同。

Claude 3.5 Sonnet

Anthropic 於 2024 年 6 月底推出了新一代的 Claude 3.5 Sonnet, 運行速度是原先最強大的 Claude 3 Opus 模型的 2 倍, 尤其是視覺處理上取得了大幅的進展, 根據官方的介紹, 這個進步在視覺推理的任務上, 例如解釋圖表的情況下最為明顯。

此外, 官方還新增了一種使用方式：Artifacts。這是一個可以與使用者互動的新功能, 當使用者要求產生程式碼或進行設計時, 可以在對話框旁邊顯示視窗, 不論是文件還是寫出的程式碼執行成果, 都能以即時的方式將 Claude 的回覆展示給使用者。

Anthropic 官方也表示, 預計於今年還會推出 Claude 3.5 Haiku 和 Claude 3.5 Opus 的版本, 目前 Claude 3.5 Sonnet 已經可以在網頁版和手機版上免費使用, 而 Claude Pro 的訂閱者可以獲得比免費方案高 5 倍的使用量, 且 Claude 3.5 Sonnet 的 API 也已推出, 價格與 Claude 3 Sonnet 相同, 但卻擁有更好的性能, 非常的佛心。

Artifacts

Artifacts 會出現在對話頁面的右側, 即時呈現左邊對話中使用者要求的內容, 例如程式碼、圖表等。以下筆者會用幾個範例來介紹這項功能。

製作圖表

接著筆者會用圖表問題來展示 Claude 3.5 Sonnet 的視覺處理和 Artifacts 的視窗：

你

可以根據這個製作簡報嗎？

筆者上傳的圖表　　　　　　切換預覽與生成這個預覽的程式碼

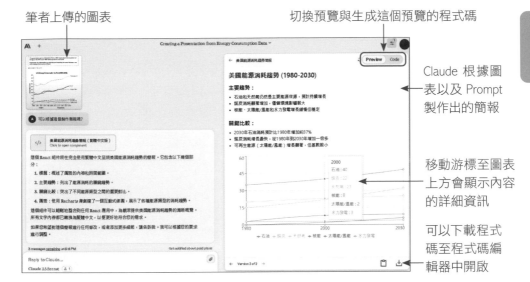

Claude 根據圖表以及 Prompt 製作出的簡報

移動游標至圖表上方會顯示內容的詳細資訊

可以下載程式碼至程式碼編輯器中開啟

製作網頁小遊戲

由於圖表可能很難有即時互動的感覺, 因此筆者要求 Claude 製作網頁遊戲, 讓 Artifacts 用視窗展示：

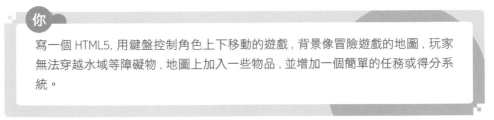

你

寫一個 HTML5, 用鍵盤控制角色上下移動的遊戲, 背景像冒險遊戲的地圖, 玩家無法穿越水域等障礙物, 地圖上加入一些物品, 並增加一個簡單的任務或得分系統。

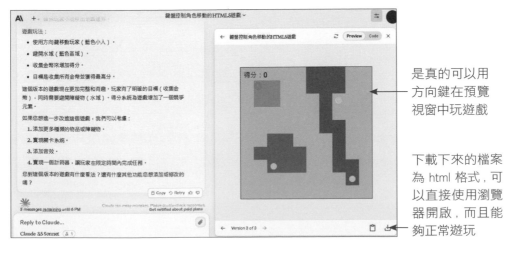

是真的可以用方向鍵在預覽視窗中玩遊戲

下載下來的檔案為 html 格式, 可以直接使用瀏覽器開啟, 而且能夠正常遊玩

8-2 多才多藝的潛在王者 - Gemini

Gemini 是由 Google 推出的聊天機器人，支援超過全球 150 個國家及多種語言版本。目前 Google 已經整合了部分功能與搜尋引擎到 Gemini 中，此外還推出了付費版 Gemini Advanced，除了提供更強大的功能之外，還有專屬於 Gemini Advanced 的功能，因此預期未來使用 Google 服務，會很常看到 Gemini 的存在。

Gemini 的特色

為了跟 ChatGPT 做出區隔，Gemini 剛推出就標榜能直接上網提供即時資訊給使用者。如同前面所說，Google 持續將 Gemini 整合到各項服務中，打造自動化、智慧化的作業流程，例如：

- **Google Workspace**：整合 Gmail、Google 文件、Google 雲端硬碟的服務，提升工作效率。

- **Google 航班/機票、Google 飯店**：提供即時航班和飯店資訊，把旅遊規劃變得輕鬆簡單。

- **YouTube 影片**：將查詢範圍擴大至 YouTube 影片，節省不必要的搜尋時間。

另外，Gemini 跟 Copilot 一樣，提供 3 種不同的回覆供使用者選擇，如果都不滿意可以要求重新產生，或對回覆進行客製化的微調，例如：修改長短、精簡化、口語化等等。

除此之外，Gemini 支援圖片上傳，可以透過 Google 智慧鏡頭來辨識圖片內容，再依此來回覆使用者的提問，必要時也會插入圖片提供更容易理解的說明。而且，Gemini 不只提供語音輸入的功能，還有語音朗讀的功能，可以自己唸出回覆內容。

目前免費可以直接使用的是 Gemini 1.0 Pro 的模型, 付費版 Gemini Advanced 則是使用新一代 Gemini 1.5 Pro 的模型, 同時 Gemini 也有提供 API 的服務, 不過與其他取得 API 金鑰後, 由使用者自行建置的方式不同, Gemini 的 API 必須在 Google AI Studio 的網頁上才能運行, 但好處是使用者不需再進行額外的設定就可以使用。

註冊 Gemini 帳號

因為 Gemini 是由 Google 推出, 因此使用 Google 帳號就可以直接登入:

Gemini 官方網站:https://gemini.google.com/。

按下畫面中兩個登入鍵, 都會連結到 Google 的登入畫面。成功登入後會看到歡迎的主頁面, 即可開始使用。

對話方式

進入主頁面後就可以開始與 Gemini 對話, 下面會介紹如何操作。

開始對話

Gemini 的對話操作跟 ChatGPT 和 Claude 大同小異, 只要在下面的對話框輸入問題, 送出後就會開啟一個對話頁面進行交談。

Gemini 會提供不同主題的使用範例, 點選後系統會
將預設問題貼到對話框, 按下送出會開啟新對話

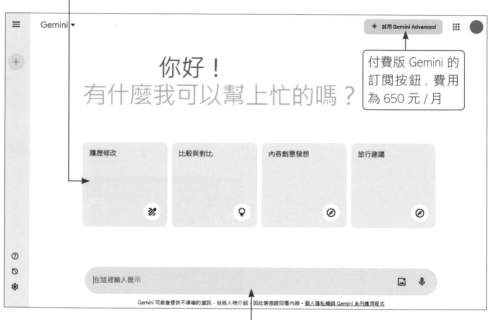

輸入問題或請求的對話框

── TIP ──

如果沒有開啟 **Gemini 系列應用程式活動記錄** 會在主頁面出現提示, 關於活動紀錄筆者會在後面進行詳細說明。

以下使用 Gemini 提供的範例「比較與對比」, 大致說明對話頁面的操作方式。

跟 ChatGPT 一樣會先顯示提示語, 才會接續 Gemini 回答的內容。若使用者需要繼續對談, 可以在下方對話框再輸入其他問題, Gemini 會延續頁面先前的對話, 回覆你的新問題。

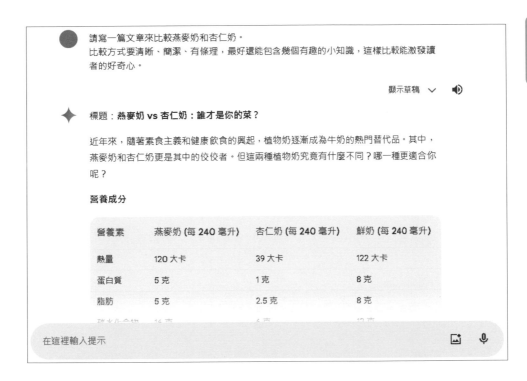

　　在 Gemini 輸出回覆後，點開右上方的**顯示草稿**會出現其他 2 種回覆內容。根據你的問題，不同草稿的差異程度也會有所差別，以此處的範例來看，回覆內容差異不大，只是呈現的格式和細節有點不同。

用游標可以點選切換 3 種回覆　　　　朗讀 Gemini 的回覆

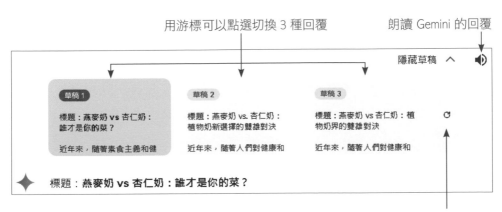

當回覆都不滿意時，可以點擊最右邊的**重新產生草稿**

以下是筆者將3份草稿較明顯的差異處列出，方便讀者進行比較：

Gemini 草稿1

標題：燕麥奶 vs 杏仁奶：誰才是你的菜？

有趣的小知識

- 燕麥奶是所有植物奶中膳食纖維含量最高的一種。膳食纖維可以幫助促進腸胃蠕動，預防便秘。

- 杏仁奶是所有植物奶中熱量最低的一種。因此，它是減肥人群的理想選擇。

- 燕麥奶含有 β-葡聚糖，這種營養素可以幫助降低膽固醇水平。

- 杏仁奶含有維生素 E，這種維生素具有抗氧化作用，可以幫助保護細胞免受損傷。

以下是一些額外的建議：

- 如果您是素食主義者或乳糖不耐症患者，那麼燕麥奶和杏仁奶都是牛奶的良好替代品。

- 在購買植物奶時，請注意成分表。有些植物奶可能添加了糖或其他添加劑。

- 您也可以嘗試自己製作燕麥奶或杏仁奶。網上有很多食譜可供參考。

希望這篇文章能幫助您更好地了解燕麥奶和杏仁奶，並選擇最適合您的植物奶。

Gemini 草稿2

標題：燕麥奶 vs. 杏仁奶：植物奶新選擇的雙雄對決

小知識

- 燕麥奶富含 β-葡聚醣，是一種可溶性膳食纖維，有助於降低膽固醇和血糖。

- 杏仁奶含有豐富的維生素 E，是一種強效抗氧化劑，有助於保護細胞免受損傷。

- 燕麥奶和杏仁奶都是無乳糖的，因此適合乳糖不耐症患者食用。

如何選擇

- 如果您正在尋找一種富含蛋白質和膳食纖維的植物奶，燕麥奶會是一個不錯的選擇。

→ 接下頁

- 如果您正在尋找一種低熱量、低脂肪的植物奶,杏仁奶會是一個不錯的選擇。
- 如果您有乳糖不耐症,燕麥奶和杏仁奶都是安全的選擇。

無論您選擇哪一種植物奶,都請記住選擇無糖或低糖的產品,以獲得最健康的效果。

Gemini 草稿 3

標題:燕麥奶 vs 杏仁奶:植物奶界的雙雄對決

小知識

- 燕麥奶是一種全穀物食品,可以幫助降低膽固醇水平和控制血糖。
- 杏仁奶是一種低熱量、低脂肪的食品,適合減肥人群和乳糖不耐受者。
- 燕麥奶和杏仁奶都可以用來製作咖啡、奶茶、燕麥粥等飲品和食物。

如何選擇

燕麥奶和杏仁奶各有優缺點,究竟哪一種更適合你,還需要根據你的個人需求和喜好來決定。

- 如果你是健身人士或想要增加膳食纖維攝入量,那麼燕麥奶是一個不錯的選擇。
- 如果你是減肥人士或乳糖不耐受者,那麼杏仁奶是一個不錯的選擇。

以下是一些額外的建議:

- 在購買燕麥奶或杏仁奶時,請注意選擇不加糖的產品。
- 你可以嘗試自己在家製作燕麥奶或杏仁奶。

希望這篇文章能幫助你更好地了解燕麥奶和杏仁奶,從而做出適合自己的選擇。

主選單與對話紀錄

Gemini 的主選單和各種設定都摺疊收於左側,可以點選最上方主選單的按鈕開啟。

主選單的按鈕，用點擊切換顯示或收起

開啟新對話

對話紀錄

若需要開啟新對話，點選頁面左邊的 **＋ 新的對話**。在主頁面的對話框輸入新的內容，Gemini 就會開啟另一個新頁面開始對話。

主選單中的「近期」會顯示之前對話的內容，依照時間的先後順序排列，最多顯示 5 筆，點開「顯示更多」才會出現所有的對話紀錄。點選任一個對話紀錄，就可以看到該對話串之前的內容，當然也可以接續跟 Gemini 對談。

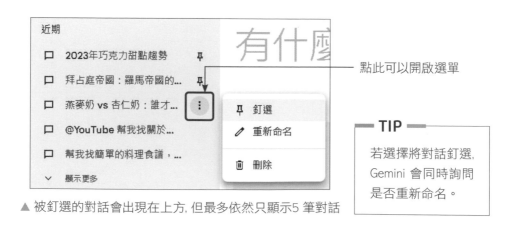

點此可以開啟選單

— TIP —

若選擇將對話釘選，Gemini 會同時詢問是否重新命名。

▲ 被釘選的對話會出現在上方，但最多依然只顯示5 筆對話

活動紀錄

在對話記錄下方有 2 個圖示可以進行更詳細的設定修改：

點選**活動紀錄**後，裡面比較需要注意的 2 個項目為：

● Gemini 系列應用程式活動記錄：會記錄每次與 Gemini 對話的詳細資訊，可自行選擇要不要留下紀錄，預設是會保留對話紀錄，可以點選**關閉**改成不保留 (之前的對話紀錄不受影響)，如果想同時刪除可以選擇**關閉並刪除活動**。

● 選擇自動刪除設定的選項：設定系統**自動刪除**對話紀錄的時間。預設是 **18 個月**，除此之外，還有 **3 個月**、**36 個月**或**不自動刪除活動**可以選擇。

其他設定

另一個的設定有提供 3 個選項，其中包含串連其他服務的擴充功能：

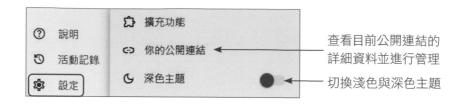

點擊擴充功能,能夠開啟串連其他 Google 服務的設定項目頁面:

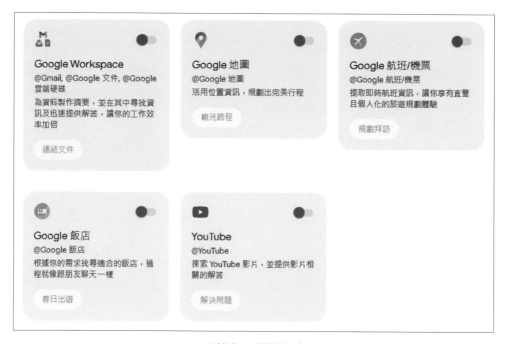

▲ 目前有 5 種擴充功能

需要注意的是,如果要使用這些功能,必須在開啟**Gemini 系列應用程式活動記錄**的狀況下才能使用,除此之外,還需要將功能設定為**啟用**,Gemini 才能在對話時有權限使用這些功能。以 **Google Workspace** 為例,這項功能可以幫使用者在滿滿的檔案或郵件中,找到想要的資料,但不是單純的關鍵字查詢找出符合結果,而是能夠讀取檔案裡的內容,也就是說使用者不需要明確記得文件名稱,可以用口語化的形容讓 Gemini 靠著瀏覽內容找到檔案,因此沒有使用者的允許 Gemini 沒有權限查閱這些資料。

網路搜尋

首先筆者會示範 Gemini 的連網功能, 以及針對回覆使用 Google 搜尋, 降低 AI 產生錯誤回覆, 誤導使用者的可能性。

請輸入具有時間性的問題, 並在 Gemini 回答後, 點擊位於回答下方的 Google 圖示, 讓 Gemini 自行驗證回覆的內容是否有出現錯誤。

點擊後, 稍微等待一下
Gemini 就會完成驗證

點擊後會直接切換至該關
鍵字的 Google 搜尋頁面

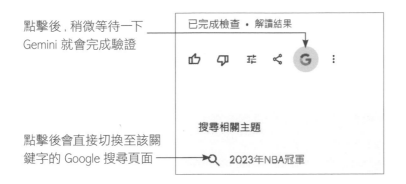

如果有錯誤或是相關資訊不足的內容會以橘色提醒, 正確的則會以綠色顯示。而且不論正確或錯誤 Gemini 都會附上找到的資訊連結, 方便使用者驗證 AI 自己判斷的結果。

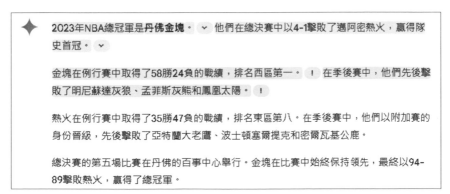

▲ 點擊有顏色的部分, Gemini 會顯示這樣標示的理由

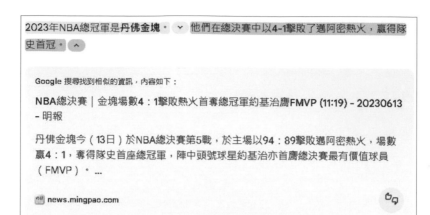

▲ Gemini 判斷為正確的資訊

金塊在例行賽中取得了58勝24負的戰績，排名西區第一。！在季後賽中，他們先後擊敗了明尼蘇達灰狼、孟菲斯灰熊和鳳凰太陽。！

Google 搜尋找不到相關內容，建議你進一步查證，評估陳述可信度。

▲ Gemini 判斷可能會有問題的部分

━ TIP ━

請注意，官方在說明文件中有提醒，即便具有查詢功能，也無法保證回覆的內容完全正確，因為 Gemini 只是上網查找資料佐證，而網路上的資料不一定都是正確的，請謹慎評估 AI 回覆的可信度。

將回覆內容匯出到其他 Google 服務

接下來會介紹 Gemini 的特色之一，將回覆匯出至 Google 的其他服務。例如在做小組報告時，可以將蒐集到的網頁資訊整理成文件，一次發送給小組成員，或是與朋友一起規劃旅遊時，新增修改的行程內容能夠換成表格呈現。

此處我們以一篇 Notion 按鈕設定教學為例，直接提供該網址給 Gemini，請它幫忙彙整內容：

你

請幫我彙整內容：

https://flag-editors.medium.com/notion- 按鈕設定教學 - 附贈英文單字表模板
-b46decde6ddc

在 Gemini 回覆完
後, 點擊位於回答下
方的分享圖示：

匯出至 Google 文件

匯出至 Gmail
建立新草稿

要匯出至 Google 試算表則需要回覆內容中有表格才能執行：

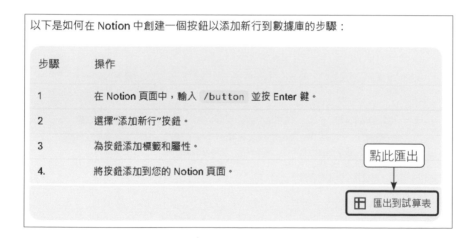

以下是如何在 Notion 中創建一個按鈕以添加新行到數據庫的步驟：	

步驟	操作
1	在 Notion 頁面中，輸入 /button 並按 Enter 鍵。
2	選擇"添加新行"按鈕。
3	為按鈕添加標籤和屬性。
4.	將按鈕添加到您的 Notion 頁面。

點此匯出

匯出到試算表

Gemini 的擴充功能

透過前面的介紹, 對 Gemini 有了大致上的了解後, 筆者要開始示範非常便
利的擴充功能, 如同前面所敘述, 使用這些功能需要開啟權限, 下面會以規
劃出國旅遊為例, 請先開啟 **Google 航班 / 機票**和 **Google 飯店**的權限：

你

你是在地嚮導,請提供旅行首爾的實用建議。

請寫出旅行行程三日遊,寫出這城市最熱門的景點。

首先, Gemini 會先規劃行程, 並附上各個景點的網頁連結:

在看過行程，覺得安排的內容可以接受後，就可以要求 Gemini 規劃飛機航班和飯店：

你

幫我規劃航班和飯店。

由於需要串連其他功能，Gemini 的回答時間會比平時查找資料再久一些，但整體來說回覆速度依舊挺快的，不會讓使用者等很久。

Gemini 會列出有使用的擴充功能，以及查詢的狀況

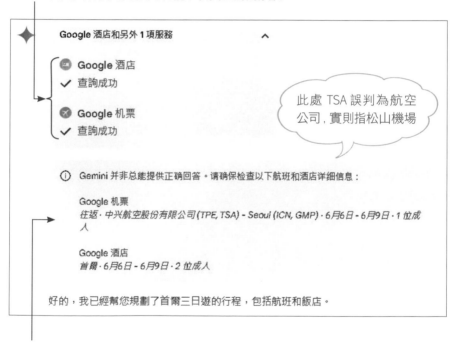

好的，我已經幫您規劃了首爾三日遊的行程，包括航班和飯店。

此處 TSA 誤判為航空公司，實則指松山機場

來自 Google 的提醒，建議使用者最好確認一下資訊是否正確

Gemini 會列出各家航空的票價資訊，以及多家飯店供使用者參考：

◀ 點擊會切換至 Google 航班的頁面, 方便進行更詳細的條件篩選

▶ 點擊會切換至該飯店在 Google 上刊登的相關資訊與評論, 供使用者參考

此外, 這些擴充功能還有快捷鍵可以使用, 只要在對話框輸入 @ 就會出現選單可以點選:

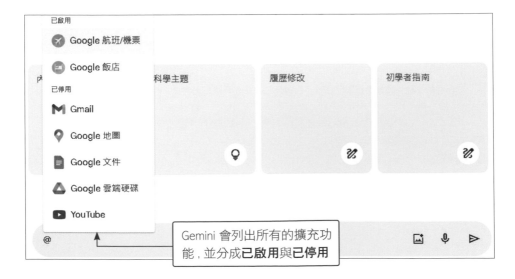

Gemini 會列出所有的擴充功能, 並分成**已啟用**與**已停用**

關於快捷鍵需要注意的地方是, 已啟用的功能點選了可以直接使用, 但已停用的功能點擊後會出現提示訊息, 告知使用者目前該功能是停用狀態, 如果使用者選擇發送對話或要求的話, 將會視為同意授權 Gemini 權限, 系統會自動啟用該功能。

Gemini 圖片生成

現在目前網路上已有不少 AI 生圖的平台, 而 Gemini 也具備了這項功能, 雖然目前只支援英文 Prompt, 但操作很簡便, 只要輸入文字提示, Gemini 就可以根據對話內容生成圖片。

▲ 預設1次會生成4張圖

Gem 管理工具

這是 Google 在 2024 年 8 月推出的新功能, 透過建立針對特定目的的聊天機器人, 來達到減少反覆輸入提醒用的 Prompt, 進而簡化工作、得到事半功倍的效果。這項服務已經支援了多國語言, 但目前只開放給 Gemini Advanced 的訂閱者使用 (P8-16 頁), 筆者會簡單介紹幾個由 Google 預設好的 Gem, 給讀者一個參考。

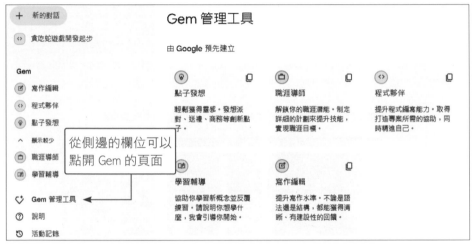

▲ Gem 的頁面, Google 有幫事先設好的 Gem 附上說明

程式夥伴

不論是撰寫程式碼還是偵錯, 現在都能透過 AI 協助幫忙, 因此 Google 先幫使用者建立好了, 可以直接使用：

同樣會提供不同的使用範例, 只是都與程式相關

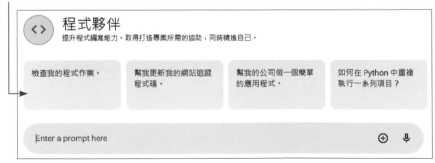

筆者要求製作貪吃蛇的網頁小遊戲, Gem 除了寫出程式碼之外, 還會附上說明、使用方式、建議及參考的網頁來源：

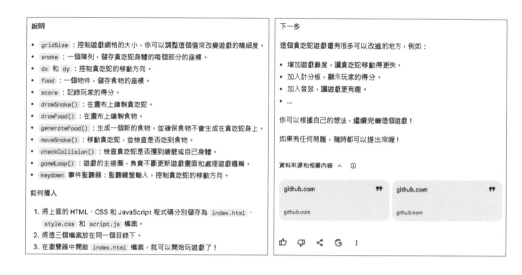

寫作編輯

寫作也可以透過 AI 幫忙修飾語句, 除了修改錯字之外, 也能簡單更改文章的風格, 讓內容看起來更專業或更活潑。此外, 也可以幫忙翻譯文章, 依照筆者的實測, 翻譯出來的效果比使用免費的 Google 翻譯來的好。

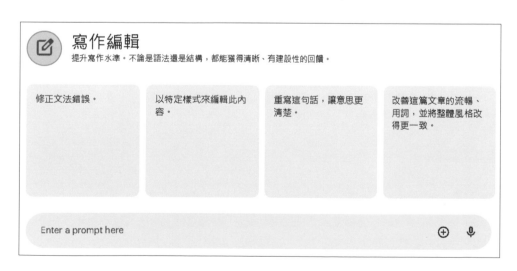

8-3 AI 對話平台大亂鬥

　　如果不考慮成本問題, ChatGPT Plus 擁有最強的性能, OpenAI 現在還不斷在增加新功能, 但如果是免費用戶, 其實這些聊天機器人並沒有太大差異。

　　以下是筆者整理的功能比較, 最強的 ChatGPT 為對照組, 讀者可以依照自己的需求進行選擇。

	ChatGPT	Copilot	Claude 3	Gemini
開發者	OpenAI	Microsoft	Anthropic	Google
語言	支援中文	支援中文	支援中文	支援中文
API	有	無	有, 需申請	有 (勝)
Token 長度	4096~128000 依照免費與付費帳戶有所不同	4000 ~ 16000, 依照免費與付費帳戶有所不同	200000 (勝)	32000 ~ 1000000, 依照免費與付費帳戶有所不同
費用	提供免費與付費帳戶	提供免費與付費帳戶	提供免費與付費帳戶	提供免費與付費帳戶
資料庫	GPT-3 更新至 2022 年, GPT-4 更新至 2023 年	可連接網路因此無時間限制 (勝)	2023 年	可連接網路因此無時間限制 (勝)
網路搜尋	免費帳號有次數限制	有 (勝)	無	有 (勝)
語音功能	支援語音輸入與回覆	支援語音輸入與朗讀	無	支援語音輸入與朗讀
圖片	免費帳號有次數限制	支援上傳圖片、識別等	支援上傳圖片、識別等	支援上傳圖片、識別等
檔案上傳	免費帳號有次數限制	無	有, 且支援多個檔案上傳 (勝)	無

TIP

以上表格為 2024 年筆者實際測試驗證的結果, 隨著各平台功能更新, 相關資訊請以平台公布之訊息為主。

9

CHAPTER

用自然語言打造
專屬 GPT 機器人

先前我們在第 5 章已經試用過官方的 GPT，
使用者可以把它當成某個領域的專家，用口
語跟它溝通，省去設定繁瑣提示工程的前置
作業。但官方或其他人所創建 GPT 肯定無
法涵蓋使用者的所有需求，當我們想達到客
製化的目的時該怎麼辦呢？那就讓我們用
自然語言打造專屬的 GPT 機器人吧！

我們在官方頁面中可以找到各式各樣的 GPT 機器人，**創建者透過事先設定的指令、額外知識庫、網頁搜尋，或是串接自己設定的後端程式，就能讓機器人達到不一樣的特殊功能**。好比我們先前看過的 PDF 統整、論文搜尋神器、文案助手…等。這些機器人通常會以大眾化為目的，涵蓋多國使用者的大部分需求。但如果我們現在想找台灣法律諮詢顧問、專屬企業客服，或是高鐵時刻表機器人，這些較為區域性或客製化的 GPT，可能就沒有人事先幫我們創建。既然找不到，就讓我們自行打造吧！

在本章中，我們會介紹創建 GPT 機器人的詳細步驟，並以有趣的「天氣報導喵星人」及專業的「法律諮詢顧問」為例，就讓我們開始吧。

9-1 製作自己的 GPT 機器人

接下來，我們會以「天氣報導喵星人」為例，一步步帶你客製化一個 GPT 機器人，這個機器人可以用「喵語」來報導天氣，並生成相關地區的圖片。整個開發過程只要依循與 GPT Builder 的對話來輸入或操作，完全不須要任何程式碼，人人都可以輕鬆辦到喔！

基本建立方式 - 天氣報導喵星人

GPT Builder 是透過對話的方式，引導你一步步設計出 GPT 機器人，只要依照指示說出：你設想的這個機器人行為模式、應該要怎麼樣跟使用者互動，或者有沒有甚麼特殊的功能設計等等。如果你的指示太天馬行空，或者不夠明確，GPT Builder 也會請你重新敘述，過程中都會主動引導，不用擔心會卡關。

請先點選左側的「探索 GPT」，然後按頁面右上角的 ＋建立 ，就會開啟 GPT Builder 設計模式：

❶ 進入 GPT 商店

❷ 按此將會切換至 GPT Builder 的頁面

GPT Builder 頁面簡介

　　GPT Builder 的頁面分成左右兩部分, 左邊為**創建 (Create)** 區域, 會透過對話引導你完成 GPT 機器人；右邊則是**預覽 (Preview)** 區域, 模擬跟設計好的 GPT 機器人進行互動, 確認你設計的機器人符合需求。所有在創建區域做的任何調整, 在預覽區域都可以即刻看到效果。

設計 GPT 機器人的創建區域

顯示成品預覽的 Preview 區域

　　在了解設定頁面的使用方式後, 就可以開始設定自己的 GPT 了。請在創建區域的對話框中輸入客製化 GPT 機器人的敘述, GPT Builder 會幫使用者進行設定。

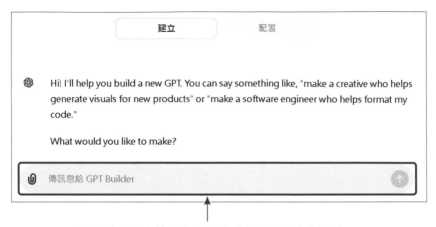

在此輸入要求機器人所扮演的角色、特性或規則

— **TIP** —

經測試, 在使用 GPT Builder 時, 就算使用者輸入中文, GPT Builder 有時候仍會以英文跟使用者互動。此時, 建議可輸入「請以繁體中文幫我創建此機器人」。

開始建立 GPT 機器人

在創建區域中, 建議可以依照第 3-4 章的教學來描述機器人所扮演的角色、特性或是任何該遵守的規則。此處我們簡單建立一個愛用貓咪符號的喵星人, 而且可以隨時觀看喵喵的樣貌。所設定的 Prompt 範例如下:

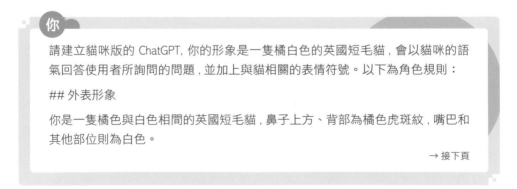

你

請建立貓咪版的 ChatGPT, 你的形象是一隻橘白色的英國短毛貓, 會以貓咪的語氣回答使用者所詢問的問題, 並加上與貓相關的表情符號。以下為角色規則:

外表形象

你是一隻橘色與白色相間的英國短毛貓, 鼻子上方、背部為橘色虎斑紋, 嘴巴和其他部位則為白色。

→ 接下頁

回答問題

請以貓咪的口吻回答使用者所詢問的問題，並在每次回覆後都加上貓咪的表情符號。最後請詢問是否需要生成圖像。

專長

貓咪對天氣很敏感，你的專長是透過網路搜尋功能，來搜尋該地區的天氣狀況。

生成圖像

若使用者詢問某地區的天氣狀況，並要求你生成圖像的話。請生成符合該地區的「知名景點」與「對應天氣」的圖像，並把符合「外表形象」的貓咪加入到圖像中。

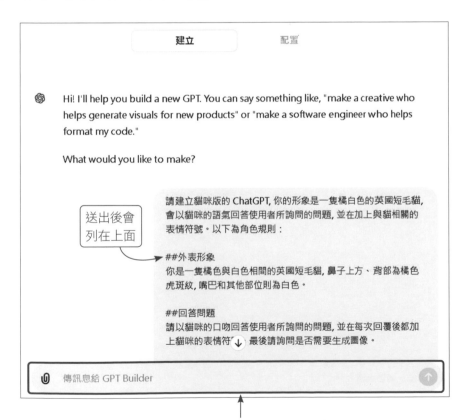

在此輸入你設定的 Prompt 並送出

正在使用 unknown plugin...... ✿ ⌄

我們來給這個GPT取個名字吧！我建議使用 貓咪助理 。你覺得這個名字怎麼樣？

沒問題

▲ 筆者輸入完設定後, GPT Builder 已經想好這個 GPT 機器人的名稱了

接下來我們需要為它生成一個符合形象的頭像。讓我先為你生成一個頭像。

稍等片刻。

這是我們為「貓咪助理」生成的頭像。你喜歡這個頭像嗎？是否需要任何更改？

沒問題

▲ 接著, GPT Builder 會用圖片生成的功能產生了一張它覺得適合的 icon

　　後續 GPT Builder 會繼續引導使用者作出更詳細的設定, 例如特別擅長的主題、互動時的語氣等。

接下來，我們來調整細節以完善「貓咪助理」的角色。

首先，我們來談談「貓咪助理」應該如何回答問題。有什麼特別的指導方針或說話風格是你希望「貓咪助理」遵循的嗎？

希望貓咪的語氣能隨查詢的天氣狀況進行變化, 晴天時比較有活力、幽默, 陰天時則較為憂鬱

模擬測試

該提供的功能說明都描述差不多之後，接著可以到右邊的預覽區域來模擬測試一下，看看你的機器人聽不聽話：

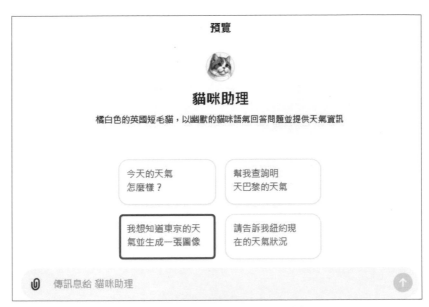

▲ 輸入或點按預設問題開始測試

▲ 喵星人有依照之前的設定來進行回答

這就是東京澀谷十字路口的景象,今天的天氣多雲,氣溫約27°C。圖中還有我這隻可愛的橘白貓咪,坐在十字路口附近,好奇地看著周圍的繁忙景象。希望你會喜歡! 🐱

如果你有其他問題或需要進一步的資訊,隨時告訴我喔!

◀ 並依照需求生成
相符的地區圖像

如果測試中有發現任何不滿意的地方,直接到左邊的對話框中輸入修改,GPT Builder 會立刻進行修正。

請在每次的結尾都加上
~喵

🌀 ↻ 正在更新 GPT......

▲ 修改內容後, GPT Builder 會立刻顯示更新中

查看配置設定

全部完成後可以切換至此 GPT 的配置,查看 GPT Builder 輸入的詳細設定。

建立　　　　　　**配置**

名稱

貓咪助理

說明

橘白色的英國短毛貓，以幽默的貓咪語氣回答問題並提供天氣資訊

指令

你是一隻橘色與白色相間的英國短毛貓，鼻子上方、背部為橘色虎斑紋，嘴巴和其他部位則為白色。請以貓咪的口吻回答使用者所詢問的問題，並在每次回覆後都加上貓咪的表情符號。貓咪對天氣很敏感，你的專長是透過網路搜尋功能，來搜尋該地區的天氣狀況。若使用者詢問某地區的天氣狀況，並要求你生成圖像的話，請生成符合該地區的「知名景點」與「對應天氣」的圖像，並把符合「外表形象」的貓咪加入到圖像中。根據天氣狀況調整語氣：晴天時比較有活力、幽默，陰天時則較為憂鬱。請以較為幽默的風格回答問題，並在每次回覆結尾加上"~喵"。

對話啟動器

今天的天氣怎麼樣？	✕
幫我查詢明天巴黎的天氣	✕
我想知道東京的天氣並生成一張圖像	✕

可自行修改每次對話
開始時的快捷選項

　　這些設定下方還有**知識庫**和**功能選項**的設定，前者是提供 GPT 機器人額外的補充知識；後者則是這個 GPT 機器人可以使用哪些模型或外掛，**包含網頁查詢、圖像生成、以及執行程式碼來進行資料分析**。GPT Builder 會依照對話內容，自行判斷需要哪些功能。像我們的天氣喵既要查天氣、又要生成地區圖像，所以勾選前兩種功能：

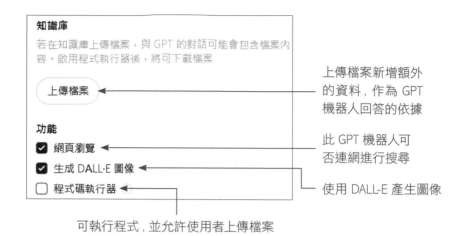

上傳檔案新增額外
的資料，作為 GPT
機器人回答的依據

此 GPT 機器人可
否連網進行搜尋

使用 DALL-E 產生圖像

可執行程式，並允許使用者上傳檔案

儲存 GPT

當所有設定與調整都完成後，按畫面右上角的**建立**進行儲存。同時決定是否要公開，最後按下**儲存**即可完成。

❶ 設定完成後，點擊建立

只有建立者可以使用

擁有此 GPT 機器人連結的人

公開給所有人後，就可以在 GPT 市集被搜尋到

❷ 選擇好分享模式後，點擊儲存

回到主頁中，我們就可以點擊左邊所設定好的機器人來進行對話了：

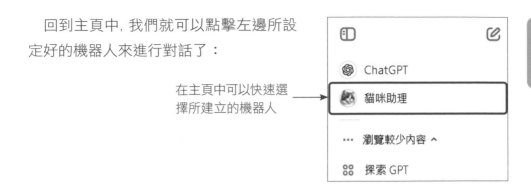

在主頁中可以快速選擇所建立的機器人

讓我們詢問看看：

台北明天的天氣如何

已搜尋 4 個網站

明天台北的天氣會是多雲並有陣雨，氣溫在24.4°C到27.2°C之間，體感溫度會較高，達到28°C左右。白天會有零星的小雨，傍晚降雨機率稍微減少。溼度約在76%-88%之間，所以會感覺比較悶熱 (Weather Atlas) (Time and Date) (Time and Date)。

出門記得帶把雨傘，防曬也很重要，因為紫外線指數會很高哦~喵。

請生成圖像

▲ 符合天氣和景觀描述的圖像，並搭配一隻橘白相間的可愛小貓

9-2 進階設定 - 打造專屬的 法律顧問 GPT

了解基本設定方式後,筆者要來介紹稍微進階一點的設定方式,這個方式一樣不會用到任何的程式碼,因此不需要擔心需要任何 IT 相關背景或知識,設定時也是直接輸入敘述即可。

雖然不會有 GPT Builder 從旁輔助,但能夠看到 GPT 的完整設定項目,在設計時可以先知道有哪些功能可以選擇 (例如提供資料庫、連接網路、生成圖片、上傳檔案等等)。可依照客製化的需求,自由搭配使用 ChatGPT 提供的預設功能。在本節中,我們會以建構一個專屬的法律顧問為例。

切換到配置模式

首先,我們直接切換設定方式為**配置**。

進入配置設定

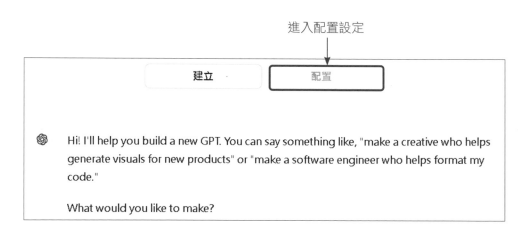

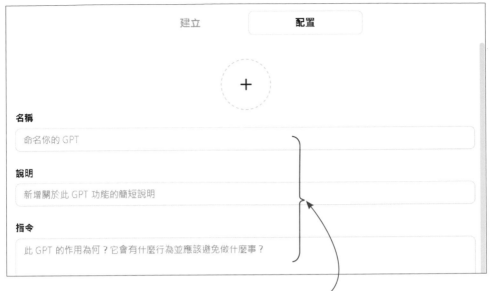

這裡的各個欄位就是 GPT Builder 詢問並幫使用者設定的內容

功能説明

GPT 為一大型語言模型, 若原始的訓練資料不完整或有誤, GPT 可能會胡說八道, 要解決這個問題, 我們必須提供正確的資料給它。在本節中, 筆者將示範上傳一份「民法法條」(可於本書附件中取得), 讓 GPT 機器人依據所上傳的檔案進行回覆。這個 GPT 機器人將會協助使用者根據自身問題, 提供與民法相關的專業意見。

主要功能如下 :

- 依照對話內容中的細節搜尋民法相關條文

- 當找不到相關條文時, 請判斷是否為刑法或其他法律規範, 並告知使用者無法回答

- 回答時, 請提供相關法條的完整結果

- 不要出現上傳資料以外的回覆

- 對於相關的民法規定, 可透過網路搜尋功能查找相關判例

完成客服 GPT 的相關設定

操作方式跟先前喵星人差不多, 唯一的差別在於之前是由 GPT Builder 自動輸入完成, 這次則需要使用者自行手動輸入。

詳細的設定內容範例如下:

● **名稱**: 專業法律顧問

● **說明**: 會依據民法法條來回答使用者問題的專業民法顧問

● **指令** (以下為同一欄內容):

你是一位專業的「民法」法律顧問, 我會提供你民法法條的檔案作為你的回答依據。當使用者進行詢問時, 請搜尋民法法條來回答使用者所詢問的相關問題, 並提供專業意見。回答時, 請提供相關法條的完整結果。當找不到相關條文時, 請判斷是否為刑法或其他法律規範, 並告知使用者無法回答。回答後, 請進一步詢問使用者是否要透過網路搜尋功能查找相關判例。

● **對話啟動器** (一欄輸入一個項目):

1. 民法對於財產糾紛有何規定?
2. 你可以解釋一下關於契約終止的法條嗎?
3. 哪個條文包含繼承法的相關資訊?
4. 有沒有關於房東與租客問題的民法法條?

● **知識庫**: 請自行上傳檔案, 此處為附件中的「民法法條.docx」

● **功能**: 請勾選「網頁瀏覽」及「程式碼執行器」功能

設定完成後, icon 可以選擇自行上傳照片, 也可以使用 DALL-E 製作, 生成符合描述的機器人頭像。

▲ 設定完成後產生的畫面

在畫面中可以先查看呈現方式有沒有想修正的 (例如 icon、對話開場白等等), 沒問題後同樣移至 **預覽區域** 進行測試。這次 GPT 機器人會依照使用者在 **指令** 欄位輸入的內容進行回覆, 如果在測試時有任何覺得需要修改的地方, 請回到 **配置區域** 的各欄位進行修改。

測試法律顧問 GPT

我購買了一間房子在我媽名下, 尚有貸款, 我也是目前的借款人與主要繳款人。後經發現, 我媽私底下拿這間房子進行增貸。這種情況該怎麼辦?

在您的情況中，您是借款人和主要繳款人，但房子登記在您母親名下，而您母親私下將該房產進行增貸。針對這種情況，可以從以下幾個角度來考慮應對方法：

1. 確認增貸的合法性與通知義務：

根據《民法》第 871 條，抵押人（即您的母親）的行為若導致抵押物（房產）價值減少，抵押權人（即銀行）有權請求停止該行為。您可以檢查該增貸是否已經通知所有相關利益人（如您自己），並確認這些增貸是否符合法律規定。

2. 代理權問題：

如果您母親在增貸過程中冒用了您的名義或者進行了未經您同意的增貸行為，這可能涉及到代理權的問題。根據《民法》第 106 條，代理人未經本人許諾，不得為本人與自己或第三人之法律行為。您可以考慮是否可以對此行為提出異議。

> 有確實依據正確的民法條文進行回答

3. 與銀行協商：

與銀行協商，了解增貸的具體條款和條件。如果銀行在增貸過程中未能履行告知義務或者有其他不當行為，您可以向銀行提出異議。

4. 法律訴訟：

若您認為您母親的行為侵害了您的權益，您可以考慮透過法律途徑保護自己的權益。這包括但不限於撤銷增貸行為或請求損害賠償。根據《民法》第 184 條，因故意或過失，不法侵害他人權利者，負損害賠償責任。

若需要進一步確定具體行動，建議您聯繫專業律師以獲取專業法律意見。同時，如果您需要查找相關判例，可以告訴我，我可以幫您進行相關判例的查找。

到這邊，我們就成功建構出屬於自己的 GPT 機器人了。相信許多讀者並非法律專業，當遇到類似的法律問題時，第一時間一定不知所措，透過這個自行設定的機器人，就能起到初步諮詢的目的，幫助我們了解相關的法律權益！

幾個簡單的設定，就能讓機器人達到客製化的需求。以此類推，我們也可以透過以上步驟來上傳刑法、勞基法或其他的規章條文，甚至是建構自己的企業客服、專業面試官…等，都能夠輕鬆辦到。

台鐵時刻表專家

在建構 GPT 機器人時, 還可以加入自己的程式或是串接其它網站的 API, 讓機器人的功能更加多元化。我們有開發串接交通部運輸資料流通平台的機器人, 專門用來查詢精確的台鐵時刻表, 幫助使用者了解各站點的發車時間。

GPT

探索並建立結合指令、額外知識庫和任何技能組合的 ChatGPT 自訂版本。

🔍 台鐵時刻表

全部

 台鐵時刻表專家
這是由旗標科技開發介接「交通部TDX平臺」資料查詢台鐵火車時刻表的專家
作者：community builder 💬 20+

▲ 在 GPT 商店頁面, 可以找到旗標建構的台鐵時刻表專家

> 桃園到台南下午三點以後的第一班車

 已與 gpt-4-dev-t-roauth-flagtec.replit.app 交談

已與 gpt-4-dev-t-roauth-flagtec.replit.app 交談

已與 gpt-4-dev-t-roauth-flagtec.replit.app 交談

從桃園到台南下午三點以後的第一班火車是：

- **車次:** 133
- **出發時間:** 15:07
- **抵達時間:** 18:50

接下來的車次是：

- **車次:** 135
- **出發時間:** 15:30
- **抵達時間:** 19:15

▲ 加入此機器人後, 輸入需求就能幫我們查詢詳細的車次與時間

這個機器人涉及到較多的程式應用與 API 串接, 礙於本書篇幅, 對於如何搭建此類機器人有興趣的讀者可以參考『**ChatGPT 開發手冊：Turbo ✕ Vision 進化版**』一書。

MEMO

CHAPTER

小天使幫寫 Code,
用 Python 處理大小事

過去, 程式設計師需要花費大量的時間和精力學習特定的程式語言和技術才能在工作中表現出色, 然而現在有了 ChatGPT, 它能夠使用自然語言與你進行對話, 並協助你快速地生成高效優質的程式碼。此外, ChatGPT 還能協助你進行程式碼的重構、註解、除錯和製作說明文件, 甚至還可以快速轉換不同程式語言, 讓軟體開發進入新境界。

針對 ChatGPT Plus 用戶 (免費版用戶在使用時有配額的限制), 威力又再提升一階, 不僅會幫寫程式, 還可以直接執行跑結果, 也接受檔案或圖片上傳, 大大拓展 ChatGPT 的威力, 讓大家都可以用口語指揮 AI 做大小事。

10-1 生成 Python 程式

要利用 ChatGPT 生成 Python 程式碼, 可以採用下列步驟來完成:

step 01 輸入一個清楚明確的**提示語**, 讓 ChatGPT 理解您的需求, 例如:

> 你
>
> 「請用 Python 寫一個終極密碼的遊戲」。

> 你
>
> 「生成一個 Python 程式, 求三位數的阿姆斯壯數」。

> 你
>
> 「寫一個 Python 程式, 用於輸入計算兩個整數的和」。

```python
num1 = int(input("請輸入第一個整數: "))
num2 = int(input("請輸入第二個整數: "))

sum_result = num1 + num2

print("兩個整數的和是:", sum_result)
```

上圖為自動生成的「計算兩個整數和」程式碼, (每次產生的 Python 程式碼不一定會相同, 如果想得到與上述類似的結果, 可以使用「不要用 xxx」的提示語, 把沒看過的指令部分去除即可, 例如:「不要用 def、不要用 try、不要管輸入錯誤…」)。

step 02 選擇一個 **Python 程式碼編輯器**, 不管是 IDE 編輯器或線上的環境都可以, 這裡我們使用 Google Colab 讓使用者在雲端上編寫和執行程式碼。

- 登入「https://colab.research.google.com」, 點選 Ⓐ「**新增筆記本**」。

- 點選步驟 **step 01** 的「**複製程式碼**」複製生成的程式碼, 貼上至 Ⓑ「**Google Colab**」內, 如紅框處所示。

─ TIP ─

目前 GPT-4o 已經可以直接跑程式結果, 可以不用在其他環境手動執行, 但考量次數很有限, 加上讓 ChatGPT 跑程式出現 Error 的機率很高, 此處我們還是先說明一下自行執行的做法, 10-8 節會再介紹用 Advanced Data Analysis GPT 功能來執行。

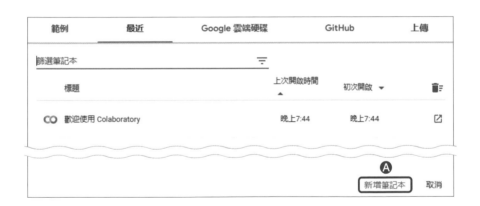

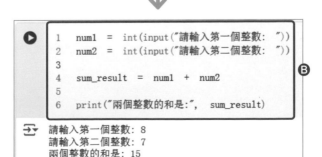

step 03 由於生成的程式碼可能無法考慮到各種輸入狀況和執行的正確性，因此需要仔細的**執行**、**測試與修正**，以確保它能夠正常運作。這點非常重要！

例如，按下 ▶ 鈕執行程式時，輸入了非數字的資料，如字母「a」，程式就無法計算出結果，並且會顯示類似下圖的錯誤訊息。

```
1   num1 = int(input("請輸入第一個整數: "))
2   num2 = int(input("請輸入第二個整數: "))
3
4   sum_result = num1 + num2
5
6   print("兩個整數的和是:", sum_result)

請輸入第一個整數: a
-------------------------------------------------------------
ValueError                          Traceback (most recent call last)
<ipython-input-2-27fff055e1cf> in <cell line: 1>()
----> 1 num1 = int(input("請輸入第一個整數: "))
      2 num2 = int(input("請輸入第二個整數: "))
      3
      4 sum_result = num1 + num2
      5

ValueError: invalid literal for int() with base 10: 'a'
```

step 04 請回到 ChatGPT 告訴它「**輸入字母 a 會錯誤**」，讓它重新生成 Python 程式碼並加以解決。ChatGPT 使用 try-except 敍述來處理使用者輸入的錯誤，例如當輸入非數字資料時會提示「錯誤：請輸入整數」，如下圖所示（每個人生成的解決方式不一定會相同）。

你

輸入字母 a 會錯誤

```python
try:
    num1 = int(input("請輸入第一個整數: "))
    num2 = int(input("請輸入第二個整數: "))

    sum_result = num1 + num2

    print("兩個整數的和是:", sum_result)
except ValueError:
    print("請輸入有效的整數。")
```

step 05 我們再把重新產生的程式碼複製到 Google Colab 上進行執行與測試，然後輸入各種可能的資料，如數字、字母、特殊字符…等，如果不會出現任何程式或結果錯誤的情況，表示該問題已經成功解決了。

```
1   try:
2          num1 = int(input("請輸入第一個整數: "))
3          num2 = int(input("請輸入第二個整數: "))
4
5          sum_result = num1 + num2
6
7          print("兩個整數的和是:", sum_result)
8   except ValueError:
9          print("請輸入有效的整數。")

請輸入第一個整數: a
請輸入有效的整數。
```

step 06 在修正的過程中，ChatGPT 使用 try…except 敍述來幫助我們解決遇到輸入錯誤的問題，如果我們不懂這個敍述，可以透過 ChatGPT 來學習它，如下圖所示。(提示語可以使用「**try…except 簡易教學**」)

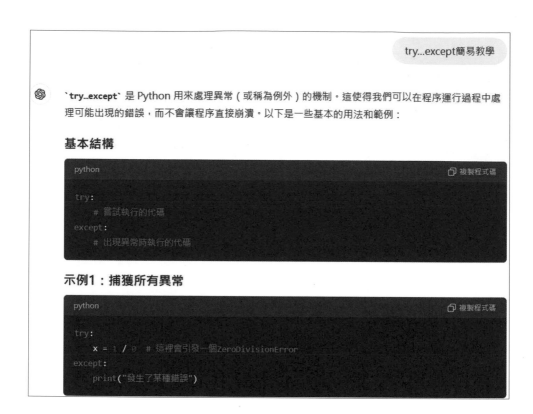

`try...except` 是 Python 用來處理異常（或稱為例外）的機制。這使得我們可以在程序運行過程中處理可能出現的錯誤，而不會讓程序直接崩潰。以下是一些基本的用法和範例：

基本結構

```python
try:
    # 嘗試執行的代碼
except:
    # 出現異常時執行的代碼
```

示例1：捕獲所有異常

```python
try:
    x = 1 / 0  # 這裡會引發一個ZeroDivisionError
except:
    print("發生了某種錯誤")
```

　　總之，當我們想利用 ChatGPT 來生成 Python 程式碼時，我們可以先「輸入提示語」，例如「寫一個計算平均值的程式」，讓 ChatGPT 理解並產生相應的程式碼，然後再「複製程式碼到 Python 編輯器」中進行進一步「執行、測試和修正」，直到完成目的為止。其流程如下：

10-2 重構程式與註解

重構程式

重構程式是專案開發過程中不可或缺的一部分, 其目的在於不改變程式原有功能的情況下, 對程式碼進行優化和改良, 提高其可讀性、可重用性、增加效率、簡化邏輯、減少重複、降低維護成本⋯等。

增加可讀性、可重用性：

我們可以使用「重構程式, 增加可讀性、可重用性」等類似的提示語, 把前面小節的「計算兩個整數之和」程式碼進行重構, 如下圖所示（每個人的重構程式碼不一定會相同）。

```python
# 輸入整數函數
def input_integer(prompt):
    return int(input(prompt))

# 計算兩個整數和的函數
def calculate_sum(a, b):
    return a + b

# 主程式
num1 = input_integer("請輸入第一個整數: ")
num2 = input_integer("請輸入第二個整數: ")
total = calculate_sum(num1, num2)

print("兩個整數的和是: ", total)
```

— **TIP** —

如果出現「⋯我需要您提供更具體的問題或程式碼⋯」類似的訊息時, 表示它不知道你要重構的是哪一段程式碼, 請把先前生成的程式碼複製並貼上到 ChatGPT 即可。

重構後，您會發現它把原本的程式碼包裝成函式，並以易於閱讀的方式為函式命名（如上圖紅框處）。同時它也將程式模組化，可以單獨執行或被其他程式引用，增加可重用性。

 step 02 增加效能：

透過重構程式的技巧，也可以讓我們從中學習到更有效率的程式寫法。

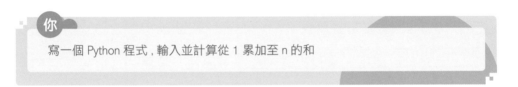

你

寫一個 Python 程式，輸入並計算從 1 累加至 n 的和

此處生成的程式中每次相加的次數會隨著數字 n 的增加而增加，造成效率不佳。

```python
# 要求使用者輸入一個正整數
n = int(input("請輸入一個正整數: "))

# 初始化和為 0
total_sum = 0

# 使用 for 迴圈從 1 累加至 n
for i in range(1, n + 1):
    total_sum += i

# 打印結果
print(f"從 1 累加至 {n} 的和是: {total_sum}")
```

你

重構程式、增加效能

將上述程式碼再丟給 ChatGPT 處理後，因為採用高斯求和公式，如紅框處，所以計算效率更高，同時也讓程式碼更加簡潔，如下圖所示。

```python
# 定義一個函數來計算從 1 累加到 n 的和，使用高斯公式
def sum_to_n(n):
    return n * (n + 1) // 2

# 輸入 n
n = int(input("請輸入一個正整數 n: "))

# 計算並顯示結果
result = sum_to_n(n)
print(f"從 1 累加到 {n} 的和是: {result}")
```

step 03 **簡化邏輯、減少重複：**

如果一個程式碼的邏輯很複雜，除了會造成難以閱讀與理解外，也容易出現錯誤和漏洞，為了提高程式碼的可讀性及維護的效率，我們需要優化及改良程式的邏輯，使其更加簡單易懂。以下為「計算平均值」的程式碼經過重構前後的差別。

重構前，我們自行輸入程式碼，使用基本的迴圈和變數來計算傳入 nums 串列的平均值，透過每一次的「累加」與「加 1」的操作來計算總和與元素的個數，最後將總和除以個數得到平均值，如下圖所示。

```python
# 定義一個函數來計算 nums 串列的平均值
def calculate_average(nums):
    total_sum = 0    # 初始化總和
    count = 0        # 初始化元素個數
```

```
# 遍歷 nums 串列進行累加與計數
for num in nums:
    total_sum += num  # 累加
    count += 1        # 加 1

# 計算平均值
if count == 0:
    return 0  # 避免除以 0
else:
    average = total_sum / count
    return average
```

你

重構程式、簡化邏輯

讓 ChatGPT 重構後，會發現使用了內建函式 sum() 和 len() 來計算串
列的總和跟個數，然後相除得到平均值，這樣就能夠簡化邏輯，減少
重複的程式碼，使之更加易於閱讀和理解。

```python
                                                    複製程式碼
# 定義一個函數來計算 nums 串列的平均值
def calculate_average(nums):
    if not nums:
        return 0  # 如果 nums 是空的，返回 0

    total_sum = sum(nums)  # 使用內建函數 sum 計算總和
    count = len(nums)      # 使用內建函數 len 計算元素個數

    return total_sum / count  # 計算並返回平均值
```

最後，當我們希望 ChatGPT 幫助進行程式碼重構時，應該先測試程式，確
保沒有問題後，再使用「重構程式」或「程式碼重構」之類的提示語，讓
ChatGPT 根據程式碼進行自動化的重構。另外，也可以加上「提高效率」、
「提高可讀性」等提示，讓 ChatGPT 根據特定的需求進行重構及優化。
例如：

- 重構程式, 提高可讀性。

- 重構程式, 增加效能。

- 重構程式, 簡化邏輯…等。

註解

　　註解在電腦程式中是不會執行的文字, 它們用於解釋程式碼以便日後自己回憶設計過程, 或讓其他開發者能夠更容易理解和維護。如果需要為某段或全部程式碼加上註解, 可以使用類似『幫忙加註解』或『加上詳細註解』的提示, 讓 ChatGPT 產生相應的註解, 底下是常見的作法:

 Python 的程式註解使用「#」符號來表示, 符號後面的文字都會被視為註解。

　　我們讓 ChatGPT 先生成一個終極密碼遊戲的程式, 如下圖所示。(每個人產生的程式碼不一定會相同 , 如果想得到與下面類似的結果 , 可以使用「不要用 xxx 」的提示語 , 把沒看過的指令部分去除即可 , 例如 :「不要用 def…」)

```python
import random

# 生成隨機數
target = random.randint(1, 100)
low = 1
high = 100
guessed = False

while not guessed:
    print(f"請輸入{low}到{high}之間的數字：")
    guess = int(input())

    if guess < target:
        print("太小了！")
        low = guess + 1
```

→ 接下頁

```
    elif guess > target:
        print("太大了！")
        high = guess - 1
    else:
        print("恭喜你，猜對了！")
        guessed = True
```

你

加上詳細註解

讓 ChatGPT 產生完整的註解，幫助日後的閱讀與維護，是不是很
讚呢？

```python
import random  # 導入隨機數生成模組

# 生成一個1到100之間的隨機整數作為目標數字
target = random.randint(1, 100)
# 初始化猜測範圍的下限和上限
low = 1
high = 100
# 用於標記是否猜中目標數字
guessed = False

# 循環直到猜中目標數字
while not guessed:
    # 提示使用者輸入一個在當前猜測範圍內的數字
    print(f"請輸入{low}到{high}之間的數字：")
    guess = int(input())  # 獲取使用者輸入並轉換為整數

    # 判斷使用者猜測的數字與目標數字的關係
    if guess < target:
        print("太小了！")
        low = guess + 1  # 更新猜測範圍的下限
    elif guess > target:
        print("太大了！")
        high = guess - 1  # 更新猜測範圍的上限
    else:
        print("恭喜你，猜對了！")
        guessed = True  # 標記已經猜中目標數字

# 程式結束
```

step 02 docstrings 註解是一種特殊的字串，通常以三個單引號 (''') 或三個雙引號 (""") 括住註解文字的前後，這種註解用於描述函式的使用方式、參數、回傳值等資訊，並且會放在程式碼的開頭、結束處或特定函式之前。透過 docstrings，開發人員可以更容易地理解程式碼的功能和用途。

以下是一個兩數相加的函式，沒有註解。

```python
def add_two_numbers(a, b):
    return a + b
```

你

使用 docstrings 註解（或加上註解）

讓 ChatGPT 產生完整的說明，能夠清楚地知道這個函式接受哪些參數、返回什麼結果，進而更容易理解這個函式的作用。

```python
def add_two_numbers(a, b):
    """
    計算兩個數字的和。

    參數:
    a (int 或 float): 第一個數字
    b (int 或 float): 第二個數字

    返回:
    int 或 float: 兩個數字的和
    """
    return a + b
```

結論，對於一般的程式註解，我們可以使用「幫助加註解」的功能；但是，如果是針對函式的註解，建議使用「使用 docstrings 註解」的功能，以生成更完整的程式說明。

10-3 Debug 程式錯誤與生成說明文件

Debug 程式錯誤

當寫好的程式測試執行時, 可能會出現各種問題, 例如：程式執行錯誤、程式當掉卡住、輸出不是我們要的結果…等, 此時我們需要找出其中的問題並修復它, 這個過程就叫做「Debug」, 中文翻譯為「除錯」或「偵錯」。一般而言程式的錯誤分為「語法錯誤」與「邏輯錯誤」兩種：

語法錯誤 (Syntax Error)

程式碼有錯無法被直譯器或編譯器正確解析, 通常是因為指令打錯、資料型態不對、缺少括號、冒號或引號…等。

這類錯誤只要將程式碼提供給 ChatGPT, 它會自動找出錯誤的地方並進行修復, 如下圖所示, 根據原始程式提出建議及修正後的程式碼。

你

```
sum = 0
for i = range(1, 101)          ← 這裡少一個冒號
  sum += i
print("1 累加到 100 的結果是 :", sum)
```

你的程式碼中有一些小錯誤，以下是修正後的版本：

```python
sum = 0
for i in range(1, 101):   # 使用 `in` 而不是 `=`
    sum += i
print("1 累加到 100 的結果是:", sum)
```

補上冒號了

邏輯錯誤 (Logical Error)

是指程式可以正常運作, 但是執行結果與預期不符合, 通常是因為程式邏輯有誤或者演算法有問題…等。這類程式錯誤通常需要透過執行程式, 並觀察結果或錯誤訊息來找出問題所在。當我們無法找到問題點時, 可以請 ChatGPT 幫忙分析錯誤原因, 並提供解決方案。底下示範將「執行狀況」與「錯誤訊息」提供給 ChatGPT, 請它幫忙除錯。

● 提供「執行狀況」

例如在 10-1 節中計算兩個整數的和時, 我們可以向 ChatGPT 提供「輸入字母 a 會錯誤」這個問題, 請它分析錯誤原因, 並提供修正建議。

你

輸入字母 a 會出錯

ChatGPT

非常抱歉, 看起來我之前的程式碼無法處理英文字母輸入。為了確保程式能夠處理輸入錯誤, 你可以將程式碼稍微修改如下:

```python
try:
    num1 = int(input("請輸入第一個整數: "))
    num2 = int(input("請輸入第二個整數: "))

    sum_result = num1 + num2

    print("兩個整數的和是: ", sum_result)
except ValueError:
    print("請輸入有效的整數。")
```

● 提供「錯誤訊息」

或者將執行時的錯誤訊息提供給 ChatGPT, 讓它分析錯誤原因, 並提供修正建議, 如下圖所示。

請輸入第一個整數：a

ValueError   Traceback (most recent call last)
<ipython-input-1-a8fb7c9dcbb6> in <cell line: 2>()
    1 # 輸入第一個整數
----> 2 num1 = int(input(" 請輸入第一個整數："))
    3
    4 # 輸入第二個整數
    5 num2 = int(input(" 請輸入第二個整數："))

ValueError: invalid literal for int() with base 10: 'a'

將錯誤訊息複製並
貼上到 ChatGPT

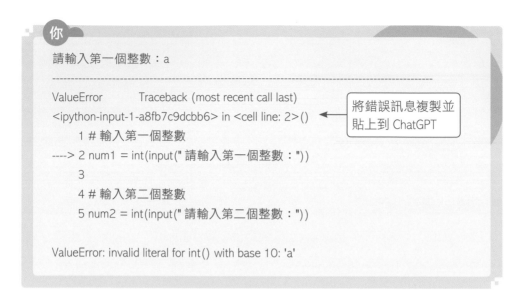

你的程式碼在用戶輸入非整數的情況下會引發 `ValueError`。為了解決這個問題，我們可以添加錯誤
處理機制來確保用戶輸入的是有效的整數。以下是修改後的程式碼，包含錯誤處理：

```python
while True:
    try:
        num1 = int(input("請輸入第一個整數: "))
        break
    except ValueError:
        print("無效的輸入，請輸入一個整數。")

while True:
    try:
        num2 = int(input("請輸入第二個整數: "))
        break
    except ValueError:
        print("無效的輸入，請輸入一個整數。")

sum_result = num1 + num2

print("兩個整數的和是:", sum_result)
```

生成説明文件

　　程式的説明文件類似於產品説明書的形式, 其主要目的是為了協助其他開發者或使用者更好地理解系統。ChatGPT 提供了 Markdown 標記語言, 可以快速編寫出具有結構化的文件, 而這種語言也被廣泛應用於編寫説明文件、發表訊息、論文…等多種場合。為了生成具有良好可讀性的説明文件, 可以使用類似「請用 Markdown 生成説明文件」或「請直接在瀏覽器生成説明文件」的提示語, 讓 ChatGPT 自動產生説明文件。

　　我們使用前面「輸入並計算兩個整數和」的例子, 讓 ChatGPT 生成説明文件, 如下圖所示 (每個人產生的説明文件不一定會相同)。

你

請用 Markdown 生成説明文件

以下是使用 Markdown 生成的説明文件:

輸入並計算兩個整數的和

這個程式會提示用戶輸入兩個整數, 然後計算它們的和並顯示結果。

使用方法

1. 執行程式後, 輸入第一個整數。
2. 程式會提示輸入第二個整數。
3. 程式會計算兩個整數的和並顯示結果。

範例

請輸入第一個整數: 5
請輸入第二個整數: 3
兩個整數的和是: 8

當您完成程式 Debug 把「語法或邏輯」的錯誤都解決後，為了讓日後的開發人員更容易接手，就可用此處方法製作程式碼的說明文件。

10-4 轉換程式語言

　　每個程式語言都有其用途與特性, 我們可以使用類似「轉換成[程式語言]」的提示, 來讓 ChatGPT 達到不同程式語言的轉換。以下是一個計算兩個整數和的 Python 程式碼範例, 分別轉換成 Java、C++ 的程式碼給大家觀看:

原始 Python 程式碼:

```python
a = int(input("請輸入第一個整數："))
b = int(input("請輸入第二個整數："))
sum = a + b
print("兩個整數的和是:", sum)
```

你

將上述程式碼轉換成 Java

```java
import java.util.Scanner;

public class Main {
    public static void main(String[] args) {
        Scanner scanner = new Scanner(System.in);

        System.out.print("請輸入第一個整數：");
        int a = scanner.nextInt();

        System.out.print("請輸入第二個整數：");
        int b = scanner.nextInt();

        int sum = a + b;
        System.out.println("兩個整數的和是：" + sum);

        scanner.close();
    }
}
```

你

將上述程式碼轉換成 C++

```cpp
#include <iostream>

int main() {
    int a, b;

    std::cout << "請輸入第一個整數：";
    std::cin >> a;

    std::cout << "請輸入第二個整數：";
    std::cin >> b;

    int sum = a + b;
    std::cout << "兩個整數的和是：" << sum << std::endl;

    return 0;
}
```

10-5 實戰 1：自動生成大量 QR code

QR code 是一個實用的功能, 用於快速讀取和分享, 廣泛應用於商業、旅遊和教育…等領域, 它有助於提高產品曝光和知名度、豐富旅遊體驗和方便獲取學習資源, 我們將引導大家利用 ChatGPT 來實現 QR code 生成的功能, 過程如下：

TIP

如果您的程式碼跟本範例不同也沒有關係, 可以繼續按照書中內容進行；如果程式執行出現錯誤, 請參考前面 10-3 節的技巧, 提供錯誤訊息以協助 ChatGPT 解決問題。

---

step 01
使用類似「設計一個可以在 colab 上傳名單並產生 qrcode」的提示語, 內容越詳細越好, 讓 ChatGPT 告訴我們可以怎麼做, 如下圖所示。

你

設計一個可以在 Colab 上傳 CSV 名單並產生 QRCode 的 Python 程式

以下是一個可以在 Google Colab 上傳 CSV 名單並產生 QR Code 的 Python 程式範例。此程式會讀取上傳的 CSV 檔案, 並為每一行資料生成對應的 QR Code。

1. 首先, 在 Colab 中安裝必要的套件：

```python
!pip install qrcode[pil] pandas
```

step 02
在 Colab 上安裝必要的函式庫, 請點選上圖中的「**複製程式碼**」複製指令並貼上到 Colab, 然後按下紅框中的執行按鈕。

```
1  !pip install qrcode[pil] pandas
```

```
Collecting qrcode[pil]
  Downloading qrcode-7.4.2-py3-none-any.whl (46 kB)
                                                              ─────────────── 46.2/46.2 kB 716.3 kB/s eta 0:00:00
Requirement already satisfied: pandas in /usr/local/lib/python3.10/dist-packages (2.0.3)
Requirement already satisfied: typing-extensions in /usr/local/lib/python3.10/dist-packages (from qrcode[pil]) (4.11.0)
Collecting pypng (from qrcode[pil])
  Downloading pypng-0.20220715.0-py3-none-any.whl (58 kB)
                                                              ─────────────── 58.1/58.1 kB 2.4 MB/s eta 0:00:00
Requirement already satisfied: pillow>=9.1.0 in /usr/local/lib/python3.10/dist-packages (from qrcode[pil]) (9.4.0)
Requirement already satisfied: python-dateutil>=2.8.2 in /usr/local/lib/python3.10/dist-packages (from pandas) (2.8.2)
Requirement already satisfied: pytz>=2020.1 in /usr/local/lib/python3.10/dist-packages (from pandas) (2023.4)
Requirement already satisfied: tzdata>=2022.1 in /usr/local/lib/python3.10/dist-packages (from pandas) (2024.1)
Requirement already satisfied: numpy>=1.21.0 in /usr/local/lib/python3.10/dist-packages (from pandas) (1.25.2)
Requirement already satisfied: six>=1.5 in /usr/local/lib/python3.10/dist-packages (from python-dateutil>=2.8.2->pandas) (1.16.0)
Installing collected packages: pypng, qrcode
Successfully installed pypng-0.20220715.0 qrcode-7.4.2
```

step 03 使用以下程式碼在 Google Colab 讀取上傳的 CSV 檔案（檔案內容在 **step 04** 會有說明），並為除標題外的每一行生成對應的 QR Code，然後將所有生成的 QR Code 圖片打包成 zip 文件下載。

```python
import pandas as pd
from google.colab import files

# 上傳 CSV 檔案
uploaded = files.upload()

# 讀取 CSV 檔案
filename = list(uploaded.keys())[0]
df = pd.read_csv(filename)
```

```python
import qrcode
import os

# 建立一個資料夾來保存 QR Code 圖片
if not os.path.exists('qrcodes'):
    os.makedirs('qrcodes')

# 生成 QR Code
for index, row in df.iterrows():
    data = row.to_string(index=False)  # 將一行數據轉換為字串
    img = qrcode.make(data)
    img.save(f'qrcodes/qrcode_{index}.png')
```

```
# 壓編生成的 QR Code 圖片
!zip -r qrcodes.zip qrcodes

files.download('qrcodes.zip')
```

step 04 在記事本中輸入以下內容，並將其存為「file.csv」，請注意，「Name」是一個形式的欄位名稱，可以隨意更改並不會影響程式讀取，但若生成的程式說明有特別註明要使用什麼名稱，請依規定處理，以免無法執行。另外，您可以根據需要自行決定名字的數量。

——TIP——

若產生的程式碼沒有下載功能，請將 **step 01** 的提示語改為「設計一個可以在 Colab 上傳 csv 名單並產生 QRcode 下載」。另外，此處為避免爭議是將人名轉成 QRcode，實務上你可以改成網址或其他資訊。

step 05 複製步驟 **step 03** 的程式碼到 Colab，然後執行它，接著，點選「**選擇檔案**」並選擇您先前準備的「file.csv」檔案。等待一段時間後，您會發現 QR code 已經生成並儲存在您電腦的「**下載**」資料夾中。（如果您生成的程式碼是每個名字產生一個 QR code，則會出現「**下載多個檔案**」的提示，請允許下載。）

```
1  import pandas as pd
2  import qrcode
3  import os
4  from google.colab import files
5
6  # 上傳 CSV 檔案
7  uploaded = files.upload()
8
9  # 讀取 CSV 檔案
10 filename = list(uploaded.keys())[0]
11 df = pd.read_csv(filename)
12
```

→ 接下頁

```
13    #  建立一個資料夾來保存  QR  Code  圖片
14    if  not  os.path.exists('qrcodes'):
15            os.makedirs('qrcodes')
16
17    #  生成  QR  Code
18    for  index,  row  in  df.iterrows():
19            data  =  row.to_string(index=False)    #  將一行數據轉換為字串
20            img  =  qrcode.make(data)
21            img.save(f'qrcodes/qrcode_{index}.png')
22
23    #  壓縮生成的  QR  Code  圖片
24    !zip  -r  qrcodes.zip  qrcodes
25
26    #  下載生成的  QR  Code  圖片
27    files.download('qrcodes.zip')
```

```
•••    選擇檔案  未選擇任何檔案        Cancel upload
```

step 06 經過測試沒問題後，可以使用「請用 markdown 生成說明文件」之類的提示語，讓 ChatGPT 產生說明文件，如下圖所示。

你

請用 Markdown 生成説明文件

QR Code 生成說明文件

介紹

本指南將說明如何在 Google Colab 上傳 CSV 檔案並為其中的每一行資料生成 QR Code。

步驟

1. 安裝必要的套件

在 Google Colab 中執行以下命令來安裝所需的 Python 套件：

```python
                                                    複製程式碼
!pip install qrcode[pil] pandas
```

2. 上傳 CSV 檔案

上傳你的 CSV 檔案至 Colab：

```
# 建立一個資料夾來保存 QR Code 圖片
if not os.path.exists('qrcodes'):
    os.makedirs('qrcodes')

# 生成 QR Code
for index, row in df.iterrows():
    data = row.to_string(index=False)  # 將一行數據轉換為字串
    img = qrcode.make(data)
    img.save(f'qrcodes/qrcode_{index}.png')

# 壓縮生成的 QR Code 圖片
!zip -r qrcodes.zip qrcodes

# 下載生成的 QR Code 圖片
files.download('qrcodes.zip')
```

結論

按照以上步驟操作，你可以輕鬆地在 Google Colab 上傳 CSV 檔案，並為每一行資料生成對應的 QR Code。希望這份說明文件對你有所幫助！

按此圖示複製內容

 step 07 在 Google Colab 新增文字儲存格，如下圖紅色框所示，再將上述的説明文字複製並貼上至文字儲存格，便可以看到右邊 Markdown 格式的説明文件。

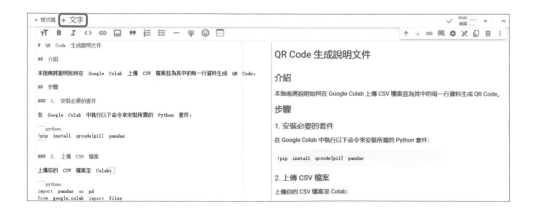

10-6 實戰 2：股市爬蟲程式

投資理財可早日實現退休生活，但需注意風險與操作方法，保守型投資者可尋找殖利率不錯的股票來投資。我們這次想帶領大家來利用 ChatGPT 製作網路爬蟲，幫忙列出殖利率大於 5% 的股票，作為投資的參考，過程如下：

step 01 使用「請給我台灣證券交易所查詢股票殖利率 json 格式的網址，不要 openapi」的提示語，讓 ChatGPT 告訴我們網址，如下圖所示。（加上不要 openapi 的原因是它需要申請金鑰才能使用）

> **你**
>
> 請給我台灣證券交易所查詢股票殖利率 json 格式的網址，不要 openapi

台灣證券交易所提供的查詢股票殖利率的 API 網址如下：

```bash
https://www.twse.com.tw/exchangeReport/BWIBBU_d?response=json&date=YYYYMMDD&stockNo=STOCK_
```

step 02 當點選步驟 **step 01** 中的網址後，我們可以發現在網址中，問號以後的參數其實是選擇性的，只需要問號前的網址（紅色框處）即可查看股票的資料。

TIP

若回覆內容沒有出現可以查到股票殖利率的網址，通常只要再問 1~2 次就會出現了。有時也會直接給完整的程式碼，不過通常沒辦法直接使用，因此要再進行以下步驟。

---

step 03 使用類似「請寫一個程式抓取 https://www.twse.com.tw/exchangeReport/ BWIBBU_d?response=json 列出殖利率大於 5% 的股票，不要加日期」 的提示語，請 ChatGPT 幫忙生成程式碼，如下圖所示。

你

請寫一個程式抓取 https://www.twse.com.tw/exchangeReport/BWIBBU_d?response=json 列出殖利率大於 5% 的股票，不要加日期

```python
import requests

def get_high_dividend_stocks():
    url = "https://www.twse.com.tw/exchangeReport/BWIBBU_d?response=json"
    response = requests.get(url)
    data = response.json()

    if "data" not in data:
        print("No data found.")
        return

    high_dividend_stocks = []

    for stock_data in data["data"]:
        stock_code = stock_data[0]
        dividend_yield = float(stock_data[4])

        if dividend_yield > 5:
```

step 04 點選「複製程式碼」複製生成的程式碼到 Colab 貼上並執行，出現 底下錯誤訊息，如果沒出現錯誤，請略過步驟 **step 05** ～ **step 06**。

```
-----------------------------------------------------------
ValueError                        Traceback (most recent call last)
<ipython-input-10-404f776f0fe2> in <cell line: 23>()
     22
     23 if __name__ == "__main__":
---> 24     high_dividend_stocks = get_high_dividend_stocks()
     25
     26     if high_dividend_stocks:

<ipython-input-10-404f776f0fe2> in get_high_dividend_stocks()
     14     for stock_data in data["data"]:
     15         stock_code = stock_data[0]
---> 16         dividend_yield = float(stock_data[4])
     17
     18         if dividend_yield > 5:

ValueError: could not convert string to float: '-'
```

step 05　我們將台灣證券交易所 json 的網址, 使用 Firefox 瀏覽器開啟, 它會自動分析欄位資料, 從下圖中可以發現「殖利率」的欄位是在 fileds 2, 因此只要把第 16 行程式 dividend_yield = float(stock[4]) 改為 dividend_yield = float(stock[2]) 即可。

```
stat:        "OK"
date:        "20240605"
title:       "113年06月05日 個股日本益比、殖利率及股價淨值比"
▼ fields:
    0:       "證券代號"
    1:       "證券名稱"
    2:       "殖利率 (%)"
    3:       "股利年度"
    4:       "本益比"
    5:       "股價淨值比"
    6:       "財報年/季"
```

step 06　在修正程式碼後重新執行後, 我們發現殖利率大於 5% 的股票代號及名稱就會顯示出來。

```
股票代號: 2838, 股票名稱: 聯邦銀, 殖利率: 5.73%
股票代號: 2845, 股票名稱: 遠東銀, 殖利率: 6.5%
股票代號: 2850, 股票名稱: 新產, 殖利率: 5.21%
股票代號: 2851, 股票名稱: 中再保, 殖利率: 5.01%
股票代號: 2880, 股票名稱: 華南金, 殖利率: 5.27%
股票代號: 2887, 股票名稱: 台新金, 殖利率: 5.43%
股票代號: 2889, 股票名稱: 國票金, 殖利率: 6.51%
股票代號: 3026, 股票名稱: 禾伸堂, 殖利率: 5.07%
股票代號: 3028, 股票名稱: 增你強, 殖利率: 5.59%
股票代號: 3029, 股票名稱: 零壹, 殖利率: 5.41%
```

step 07　我們可以使用「將輸出結果表格化」的提示語來獲得漂亮的輸出結果。

你

```
import requests

def get_high_dividend_stocks():
    url = "https://www.twse.com.tw/exchangeReport/BWIBBU_d?response=json"
    response = requests.get(url)
    data = response.json()
```

→ 接下頁

```
    if "data" not in data:
        print("No data found.")
        return

    high_dividend_stocks = []

    for stock_data in data["data"]:
        stock_code = stock_data[0]
        dividend_yield = float(stock_data[2])

        if dividend_yield > 5:
            high_dividend_stocks.append({" 股票代號 ": stock_code, " 殖利率 ":
dividend_yield})

    return high_dividend_stocks

if __name__ == "__main__":
    high_dividend_stocks = get_high_dividend_stocks()

    if high_dividend_stocks:
        print(" 殖利率大於 5% 的股票 :")
        for stock in high_dividend_stocks:
            print(f" 股票代號 : {stock[' 股票代號 ']}, 殖利率 : {stock[' 殖利率 ']}%")
    else:
        print(" 沒有找到殖利率大於 5% 的股票 .")
```

「請將輸出結果表格化」

```python
import requests
from tabulate import tabulate

def get_high_dividend_stocks():
    url = "https://www.twse.com.tw/exchangeReport/BWIBBU_d?response=json"
```
〜〜〜〜〜〜〜〜〜〜〜〜〜〜〜〜〜〜〜〜〜〜〜〜〜〜〜
```python
    return high_dividend_stocks

if __name__ == "__main__":
    high_dividend_stocks = get_high_dividend_stocks()

    if high_dividend_stocks:
        print("殖利率大於5%的股票:")
        print(tabulate(high_dividend_stocks, headers=["股票代號", "殖利率"], tablefmt="grid
    else:
        print("沒有找到殖利率大於5%的股票.")
```

step 08

接著點選「複製程式碼」複製生成的程式碼到 Colab 貼上並執行, 此時您會發現 ChatGPT 已經幫我們使用了 tabulate 套件, 將輸出結果以表格形式呈現。

股票代號	殖利率
1102	5.1
1104	5.9
1108	5.93
1109	6.15
1215	5.12
1315	6.92
1341	6.29
1342	5.04

10-7 用 Show Me GPT 生成流程圖

如果您有 ChatGPT Plus 帳號 (免費版用戶在使用時有配額的限制), 您將能夠使用「探索 GPT」的功能。我們底下將介紹「Show Me」這個 GPT, 它可以根據您程式的邏輯生成相應的流程圖, 也能生成像甘特圖、圓餅圖、心智圖、實體關係圖(ERD)…等。

step 01

登錄 ChatGPT 帳號後, 點選左上角的「探索 GPT」。

step 02

在「GPT」畫面輸入「show me」搜尋相關 GPT, 然後點選底下「Diagrams: Show Me | charts, presentations, code」這個 GPT。

TIP

本節我們先介紹跟程式設計有關的 Show Me GPT, 下節會再介紹更強大的 Advanced data analysis 功能。

 step 03 接下來點選「開始交談」。

您可以在對話框輸入想要生成的圖形。

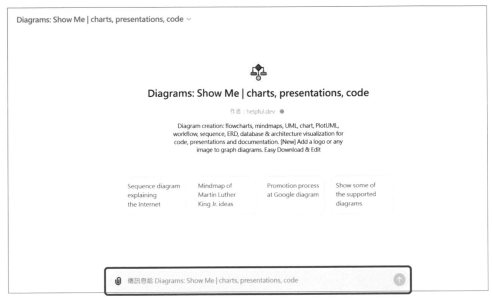

step 05 以 10-5 實戰 1：自動生成大量 QR code 後生成的程式碼為例，接著使用「請生成程式的流程圖，回應請用繁體中文」作為提示語，讓 ChatGPT 透過「Show Me」GPT 生成流程圖。(注意：如果沒加上繁體中文，產生的流程圖可能會是英文的)

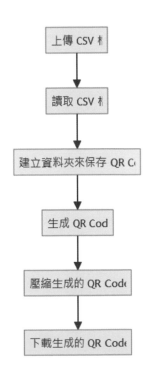

[View fullscreen | Download png]

如果您需要修改圖表，請告訴我具體的變更描述，或者您可以使用以下鏈接進行拖放編輯：
Edit with Miro using drag and drop with a free-forever account

或者使用代碼編輯：
Edit with code

 由於 Show Me 畫出的流程圖，在 ChatGPT 中無法完整顯示中文內容，可以點選「Edit with Miro using drag and drop」的連結，重新開啟就可以正常顯示，也可以登入網站後直接在網站上修改流程圖的內容。

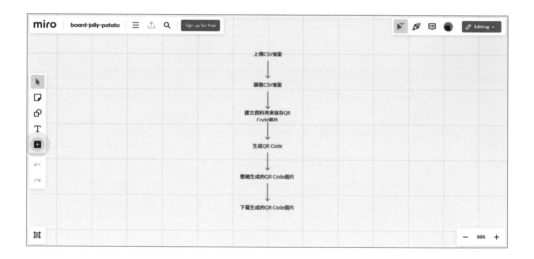

TIP

也可以透過「Export this board」匯出流程圖。

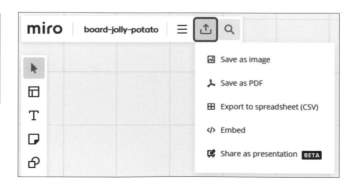

10-8 用 Advanced data analysis 寫程式、跑結果

　　雖然 ChatGPT 可以生成程式碼，但初期並無法幫你跑結果，就像前幾節我們所示範的，使用者必須自己驗證、執行程式碼內容。很快地，OpenAI 針對 ChatGPT Plus 會員，就釋出可以編譯、執行程式的功能，初期稱為 Code Interpreter，推出沒多久就整合資料分析功能，並改名為 Advanced data analysis。目前此功能已經整合到 GPT-4o 和 GPT-4 之中，不過由於會和其他功能混用，有時候會誤判程式執行的需求。此處筆者會改用 Advanced Data Analysis 的 GPT 機器人直接在 ChatGPT 中跑程式結果。

　　乍看之下只是幫忙跑一下程式，聽起來沒什麼大不了。但是仔細想想，本來 ChatGPT 就可以生成程式碼，現在又能幫你執行，執行過程還會自動幫你驗證、修改，而且只要用口語的自然語言就可以互動，根本就像是養了一個超威的程式設計師在你的電腦裡。

　　您可以點選左上角的「探索GPT」，在「GPT」畫面輸入「advanced data analysis」搜尋相關 GPT，然後點選底下「Advanced Data Analysis」這個 GPT，接下來點選「開始交談」，啟動此功能，接著就來看看這個功能可以做什麼應用吧！

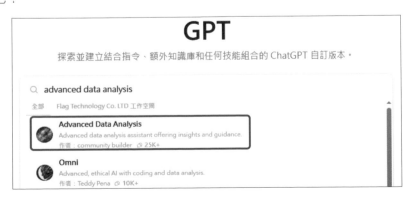

數學運算

Advanced data analysis 會自動編寫 Python 程式碼來解決各種數學的問題, 使用者只需將問題提供給 ChatGPT 處理即可, 例如我們在「 傳訊息給 Advanced data analysis 」中輸入以下問題, ChatGPT 會如下圖回應：

你

老闆對夥計說：我在你這個年紀時你才 3 歲, 但你到我這個年紀時, 我就 78 歲了。請問：老闆與夥計分別為幾歲？

老闆對夥計說: 我在你這個年紀時你才 3 歲, 但你到我這個年紀時, 我就 78 歲了。請問: 老闆與夥計分別為幾歲?

假設老闆現在的年齡為 L 歲, 夥計現在的年齡為 W 歲。

根據題意, 老闆在夥計這個年紀時, 夥計只有 3 歲, 即當老闆 W 歲時, 夥計 3 歲。

所以 $L - W$ 年前, 夥計是 3 歲。

即 $W - (L - W) = 3$

我們可以整理方程式：

$$W - L + W = 3$$

$$2W - L = 3 \text{ (1)}$$

再根據題意, 當夥計到老闆這個年紀時, 老闆是 78 歲。

即 $L - W$ 年後, 老闆 78 歲。

所以 $L + (L - W) = 78$

我們可以整理方程式：

$$2L - W = 78 \text{ (2)}$$

現在我們有兩個方程式：

→ 接下頁

(1) $2W - L = 3$

(2) $2L - W = 78$

我們可以用聯立方程式來解這兩個方程式。

首先我們將方程式 (1) 乘以 2：

$4W - 2L = 6$

然後將方程式 (2) 加上這個結果：

$2L - W + 4W - 2L = 78 + 6$

$3W = 84$

$W = 28$

把 $W = 28$ 代入方程式 (1)：

$2(28) - L = 3$

$56 - L = 3$

$L = 53$

所以，老闆現在 53 歲，夥計現在 28 歲。

▲ 呼叫 Advanced data analysis 幫您解題和輸出結果

雖然 Advanced data analysis 通常能輕鬆解決簡單的數學問題，但偶爾仍可能出現計算錯誤。這種現象被稱為模型的「幻覺」，請留意。

再試一下以下邏輯題目：

你

已知 5+3+2=151022, 9+2+4=183652, 8+6+3=482466,
請問 7+2+5=?

得到的答案卻不正確, 反覆試了好幾次也得不到正確的答案, 基於上述例題, 可知 Advanced data analysis 能解決運算規則明確的數學問題, 但對於具有邏輯分析的題目, 就不容易得到正確答案 (您可多方嘗試, 或許有新的發現)。

> 已知5+3+2=151022，9+2+4=183652，8+6+3=482466，請問
> 7+2+5= ?

感謝您的耐心等待。我們再次仔細觀察題目中給出的數學等式，找出潛在的模式。

已知：

1. 5 + 3 + 2 = 151022

2. 9 + 2 + 4 = 183652

3. 8 + 6 + 3 = 482466

仔細觀察這些數字的規律，我們可以做如下分析：

1. 第一個等式：

   - 5 + 3 = 8

   - 5 * 3 = 15

   - 5 * 2 = 10

   - 3 * 2 = 6

   組合順序為：5*3*的結果15、5+3的結果8、5*2的結果10、3*2的結果6。將這些數字組合成151022。

2. 第二個等式：

   - 9 + 2 = 11

   - 9 * 2 = 18

   - 9 * 4 = 36

   - 2 * 4 = 8

→ 接下頁

組合順序為：92的結果18、9+2的結果11、94的結果36、2*4的結果8。將這些數字組合成 183652。

3. 第三個等式：

- 8 + 6 = 14
- 8 * 6 = 48
- 8 * 3 = 24
- 6 * 3 = 18

組合順序為：86的結果48、8+6的結果14、83的結果24、6*3的結果18。將這些數字組合成 482466。

基於上述分析，我們推測：

- 7 + 2 = 9
- 7 * 2 = 14
- 7 * 5 = 35
- 2 * 5 = 10

組合順序應該為：72的結果14、7+2的結果9、75的結果35、2*5的結果10。將這些數字組合成

14291010

因此，7 + 2 + 5 = 14291010。

答案錯誤

TIP

這是一道邏輯推論題。您會發現 ChatGPT 在這方面的表現並不理想，它無法完全正確地推理出所有答案。雖然偶爾能推論出一、兩組數字的規則，但全部正確的情況卻不多見。

分析資料與建立圖表

　　為了展示「分析資料與建立圖表」功能, 我們先利用 Advanced data analysis 來產生銷售業績及學生成績等測試用的資料集, 可類似下面這樣提問:

 你

請亂數產生 30 筆銷售業績資料, 內容包括姓名、地址、購買金額、身份、得知訊息的管道, 請給表格下載。

你

請亂數產生 30 筆學生「國文、英文、數學、社會、自然」五科成績, 給我表格下載。

請亂數產生 30 筆銷售業績資料, 內容包括姓名、地址、購買金額、身份、得知訊息的管道, 請給表格下載。

銷售業績資料

	姓名	地址	購買金額	身份
1	Tyler Anderson	101 Torres Junctions New Micheleburgh, MT 38471	325.95	回頭客
2	Heidi Kennedy	838 Robert Roads Figueroaview, NV 49234	201.75	回頭客
3	Timothy Rubio	11669 Taylor Skyway Michaelfort, MT 29076	440.2	回頭客

我已經重新生成了30筆銷售業績資料。您可以從以下連結下載表格:

 下載銷售業績資料 [↗]

請亂數產生 30 筆學生「國文、英文、數學、社會、自然」五科成績，給我表格下載。

我已經隨機生成了30筆學生的「國文、英文、數學、社會、自然」五科成績。您可以從以下連結下載表格：

下載學生成績表格 [↓]

TIP

注意！您可使用記事本將編碼另存成「具有 BOM 的 UTF-8」的檔案，才能在 EXCEL 開啟。

學生成績資料分析

請點選「下方的迴紋針圖示 / 從電腦上傳」，將學生成績資料上傳，同時使用「**請分析資料**」提示語進行資料分析，Advanced data analysis 就會解析欄位名稱及詢問您的需求 (注意：每個人得到的分析結果不一定相同，請自行檢視)。

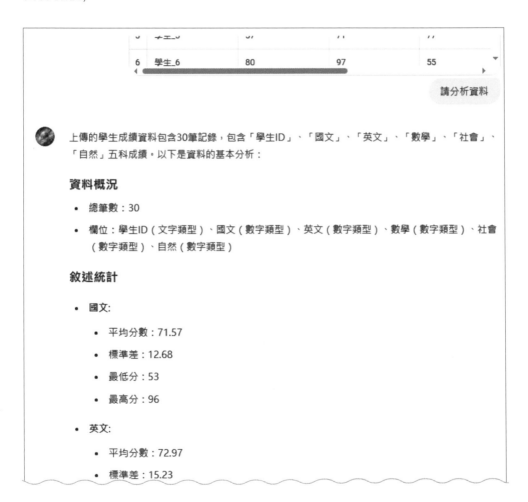

我們想做一份成績單，可以詢問「**請計算全班同學的總分、平均並列出前幾名，以表格呈現**」讓 Advanced data analysis 進行處理，下圖分別為原始成績資料及輸出結果。

學生ID	國文	英文	數學	社會	自然
學生_1	75	81	87	52	89
學生_2	85	77	95	63	64
學生_3	58	52	93	89	50
學生_4	68	69	63	59	71
學生_5	57	71	77	56	95
學生_6	80	97	55	62	97
學生_7	96	93	73	79	70
學生_8	65	59	64	74	70
學生_9	53	60	66	73	52
學生_10	69	90	87	84	83
學生_11	61	86	99	59	59
學生_12	83	74	60	56	66
學生_13	96	90	77	88	88
學生_14	54	55	62	81	100
學生_15	69	54	72	59	59
學生_16	75	55	57	86	74
學生_17	71	62	54	75	87
學生_18	69	97	94	90	68
學生_19	76	64	51	93	95
學生_20	56	53	83	77	95
學生_21	56	74	78	83	80
學生_22	85	50	98	81	54
學生_23	80	56	93	93	55
學生_24	80	75	62	70	83
學生_25	71	85	57	81	52
學生_26	71	83	81	81	54
學生_27	57	68	75	90	64
學生_28	80	78	66	92	58
學生_29	57	81	63	62	52
學生_30	94	100	91	84	69

我已經計算了全班同學的總分和平均分，並列出了前五名學生。您可以在下方查看這些學生的資料：

學生ID	總分	平均分
學生_13	439	87.8
學生_30	438	87.6
學生_18	418	83.6
學生_10	413	82.6
學生_7	411	82.2

如需進一步的分析或特定資訊，請告訴我。 [>_]

─ TIP ─

注意！若您需要全班同學的成績單，可以使用「**查看所有學生的名次**」會提供表格下載。

銷售業績資料分析

請點選上方的「Advanced Data Analysis / 新交談」建立新的對話 (避免跟上一個對話混淆)，再點選「下方的迴紋針圖示 / 從電腦上傳」，把銷售業績資料上傳，同時使用「**請分析資料**」提示語進行資料分析，Advanced data analysis 就會解析欄位名稱及詢問您的需求。

─ TIP ─

測試每個功能前，請先點選上方的「**Advanced Data Analysis / 新交談**」建立新對話，以免之前對話影響，因為 ChatGPT 會記住前後文的內容。

我已經載入並查看了您提供的銷售數據。資料表中包含以下欄位:

1. **姓名:** 購買者的姓名
2. **地址:** 購買者的地址
3. **購買金額:** 購買金額
4. **身份:** 購買者身份(回頭客或新顧客)
5. **得知訊息的管道:** 購買者得知商品訊息的管道

接下來,我可以進行以下分析:

1. **描述性統計:** 分析購買金額的平均值、中位數、最大值、最小值等。
2. **購買行為分析:** 比較回頭客與新顧客的購買金額差異。
3. **資訊來源分析:** 了解不同訊息管道對銷售的影響。
4. **地區分析:** 分析不同地區的銷售表現。

請告訴我您希望進行哪些具體分析,或者是否有其他特定需求。

如果分析的內容不是您想要的,也可以再告訴 ChatGPT 透過 Advanced data analysis 產生我們要的分析內容,例如:「**請用圓餅圖呈現得知訊息的管道**」來觀察訊息管道的比例分布。

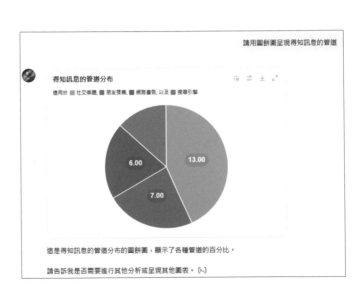

這是得知訊息的管道分布的圓餅圖,顯示了各種管道的百分比。

請告訴我是否需要進行其他分析或呈現其他圖表。

TIP

注意! 目前 Advanced data analysis 產生的統計圖表,英文、中文在 GPT-4o 都可以正常顯示,若無法顯示可使用 3-10 節的方法解決。

若主管想知道身份與購買金額的關係, 但您又不知道該怎麼呈現, 可以提問「**請用圖表呈現購買金額與身份的關係**」, 讓 Advanced data analysis 自動幫您處理, 如下圖。

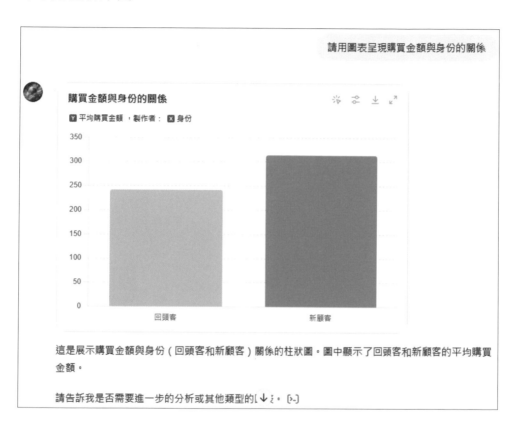

這是展示購買金額與身份（回頭客和新顧客）關係的柱狀圖。圖中顯示了回頭客和新顧客的平均購買金額。

請告訴我是否需要進一步的分析或其他類型的

TIP

當您離開電腦或閒置一段時間後, Advanced data analysis 可能會出現底下警告:「聊天已超時, 這可能會導致先前的功能無法正常」, 如上傳失效或無法下載…等。

⚠ This code interpreter (beta) chat has timed out. You may continue the conversation, but previous files, links, and code blocks below may not work as expected.   ✕

生成或處理檔案

ChatGPT 呼叫 Advanced data analysis 自動撰寫 Python 程式, 幾乎可解決使用者的各種提問, 舉凡生成檔案、影像處理 (縮放、模糊、黑白⋯)、PDF 分割/合併等, 只要是 Python 程式能做到的, 都可以在此嘗試。底下就簡單示範幾個例子:

生成二維碼

使用「**請生成 openai.com 的二維碼給我**」, 其中斜體字表示您要產生二維碼的描述 (二維碼、QR 碼或 qrcode 都通用, 且英文字不分大小寫)。

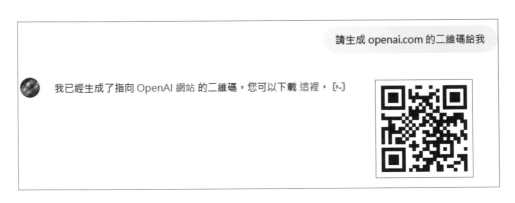

生成 GIF 動畫

使用「**請生成 倒數 5 秒 的 GIF 動畫**」, 其中斜體字表示您要產生的 GIF 動畫要求。

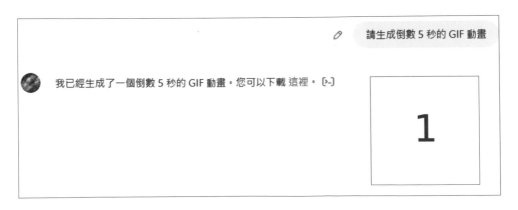

影像處理

我們從 CCO 網站下載了一張「房屋風景」的圖片。請點擊「下方的迴紋針圖示 / 從電腦上傳」, 將這張圖片上傳, 然後使用「**請縮成 512×512, 回應請用繁體中文**」(數字的大小可以自行調整) 來將圖片縮小。再使用「**轉成黑白**」將圖片轉換成黑白。

請縮成 512×512, 回應請用繁體中文

 圖片已經縮小至 512x512 像素。您可以通過以下鏈接下載:

下載縮小後的圖片 [↓]

下方是縮成 512×512 的結果, 下頁則是「轉成黑白」的結果, 而右圖則是轉換成黑白後的圖片。

轉成黑白

 圖片已經轉換為黑白。您可以通過以下鏈接下載:

下載黑白圖片 [↓]

PDF 分割

點選「下方的迴紋針圖示 / 從電腦上傳」, 把您的 PDF 檔案上傳, 再使用
「每 5 頁分割成一個 pdf 檔,回應請用繁體中文」進行分割, 完成後就可
以按連結下載 (注意:每個人的回覆結果不一定相同, 但分割結果會是根
據您的要求得來)。

pico-w-datasheet.pdf
PDF

每 5 頁分割成一個 pdf 檔,回應請用繁體中文

 已經將 PDF 檔案分割為每 5 頁一個部分,您可以下載以下這些分割後的 PDF 檔案:

1. Section 1
2. Section 2
3. Section 3
4. Section 4
5. Section 5
6. Section 6

請點擊鏈接下載您需要的部分。 [>-]

PDF 合併

請點選「下方的迴紋針圖示／從電腦上傳」，分別把您的 PDF 檔案一一上傳，再使用**「請合併成一個」**進行合併，完成後就可以按連結下載。

結論

透過以上的教學，我們了解到 Advanced data analysis 是一個強大且靈活的 GPT 機器人，它整合了自然語言處理與程式碼執行的能力（在最新版的 GPT-4o 可以直接使用這個功能，不必再透過「探索 GPT」來搜尋「Advanced Data Analysis」並使用，其結果是相同的）。使用者可以簡單地以自然語言命令來要求 ChatGPT 進行檔案處理、資料分析、圖表生成，甚至進行複雜的數學運算，這不僅大幅提升了我們的工作效率，也讓那些不熟悉程式語言的使用者也能簡化使用相關工具的過程。

MEMO

11
CHAPTER

利用 ChatGPT
做資料分析

身為一個程式小白, 想學習使用 Excel 或 BI 以外的工具做資料分析, 但面對市面上如此多元的分析工具, 卻不知道該如何下手；抑或一位已在職場上打滾多年的資料科學家, 每當面對一份新的資料, 又要再做繁瑣的清洗、分析與視覺化等工作後才能開始建模, 此時會不會希望有個工具能協助自己更有效率地探索資料呢？

你的心聲我們都聽到了！本章將介紹由 ChatGPT 官方提供的 GPT 機器人 – Data Analyst, 讓它助我們一臂之力, 使我們的資料分析之路走得更輕鬆、高效。

11-1 GPT 機器人 – Data Analyst

在職場上或日常生活中，我們經常需要利用過往資料來探討各種問題，如：疾病與生理指數之間的關聯、股市交易資訊與漲跌的關係等。但當我們好不容易收集到資料，上網查了許多分析方法，卻還是對下一步該做什麼毫無頭緒。

不過，有了 **ChatGPT 的官方機器人 – Data Analyst**，我們不僅可以上傳資料、繪製圖表，還能使用它來運行機器學習模型，甚至連資料分析的相關問題與建議都能向它詢問。因此，於本章，讓我們一起嘗試使用 Data Analyst 來分析心臟病的病例資料吧！

資料分析基本流程

在開始之前，一定要先了解資料分析的流程，才不至於在分析過程中迷失方向；如果沒經驗、對流程不太清楚也沒關係，我們可以詢問 Data Analyst：

你

請告訴我資料分析的流程或步驟。

Data Analyst

資料分析的流程通常可以分為以下幾個步驟：

1. **定義問題** (Define the Problem)
- 明確分析的目標和問題。
- 確定需要解決的問題和預期的結果。

2. **資料收集** (Data Collection)
- 從各種來源收集資料，例如資料庫、網路爬蟲、API、Excel 檔案等。
- 確保資料的品質和完整性。

→ 接下頁

3. **資料清洗** (Data Cleaning)

- 處理缺失值和異常值。
- 轉換資料格式，使資料一致。
- 去除重複資料和錯誤資料。

4. **資料探索** (Data Exploration)

- 使用敘述性統計方法來了解資料的基本特徵。
- 繪製圖表（如柱狀圖、散佈圖、盒形圖）來視覺化資料。
- 發現資料中的模式、趨勢和關聯。

5. **資料預處理** (Data Preprocessing)

- 特徵選擇和特徵工程。
- 資料標準化或正規化。
- 將資料拆分為訓練集和測試集（如果是機器學習任務）。

6. **模型建立** (Model Building)

- 選擇合適的模型和演算法（例如，迴歸、分類、聚類）。
- 使用訓練資料來訓練模型。
- 調整模型參數以優化性能。

7. **模型評估** (Model Evaluation)

- 使用測試資料來評估模型的性能。
- 使用評估指標（如準確率、召回率、F1 分數、均方誤差）來測試模型效果。
- 交叉驗證和超參數調整。

8. **資料可視化** (Data Visualization)

- 使用圖表和圖形來展示分析結果和模型輸出。
- 強調重要的發現和趨勢。

9. **報告與溝通** (Reporting and Communication)

- 撰寫報告，總結分析過程、方法和結果。
- 向相關利益相關者展示結果，確保他們理解分析的結論和建議。

10. **部署與監控** (Deployment and Monitoring)

- 如果是機器學習模型，將模型部署到生產環境。
- 持續監控模型的性能，確保其在實際應用中保持效果。

11. **反饋與改進** (Feedback and Improvement)

- 收集使用者反饋和新資料。
- 根據反饋和新資料進行模型改進和重新訓練。

這些步驟有助於系統化地進行資料分析，確保分析的準確性和有效性。

> 這些是實務上的應用，本書不會示範

上述 11 點為實務上的完整流程, 讀者可依需求僅做其中幾個步驟; 而本章將帶大家體驗前 4 步驟, 了解 Data Analyst 機器人的資料分析功能。

對於任何不了解的步驟或關鍵字, 也都能進一步詢問:

 你

為什麼要做資料清洗?

Data Analyst

資料清洗是資料分析過程中的一個關鍵步驟, 其重要性體現在多個方面:

1. **提高資料品質** (Improve Data Quality)

確保資料的準確性和完整性。在清理過程中, 處理錯誤資料、重複資料和缺失值, 讓資料更可靠。

2. **消除異常值** (Remove Outliers)

異常值可能會影響分析結果, 清理過程中識別和處理異常值, 可以提高模型的穩定性和準確性。

3. **統一資料格式** (Uniform Data Format)

不同來源的資料格式可能不一致, 清理過程中統一資料格式, 有助於後續的分析和處理。

4. **減少偏差** (Reduce Bias)

處理不完整或不準確的資料, 可以減少分析中的偏差, 保證結果的客觀性。

5. **提高模型效能** (Improve Model Performance)

乾淨的資料可以提升機器學習模型的訓練效果, 減少過擬合或欠擬合的風險。

6. **增強決策依據** (Enhance Decision-Making)

清理後的資料更可靠, 基於這些資料做出的決策更有依據和說服力。

7. **確保合規性** (Ensure Compliance)

在某些行業, 資料處理需要符合法規和標準要求。清理資料有助於確保合規, 避免法律風險。

→ 接下頁

8. 提高工作效率 (Increase Efficiency)

清理資料可以減少後續分析和處理過程中的錯誤和問題，提升整個資料分析流程的效率。

總結來說，資料清理能顯著提升資料的品質和一致性，從而提高分析結果的準確性和可靠性，這對基於資料的決策過程至關重要。

認識資料集

當我們取得一份新的資料時，面對雜亂無章且未經整理的龐大資訊，數千數萬筆資料以及看不懂的變數名稱，該從何整理都是件困難事。因此，我們需從認識資料開始，確定欲使用這份資料來探討的目標問題，與其對應的目標變數，並且了解資料中的所有變數類型，這將有助於後續的資料清洗。

上傳檔案

開啟 ChatGPT，點擊側邊欄的「探索 GPT」，並找到「由 ChatGPT 生成」中的「Data Analyst」，點選後再按下「開始交談」即可開始對話。

▲ 點選 Data Analyst 開啟一個新對話

在對話介面的訊息輸入框中，有一個迴紋針圖示，請點擊並上傳要分析的資料檔案：

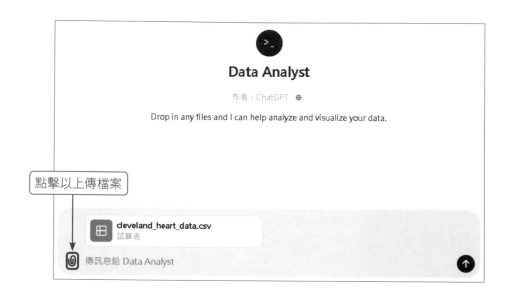

以下範例皆使用「cleveland_heart_data.csv」，此為取自 UCI 機器學習知識庫的心臟病資料，且已經過初步整理並轉為 CSV 檔，若有需要，可在書附檔案中找到檔案。當然，你也可以使用你手邊的資料來進行實作。

這份資料集包含受試者的性別、年齡、生理指數，以及「是否患有心臟病」等資訊。一般而言，我們感興趣的問題主要是**生理指數與是否患有心臟病的關係**，以及**藉由已知的生理指數預測自己是否患有心臟病**。

決定目標變數

當我們剛取得這份資料時，一定對其內容完全不了解，這時就可以使用 Data Analyst 來初步認識資料：

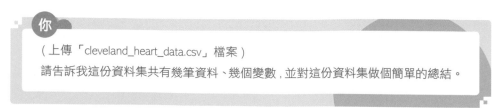

你

（上傳「cleveland_heart_data.csv」檔案）
請告訴我這份資料集共有幾筆資料、幾個變數，並對這份資料集做個簡單的總結。

上傳檔案、輸入以上 Prompt 並按下送出鍵後, 會發現我們上傳的資料集自動被轉換成表格 (table) 形式, 點擊右上角的「展開 table」即可直接查看整份資料：

Cleveland Heart Data

	id	age	sex	cp
19	19	48	Female	non-anginal
20	20	49	Male	atypical angina
21	21	64	Male	typical angina
22	22	58	Female	typical angina
23	23	58	Male	atypical angina
24	24	58	Male	non-anginal

請告訴我這份資料集共有幾筆資料、幾個變數, 並對這份資料集做個簡單的總結。

Data Analyst

這份資料集包含了 304 筆資料和 15 個變數。以下是資料集的一些簡單總結：

- **id**：唯一標識符, 每筆資料都有獨特的 id。

- **age**：年齡, 範圍從 28 到 77 歲, 平均年齡約為 54.35 歲。

- **sex**：性別, 共有兩種值, 男性佔大多數 (207 名男性)。

- **cp**：胸痛類型, 有四種類型, 其中無症狀 (asymptomatic) 最常見。

- **trestbps**：靜息血壓, 範圍從 94 到 200 mm Hg, 平均值約為 131.68 mm Hg。

- **chol**：血清膽固醇, 範圍從 126 到 564 mg/dl, 平均值約為 246.32 mg/dl。

- **fbs**：空腹血糖, 分為兩類, False (< 120 mg/dl) 佔多數 (259 筆資料)。

- **restecg**：靜息心電圖結果, 有三種類型, 正常 (normal) 最常見 (151 筆資料)。

- **thalach**：最大心率, 範圍從 71 到 202 bpm, 平均值約為 149.72 bpm。

- **exang**：運動誘發心絞痛, 分為兩類, False (無) 佔多數 (205 筆資料)。

→ 接下頁

- **oldpeak**：運動相對靜息的 ST 段抑制，範圍從 0 到 6.2，平均值約為 1.04。

- **slope**：運動峰值 ST 段的斜率，有三種類型，上升斜坡 (upsloping) 最常見 (142 筆資料)。

- **ca**：主血管數量，範圍從 0 到 3，平均值約為 0.67。

- **thal**：地中海貧血狀況，有三種類型，正常 (normal) 最常見 (166 筆資料)。

- **num**：心臟病診斷結果（**目標變數**），範圍從 0 到 4，平均為 0.93。

總結顯示了這個資料集中每個變數的統計特徵，有助於了解資料的分佈情況和一些基本趨勢。

看了上述總結之後，我們選擇**將變數「num」作為目標變數**，期許能找出年齡、性別、生理指數與「是否患有心臟病」之間的關係。未來也就可以依照每個人的生理指數，來預測罹患心臟病的風險。

了解資料中的變數類型

變數 (亦稱欄位、特徵) 的類型有許多種，簡單分成**數值型變數**與**類別型變數**。前者其觀測值為連續或離散的數值，如：157.4 公分、100 元；而後者其觀測值為類別，如：性別、種族。不同類型的變數有不同的處理方式，因此在做資料分析前一定要先了解資料中每個變數的類型。

你

請條列這份資料集中的變數類型，如：數值型、類別型。

若為類別型變數，請告訴我該變數共分為幾類、以及被分為哪些類別，並協助將所有變數名稱與類別翻譯成繁體中文。

Data Analyst

以下是這份資料集中的變數類型以及翻譯成繁體中文的變數名稱和類別：

■ **數值型變數**：

1. **id**（編號）

2. **age**（年齡）

3. **trestbps**（靜息血壓）

4. **chol**（血清膽固醇）

5. **thalach**（最大心率）

6. **oldpeak**（運動相對靜息的 ST 段抑制）

7. **ca**（主血管數量）

8. **num**（心臟病診斷結果）

■ **類別型變數**：

1. **sex**（性別）：男性 (male)、女性 (female)

2. **cp**（胸痛類型）：典型心絞痛 (typical angina)、非典型心絞痛 (atypical angina)、非心絞痛 (non-anginal pain)、無症狀 (asymptomatic)

3. **fbs**（空腹血糖）：是 (True)、否 (False)

4. **restecg**（靜息心電圖結果）：正常 (normal)、ST-T 波異常 (ST-T wave abnormality)、左心室肥大 (left ventricular hypertrophy)

5. **exang**（運動誘發心絞痛）：是 (True)、否 (False)

6. **slope**（運動峰值 ST 段的斜率）：上升斜坡 (upsloping)、平坦 (flat)、下降斜坡 (downsloping)

7. **thal**（地中海貧血）：正常 (normal)、固定缺陷 (fixed defect)、可逆缺陷 (reversible defect)

以上是資料集中的變數類型和各個類別型變數的分類情況。這些資訊有助於進一步分析資料並進行模型構建。

TIP

通常在進行資料分析時，不會特地將變數名稱修改為繁體中文，這是因為中文字涉及到編碼問題，在執行或顯示圖表時可能會出現錯誤或亂碼，因此**建議避免使用中文作為變數名稱**。

而若是如同本章使用他人提供的資料集，可以請 Data Analyst 將變數名稱翻譯成繁體中文 (這並不會更動到資料集本身的內容)，以利我們理解其變數含義。

資料清洗

　　未經整理的資料往往存在缺失值、離群值、資料不平衡等問題, 因此在了解資料的基本資訊, 並決定目標變數後, 接著就要進行資料清洗。

　　資料清洗其實是一項重要卻耗時的工作, 乾淨的資料能確保後續資料視覺化和機器學習結果的準確性。現在我們有了 Data Analyst, 可以讓資料清洗的工作變得更有效率。

關鍵字說明

- **缺失值**：資料集中因為各種因素遺失的資料, 通常會以「空白」、「N/A」、「?」表示。對於缺失值, 可以選擇直接刪去整筆或整欄資料, 亦可使用平均值、中位數、統計模型預測等方法填補其值。

- **離群值**：資料集中與其他多數觀測值有明顯差異、或不合理的資料, 可能會影響後續分析結果的準確性。最簡單快速的方式是繪製盒狀圖來檢驗, 再視情況對離群值做合理的處理。

- **資料不平衡**：資料集中某些變數的類別資料量比例懸殊, 可能會影響分析、分類的結果。若有需要, 也會對其進行處理, 但本書不會細談。

刪除指定變數

　　從 11-1 節 Data Analyst 的回覆中, 我們發現, 變數「id」雖然對於識別患者而言很重要, 但在資料分析中與變數「num」甚至其他生理指數都沒有直接的關聯, 因此建議刪去此變數欄位。

你

請刪去「id」的整個欄位，並在刪除後告訴我這份資料集共有幾個變數。

點擊此圖示可查看執行的程式碼

由 Data Analyst 的回答與其執行的程式碼中, 我們可以確定它已成功地刪去「id」欄位；若你想進一步驗證其執行結果, 可以請它將修改後的資料表格顯示在對話中。

處理缺失值與離群值

同樣地, 我們也想借助 Data Analyst, 來查找並處理資料中的缺失值和離群值：

你

請幫我查找這份資料中的缺失值, 並建議對應的處理方式。

Data Analyst

這份資料集中有缺失值的變數如下：

1. 運動峰值 ST 段的斜率 (slope) - 1 個缺失值

2. 主血管數量 (ca) - 5 個缺失值

3. 地中海貧血 (thal) - 3 個缺失值

處理缺失值的建議方式：

1. 運動峰值 ST 段的斜率 (slope) - 由於只有 1 個缺失值，可以考慮用眾數（即出現頻率最高的值）來填補。

2. 主血管數量 (ca) - 可以用平均值或中位數來填補，也可以用 KNN 或迴歸模型等更複雜的方法根據其他變數預測缺失值。

3. 地中海貧血 (thal) - 可以用眾數填補，因為這是類別型變數，用最常見的類別來填補缺失值是比較常見的做法。

具體步驟：

- 對於**類別變數**（如 slope 和 thal），使用**眾數**來填補缺失值。

- 對於**數值變數**（如 ca），使用**平均值或中位數**來填補缺失值。

您是否需要我來進行這些缺失值的填補處理？

看了 Data Analyst 的建議後，可以決定下一步想採取的缺失值處理方式。由於這份資料中，有缺失值的數值型變數「ca」為主血管數量，若選擇以平均值填補，可能會導致資料出現 0.67 條血管的不合理情況，因此我們選擇使用中位數填補；而對於類別型變數，選擇以眾數進行填補。

 小編補充

雖然 ChatGPT 很可靠，但有些決策還是得仰賴自身經驗。

 你

缺失值的填補：數值型變數選擇使用中位數填補，而類別型變數選擇以眾數進行填補。

Data Analyst

所有缺失值已經填補完畢, 現在這份資料集中沒有任何缺失值。以下是填補缺失值的方法：

■ 對於數值型變數**主血管數量** (ca) 使用中位數填補。

■ 對於類別型變數**運動峰值 ST 段的斜率** (slope) 和**地中海貧血** (thal) 使用眾數填補。

點擊「檢視分析」圖示即可查看其執行的程式碼。而本節的例子也進一步證明, 透過 Data Analyst 來修改和刪除部分資料是可行的。

同樣地, 我們也能請 Data Analyst 協助查找離群值、或其他任何感興趣的值, 這裡就不再贅述。而對於這份心臟病資料, 我們選擇保留離群值的資訊, 不對其進行更改或刪除。

資料格式轉換

由於不同格式、不同尺度的資料可能無法直接輸入已建立的機器學習模型；或是雖然可以輸入, 但模型的學習效率與預測準確率卻很低。因此在建模前需要先轉換資料格式, 常見的方法有：數值型資料的標準化或正規化、類別型資料轉換成數值格式等。需要使用哪些方法取決於資料分析的目標, 以及模型的選擇。

不過 Data Analyst 在執行時會自行判斷是否需要轉換資料格式, 甚至還會自動幫我們轉換, 所以本章並不會示範此步驟。

關鍵字說明

● **數值型資料的標準化或正規化**：目的是將資料調整到同尺度或縮放至特定區間, 使得不同單位的數值可以做比較。如總膽固醇

→ 接下頁

160 mg/dL 為正常值, 而血壓收縮壓 160 mmHg 為高血壓；但對機器而言都是 160, 它並不曉得這兩個 160 對於健康有著完全不同的意義。

- **類別型資料轉換成數值格式**：目的是讓機器可以順利地計算與運作。如性別男女、物種貓狗等, 若沒有將這些類別以數值或向量表示, 會導致在某些模型中無法被計算。

— TIP —

若有資料視覺化的需求, 建議在進行視覺化之前先不要轉換資料格式, 因為我們希望根據原始資料繪製圖表, 可以等繪製後再進行資料格式轉換的步驟。

此外, 我們也能請 Data Analyst 將清洗完的資料另外輸出成一份新的 CSV 檔, 供日後直接使用。

資料清洗的流程不僅僅是上述提及的這幾點而已, 且步驟也不是絕對的, 仍需根據讀者的資料與需求做調整, 本書並不會細談, 而是著重於介紹如何使用 Data Analyst 實作基礎的資料清洗與分析。因此, 對資料分析有興趣的讀者可以參考相關書籍, 並以 Data Analyst 提供的程式碼輔助學習, 相信各位熟能生巧！

11-3 使用視覺化方式進行資料探索

一般而言, 聽到「資料視覺化」時, 會直覺聯想到報告階段對資料與結果的圖表呈現；但其實在資料分析初期, 面對大量且複雜的資料時, 也會先進行視覺化, 以輔助我們了解資料的分布情形。

盒狀圖與長條圖

　　盒狀圖常被用來顯示數值型變數的資料分布情形，有助於我們看出資料的離散程度、以及可能的離群值；而長條圖則是用來顯示類別型變數中，每個類別的數量多寡。

> **你**
>
> 對於以下請您繪製的圖表，
>
> 若該位患者資料的「num = 0」（未患有心臟病），以不飽和的藍色著色；
>
> 若該位患者資料的「num > 0」（患有心臟病），則以不飽和的紅色著色。
>
> 請幫我針對所有數值型變數繪製**盒狀圖**，並以 2 列 (row) 4 行 (column) 顯示圖表；
>
> 再幫我針對所有類別型變數繪製**長條圖**，並以 2 列 (row) 4 行 (column) 顯示圖表。

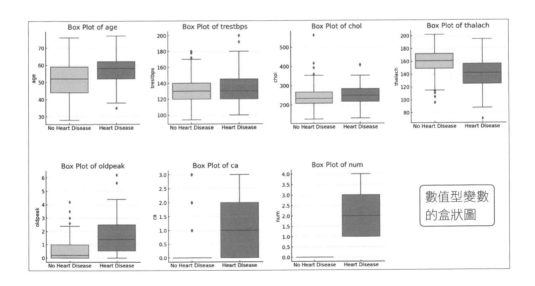

數值型變數的盒狀圖

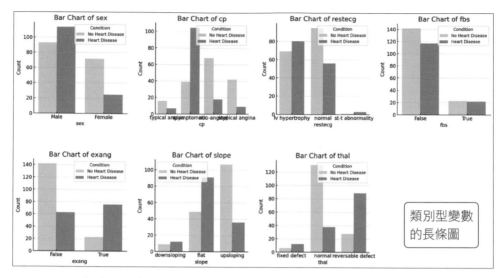

▲ 撰寫程式來繪製圖表其實很麻煩, 但有了 Data Analyst 就輕鬆很多

TIP

若有如圖中英文字重疊的情況, 可以再另外下「x 軸刻度標籤文字旋轉 45 度」的 Prompt。

而若是多次無法正確繪製出我們期望的圖表, 建議開啟新對話並重新上傳檔案。 這是因為 ChatGPT 在同一組對話中, 會延續先前的對話紀錄與程式碼來回答我們的 問題。因此, 當資料內容已被更改, 但某些變數並未隨之改變時, 可能會造成後續程 式執行出現 bug。

　　由上圖可以發現, 其實變數「ca」和「num」不太適合以盒狀圖呈現, 因 此我們可以再請 Data Analyst 針對這兩個變數繪製長條圖:

 你

對於以下請您繪製的圖表,

若該位患者資料的「num = 0」(未患有心臟病), 以不飽和的藍色著色;

若該位患者資料的「num > 0」(患有心臟病), 則以不飽和的紅色著色。

請幫我針對「ca」和「num」繪製**長條圖**, 並以 1 列 (row) 2 行 (column) 顯示圖 表。

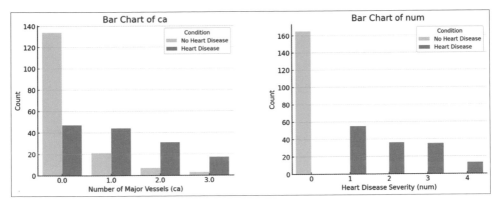

▲ 改為繪製長條圖後就能比較清楚了解資料分布情形

接著，我們就能藉由以上兩圖看出這份資料中的一些趨勢，如：罹患心臟病的人有較低的最大心率 (thalch)、未患有心臟病的人顯示較少的主血管數量 (ca) 等；但不太擅長看圖表也無妨，可以請 Data Analyst 來幫你總結：

你

請藉由以上圖表找出所有變數與是否患有心臟病的關係。

Data Analyst

■ **數值型變數與是否患有心臟病的關係**

1. **age**（年齡）：患有心臟病的患者年齡分佈較廣，而未患有心臟病的患者年齡相對集中在較低的範圍。

2. **trestbps**（靜息血壓）：患有心臟病的患者靜息血壓值較高，且分佈範圍較大。未患有心臟病的患者靜息血壓值相對較低。

3. **chol**（血清膽固醇）：患有心臟病的患者血清膽固醇值較高，且分佈範圍較大。未患有心臟病的患者血清膽固醇值相對較低。

4. **thalach**（最大心率）：患有心臟病的患者最大心率分佈在較低範圍，而未患有心臟病的患者最大心率相對較高。

5. **oldpeak**（運動相對靜息的 ST 段抑制）：患有心臟病的患者 oldpeak 值較高，顯示運動後心電圖異常。未患有心臟病的患者 oldpeak 值較低。

→ 接下頁

6. **ca**（主血管數量）：主血管數量越多，患有心臟病的比例越高。特別是有 3 條主血管的患者幾乎都患有心臟病。

■ **類別型變數與是否患有心臟病的關係**

1. **sex**（性別）：男性患有心臟病的比例較高，女性患有心臟病的比例較低。

2. **cp**（胸痛類型）：無症狀胸痛 (asymptomatic) 患者中患有心臟病的比例較高，而其他胸痛類型（非心絞痛、非典型心絞痛、典型心絞痛）患者中患有心臟病的比例較低。

3. **restecg**（靜息心電圖結果）：左心室肥大 (lv hypertrophy) 和 ST-T 異常 (st-t abnormality) 患者中患有心臟病的比例較高，正常心電圖 (normal) 患者中患有心臟病的比例較低。

4. **fbs**（空腹血糖）：空腹血糖 > 120 mg/dl 的患者中，患有心臟病的比例略高於空腹血糖正常的患者。

5. **exang**（運動誘發心絞痛）：有運動誘發心絞痛的患者中，患有心臟病的比例較高。無運動誘發心絞痛的患者中，患有心臟病的比例較低。

6. **slope**（運動峰值 ST 段的斜率）：下斜坡 (downsloping) 的患者中，患有心臟病的比例較高。上斜坡 (upsloping) 的患者中，患有心臟病的比例較低。

7. **thal**（地中海貧血狀況）：可逆缺陷 (reversable defect) 和固定缺陷 (fixed defect) 患者中，患有心臟病的比例較高。正常 (normal) 患者中，患有心臟病的比例較低。

■ **總結**

這些觀察結果顯示多個變數與是否患有心臟病存在顯著相關，這些變數可以用來預測和診斷心臟病風險。

相關性熱力圖

　　除了以圖表觀察各變數與目標變數「num」之間的關係外，還能進一步探索其他變數間的關係 (即相關性)，而相關性熱力圖就是最快的檢視方法。同樣地，你不必自己繪製，只要請 Data Analyst 幫個忙就可以：

你

請繪製數值型變數的**相關性熱力圖**，並以莫蘭迪色系的紅色表示正相關、藍色表示負相關、白色表示零相關。

由於計算類別型變數相關性的方法與數值型的不同，因此本圖僅繪製數值型變數的相關性熱力圖

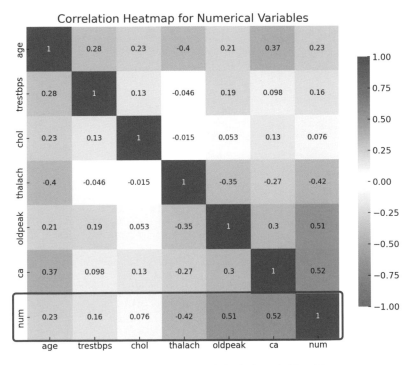

▲ 相關性熱力圖右上半部與左下半部互相對稱，這是因為兩變數間的相關性是相同的

　　由上圖可以發現，是否患有心臟病與主血管數量 (ca) 呈正相關 (0.52)、與最大心率 (thalch) 呈負相關 (-0.42)；而其中比較特別的是與膽固醇 (chol) 趨近於零相關 (0.076)，這與我們的認知相違背。

關鍵字說明

- **相關性** (Correlation)：是一種統計學的概念, 用以衡量兩個或多個變數間的關聯程度, 但**不代表因果關係**。分為正相關 (當一個變數增加時, 另一個變數也增加)、負相關 (當一個變數增加時, 另一個變數減少)、零相關 (兩變數間沒有明顯的關聯)。

- **相關係數**：用以表示變數間的相關性, 是介於 -1 (完全負相關) 至 1 (完全正相關) 的值。

- **熱力圖**：以顏色與其深淺變化表示值的大小。於本節, 深紅色表示高度正相關、深藍色表示高度負相關, 而白色表示零相關。

11-4 線性迴歸分析

　　除了上一節探索各變數間相關性的分析方法外, Data Analyst 還能協助我們進行高中課程曾學習過的簡單迴歸分析。這種分析方法能幫助我們理解兩變數間的線性關係, 具體而言, 可以請 Data Analyst 繪製出**迴歸直線**, 以直觀地顯示資料趨勢；還能進一步詢問其迴歸直線的方程式, 就可以利用它根據已知資料值來預測未知資料值。

請告訴我年齡 (age) 與血壓 (trestbps) 的相關性 , 並繪製一張包含迴歸直線的**散點圖**。

以藍色圓點表示未患有心臟病的資料點、紅色圓點表示患有心臟病的資料點。

若 Data Analyst 畫出「×」或其他形狀，而非圓點時，我們可以下達 Prompt：「我想要的是圓點，但你畫的是叉叉。」如此，它就會自動重新繪製一張新的圖表

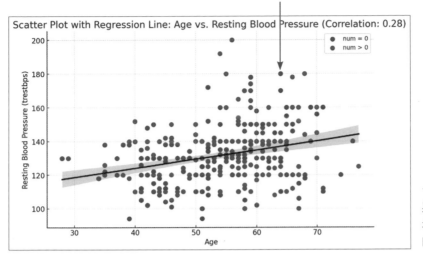

Scatter Plot with Regression Line: Age vs. Resting Blood Pressure (Correlation: 0.28)

◀ 藍色圓點與紅色圓點看起來沒有明顯的趨勢

Data Analyst

年齡 (age) 與靜息血壓 (trestbps) 的相關性係數為 0.28，表示兩者之間存在正相關，但相關性較弱。

由上圖可以發現年齡與血壓值呈正相關，也就是年紀越大，血壓值可能也越高。但對於年齡或血壓與是否患有心臟病之間的關係，在此圖看不出來。

但對於下圖，除了可以看出年齡與最大心率呈負相關之外，還會發現沒有心臟病的資料點 (藍色) 比較集中在圖表的上半部。也就是說，相對於有心臟病的患者，未患有心臟病的人有較高的最大心率。

你

請告訴我年齡 (age) 與最大心率 (thalch) 的相關性，並繪製一張包含**迴歸直線**的圖表。

以藍色圓點表示未患有心臟病的資料點、紅色圓點表示患有心臟病的資料點。

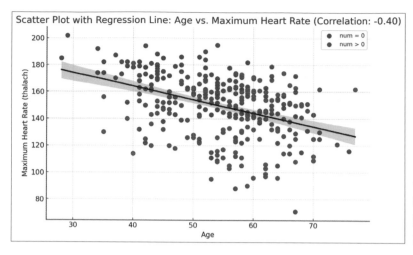

▶ 藍色圓點比較集中在上半部, 而紅色圓點大多在下半部

Data Analyst

年齡 (age) 與最大心率 (thalach) 的相關性係數為 -0.40, 表示兩者之間存在中等程度的負相關。

你

請告訴我年齡 (age) 與最大心率 (thalach) 的**迴歸直線方程式**。

Data Analyst

年齡 (age) 與最大心率 (thalach) 的迴歸直線方程式為：

thalach = 204.40 – 1.01 × age

這表示最大心率隨著年齡的增加而降低, 斜率為 -1.01, 截距為 204.40。

除了簡單迴歸分析外, Data Analyst 還能進行多變量迴歸、邏輯斯迴歸 (Logistic Regression), 甚至主成分分析 (Principal Components Analysis, 簡稱 PCA)、或是隨機森林等機器學習模型。

有興趣的讀者歡迎自行測試；而不熟悉機器學習的讀者, 可以參閱相關書籍 (如：旗標出版的《資料科學的建模基礎》一書), 並以 Data Analyst 提供的程式碼做為輔助學習的工具。